水利部建设与管理司
中国水利工程协会
编

材料员

水利工程建设行业施工管理技术岗位人员培训系列教材

中国水利水电出版社
www.waterpub.com.cn

内 容 提 要

本教材是根据当前水利水电工程建设行业对材料员的岗位要求编写的。全书共分为3部分：第1部分材料员基本职责，主要内容有材料员的基本职责、应遵守的法律法规和规章、应执行的规范规定、应履行的建设工程合同、应执行的工程建设标准、应重视的工程计量、应掌握的材料消耗定额等；第2部分建筑材料，主要内容有建筑材料的基本性质、水泥和混凝土外加剂、混凝土、砂浆、建筑钢材、天然土石料、土工合成材料和其他建筑材料等；第3部分材料管理，主要内容有材料的供应与管理概述、材料的计划管理、材料的采购管理、材料的运输管理、材料的验收与现场管理、材料的仓储管理、材料核算管理、材料质量监督管理。

本教材除作为水利水电工程建设行业材料员岗位培训、学习及考核（考试）用书外，还可供从事各行业工程建设项目可行性研究、设计、采购、施工、监理等人员以及大专院校相关专业师生参考阅读。

图书在版编目（CIP）数据

材料员/水利部建设与管理司，中国水利工程协会编．—北京：中国水利水电出版社，2009.11（2016.6重印）
（水利工程建设行业施工管理技术岗位人员培训系列教材）
ISBN 978-7-5084-7008-5

Ⅰ．①材… Ⅱ．①水…②中… Ⅲ．①水利工程-建筑材料-技术培训-教材 Ⅳ．①TV4

中国版本图书馆CIP数据核字（2009）第212806号

书 名	水利工程建设行业施工管理技术岗位人员培训系列教材 **材料员**
作 者	水利部建设与管理司 中国水利工程协会 编
出版发行	中国水利水电出版社 （北京市海淀区玉渊潭南路1号D座 100038） 网址：www.waterpub.com.cn E-mail：sales@waterpub.com.cn 电话：（010）68367658（发行部）
经 售	北京科水图书销售中心（零售） 电话：（010）88383994、63202643、68545874 全国各地新华书店和相关出版物销售网点
排 版	中国水利水电出版社微机排版中心
印 刷	北京市北中印刷厂
规 格	184mm×260mm 16开本 16.25印张 366千字
版 次	2009年11月第1版 2016年6月第9次印刷
印 数	20001—22000册
定 价	**38.00**元

《水利工程建设行业施工管理技术岗位人员培训系列教材》

编 写 单 位

主编单位 水利部建设与管理司
中国水利工程协会

参编单位 （排名不分先后）
水利部黄河水利委员会建设管理局
水利部丹江口水利枢纽管理局
水利部淮河水利委员会建设与管理处
水利部珠江水利委员会建设与管理处
重庆市水利局
山西省水利厅
广东省水利厅建设与管理处
湖南省水利厅建设与管理处
海南省水务厅建设与管理处
四川省水利厅建设与管理处
河南省水利厅建设与管理处
江西省水利厅建设与管理处
新疆维吾尔自治区水利厅建设与管理处
云南省水利厅建设管理处
福建省水利厅水利建设处
安徽省水利厅基本建设处
山东省水利厅建设处
浙江省水利厅建设处
黑龙江省水利厅建设处
贵州省水利厅建设处
湖北省水利厅建设处
江西省水利厅农村水利处
广西壮族自治区水利厅基本建设局

安徽省水利水电基本建设管理局
山东黄河河务局
河南黄河河务局
山东东平黄河河务局
福建省水利水电建设管理总站
重庆市水利工程质量监督中心站
新疆生产建设兵团水利工程质量监督中心站
辽宁省水利工程协会
福建省建筑业协会水利水电分会
河海大学
武汉大学
黄河水利职业技术学院
福建水利电力职业技术学院
广东水利电力职业技术学院
山东水利职业学院
南京东方工程学院
四川省水利干部学校
中水建管（北京）管理技术培训中心
中国水利水电建设集团公司
武警水电指挥部
中水淮河规划设计研究有限公司
淮委沂泗水利工程有限公司（徐州）
河南省中原水利水电工程集团有限公司
河南黄河勘测设计研究院
开封黄河工程开发有限公司
中国电工设备总公司
中源环球（北京）管理顾问有限公司

《水利工程建设行业施工管理技术岗位人员培训系列教材》

编审委员会

本书编写委员会

主　　编　周瑾如

副 主 编　闫国杰　刘　锋

参　　编　（按姓氏笔画排序）

龙亦安　刘　锋　闫国杰　安世海

何大华　何平安　张世发　周瑾如

周晓萌　姚毅臣　熊　锐　熊　峰

序

随着我国经济的快速发展、人口的日益增长，水利作为国民经济的基础设施和基础产业，在经济社会发展中起着越来越重要的作用。'98 大洪水后，党中央、国务院高度重视水利工作，大幅度增加对水利的投入，掀起了新一轮水利建设高潮。一大批关系国计民生和经济社会发展全局的重点水利工程开工建设，实施了大规模的病险水库除险加固改造、灌区节水改造、水土保持和人畜饮水解困等工程，水利工程体系得到进一步完善，防洪减灾和水资源调控能力显著提高，为经济社会发展提供了可靠的防洪安全、供水安全、生态安全和粮食安全保障。

水利工程承担着防洪、供水、灌溉、发电等重要公共服务任务，与社会公共利益、人民生命安全密切相关。水利工程质量和安全一旦出现问题，极有可能导致灾难性后果。水利工程施工是确保工程质量的关键。水利工程点多、线长、面广，参与人员多，大型机具多，施工难度大，涉及爆破、隧洞开挖、高空操作等特种作业，其工程特点决定了水利工程施工管理的重要性，它不仅要求严格执行施工作业程序化管理，还要求对材料、资料等方面进行严格管理，特别是涉及人民生命财产安全的施工质量和施工安全管理的工作尤为重要。因此，重视水利工程施工的管理，加强对参与水利工程建设施工单位的施工管理人员岗位教育，建设一支合格的水利工程建设施工管理队伍，特别是抓紧对生产一线的水利工程施工管理人才培养显得越来越紧迫。

水利部建设与管理司和中国水利工程协会，组织国内多年从事水利水电工程施工、管理的有关单位和专家、学者、教授，在两年时间里编写了《水利工程建设行业施工管理技术岗位人员培训系列教材》。本套教材将会对规范水利工程施工管理行为，提高施工管理技术岗位人员综合素质与业务水平，打造一支过硬的水利工程建设工程师队伍发挥积极的作用。

孙继昌

2009. 11

前言

为适应水利工程建设发展的需要，为贯彻、执行水利工程法律法规和规范规定，为提高水利工程实施中施工管理岗位人员的业务素质和管理水平，我们共同组织编写了《水利工程建设行业施工管理技术岗位人员培训系列教材》，全套教材共有5个分册，为水利水电工程施工管理岗位人员的上岗考核（考试）培训用书。

《材料员》为《水利工程建设行业施工管理技术岗位人员培训系列教材》的一个分册。水利水电工程材料管理是工程项目管理中极为重要的管理内容。材料管理的优劣直接关系到工程的质量、安全、进度与费用，以及工程建筑物的使用和耐久性。在材料管理中，材料员应遵守法律、法规和规章，执行规范、规定和标准，履行建设工程合同，重视工程计量，掌握材料消耗定额，具备建筑材料专业知识和技术，做好材料的计划、采购、运输、验收、现场、仓储、核算等管理工作。

本教材是根据当前水利水电工程建设行业对材料员的岗位要求编写的。全书共分为3部分：第1部分材料员基本职责，主要内容有材料员的基本职责、应遵守的法律法规和规章、应执行的规范规定、应履行的建设工程合同、应执行的工程建设标准、应重视的工程计量、应掌握的材料消耗定额等；第2部分建筑材料，主要内容有建筑材料的基本性质、水泥和混凝土外加剂、混凝土、砂浆、建筑钢材、天然土石料、土工合成材料和其他建筑材料等；第3部分材料管理，主要内容有材料的供应与管理概述、材料的计划管理、材料的采购管理、材料的运输管理、材料的验收与现场管理、材料的仓储管理、材料核算管理、材料质量监督管理。

本教材除作为水利水电工程建设行业材料员岗位培训、学习及考核（考试）用书外，还可供从事各行业工程建设项目可行性研究、设计、采购、施工、监理等人员以及大专院校相关专业师生参考阅读。

由于作者在水利水电工程建设行业材料管理方面的实践经验和理论水平有限，编写时间仓促，书中难免有疏漏之处，敬请同行专家和读者提出宝贵意见。

编者

2009.11.10

目　录

第1部分

材料员基本职责

第1章 材料员的基本职责

教学要求：理解并掌握材料员基本职责。

1.1 现场材料员岗位职责

（1）遵守法律、法规和规章。

（2）执行规范和规定。

（3）履行项目合同，保证执业活动成果质量，并承担相应责任。

（4）掌握材料性能、用途及质量标准，熟悉材料采购、保管、使用，懂得物资管理相关知识，经专业考核合格后上岗。

（5）及时掌握市场信息及现场施工情况，能根据材料预算，编制月度采购计划，用款计划，经审核落实后实施，编制材料报表。

（6）能坚持“六不”原则：无计划不采购、质量不好不采购、超储备不采购、价格超过规定未经领导同意不采购、违反财务制度和国家有关物资管理规定不采购。

（7）能做好“三比一算”，降低物资采运成本，做到采购及时、就近采购、直达供应；先算后用，尽量减少周转环节，降低材料成本。

（8）能对“三材”严格把关，钢材一定要符合国家标准，质保书要完整齐全；木材要加强验收，保证木材的出材率和利用率；水泥必须保质保量，经过试验鉴定后使用。砂、石料能根据进场用料申请单落实货源。

（9）能运用物量消耗限额和定额消耗限额，以任务单为依据，按照分项工程限额发料。

（10）能对现场材料做到收支有台账、耗用有限额、分项有核算、节约有依据、竣工有退料；材料堆放做到砂石成方、砖瓦成堆、规格分清、安全牢固。

（11）能根据进库验收、发料制度，保持良好的库容库貌，做到库容整齐清洁，场上物资层次分明，堆置合理，室内物资数量、规格、性能、用途心中有数，实物台账，账物相符，月清月结。

（12）对周转材料调进调出严格执行检查手续，记好单据，做到账物相符。

1.2 材料采购员岗位职责

（1）遵守法律、法规和规章。

（2）执行规范和规定。

（3）履行项目合同，保证执业活动成果质量，并承担相应责任。

（4）掌握材料性能、用途及质量标准，熟悉材料采购、保管、使用，懂得物资管理相关知识，经专业考核合格后上岗。

（5）模范遵守物资政策及物资工作纪律，严格执行物资系统各项规章制度，在加工订货采购业务中做到廉洁奉公。

（6）能坚持“六不”原则：无计划不采购、质量不好不采购、超储备不采购、价格超过规定未经领导同意不采购、违反财务制度和国家有关物资管理规定不采购。

（7）能做好“三比一算”，降低物资采运成本，做到采购及时、就近采购、直达供应；先算后用，尽量减少周转环节，降低材料成本。

（8）能对“三材”严格把关，钢材一定要符合国家标准，质保书要完整齐全；木材要加强验收，保证木材的出材率和利用率；水泥必须保质保量，经过试验鉴定后使用。砂、石料能根据进场用料申请单落实货源。

（9）坚持“三比一算”的原则，即比单价、比质量，比运距和采购成本核算，正确选择进货（订货）渠道，“先看后订”，及时、准确、保质地供应。

（10）严格执行加工计划和采购计划，变更计划应及时得到相关负责人签认。

（11）认真签约履行合同，负责购销合同管理。负责加工订货物资质量证明资料的索取、下发和管理。

（12）定期（月或季）编报材料采购报表，分析采购价格及管理费用的开支，努力降低采购成本。负责办理材料入库、下发、记账及结算等有关业务手续。

本章习题

1.1.1 现场材料员岗位职责是什么？

1.1.2 材料采购员岗位职责是什么？

1.1.3 结合自己的工作体会说明材料员应如何履行岗位职责。

第2章　材料员应遵守法律法规和规章

教学要求：熟悉与水利水电工程材料管理有关的主要法律、法规和规章；掌握《中华人民共和国合同法》15种合同类型中与材料管理相关的合同的内容；了解《中华人民共和国建筑法》规定的从业资格制度；掌握各法律法规和规章对施工材料的规定和要求。

水利水电工程建设材料员应当了解和熟悉我国建设工程特别是建筑材料与材料管理方面相关的法律、法规和规章，以便依法进行水利水电工程材料管理工作，规范自己的管理行为。

2.1　建设工程相关法律法规规章的法律效力

建设工程相关的法律是指由全国人民大会及其常务委员会通过的规范工程建设活动的法律规范，由国家予以公布。

建设工程相关的行政法规是指由国务院根据宪法和法律制定的规范工程建设活动的各项法规，由国务院令予以公布。

建设工程相关部门规章是指建设部或相关部委按照国务院规定的职权范围，独立或同国务院有关部联合根据法律和国务院的行政法规、决定、命令，制定的规范工程建设活动的各项规章。属于建设部制定的由建设部令予以公布。

上述法律法规规章的效力是：法律的效力高于行政法规，行政法规的效力高于部门规章。

与水利水电建设工程材料管理有关的主要法律、法规、规章：《中华人民共和国建筑法》、《中华人民共和国安全生产法》、《中华人民共和国招标投标法》、《中华人民共和国合同法》、《中华人民共和国土地管理法》、《中华人民共和国环境保护法》、《中华人民共和国城市规划法》、《中华人民共和国电力法》、《建设工程质量管理条例》、《建设工程安全生产管理条例》、《中华人民共和国土地管理法实施条例》等。

2.2　与材料管理相关的法律法规规章的主要内容

2.2.1　合同的种类与内容

《中华人民共和国合同法》（以下简称《合同法》）按照合同标的特点将合同分为15种：买卖合同；供用电、水、气、热力合同；赠与合同；借款合同；租赁合同；融资租赁合同；承揽合同；建设工程合同；运输合同；技术合同；保管合同；仓储合同；委托合同；行纪合同；居间合同等。

15 种合同的内容详见《合同法》。

2.2.2 招标范围

《中华人民共和国招标投标法》（以下简称《招标投标法》）规定，在中华人民共和国境内进行下列工程建设项目（包括项目的勘察、设计、施工、监理以及与工程建设有关的重要设备、材料等的采购），必须进行招标：

（1）大型基础设施、公用事业等关系社会公共利益、公众安全的项目。

（2）全部或者部分使用国有资金投资或者国家融资的项目。

（3）使用国际组织或者外国政府贷款、援助资金的项目。

2.2.3 建筑工程承包与从业资格制度

《中华人民共和国建筑法》（以下简称《建筑法》）规定：建筑工程承包是指承包单位（勘察、设计、施工、安装单位）通过投标签约的方式取得工程项目建设合同。

《建筑法》还规定了从业资格制度。从业资格制度包括从事建筑活动的企业、单位资质制度和专业技术人员资格制度。

（1）企业单位条件要求。从事建筑活动的施工企业、勘察、设计和监理单位应当具备：①有符合国家规定的注册资本；②有与其从事的建筑活动相适应的具有法定执业资格的专业技术人员；③有从事相关建筑活动所应有的技术装备；④法律、行政法规规定的其他条件。

（2）企业单位资质管理。从事建筑活动的施工企业、勘察、设计和监理单位，按照其拥有的注册资本、专业技术人员、技术装备、已完成的建筑工程业绩等资质条件，划分为不同的资质等级，经资质审查合格，取得相应等级的资质证书后，方可在其资质等级许可的范围内从事建筑活动。

（3）专业技术人员资格。从事建筑活动的专业技术人员，如建筑师、结构工程师、造价工程师、监理工程师、建造师等，应当依法取得相应的执业资格证书，并在执业资格证书许可的范围内从事建筑活动。

2.2.4 施工企业对施工质量负责

《建筑法》规定：

（1）建筑施工企业对工程的施工质量负责，要按有关要求对建筑材料、构配件和设备进行检验，不合格的不得使用，必须按设计图纸和技术标准施工，不得偷工减料。

（2）交付竣工验收的建筑工程，必须符合规定的建筑工程质量标准，有完整的工程技术经济资料和经签署的工程保修书。

（3）建筑工程实行质量保修制度。保修的期限应当按照保证建筑物合理寿命年限内正常使用，维护使用者合法权益的原则确定。

（4）建筑施工企业在施工中偷工减料，使用不合格材料、构配件和设备的，或者有其他不按照工程设计图纸或者施工技术标准施工的行为要承担法律责任。

《建设工程质量管理条例》规定：

（1）施工单位对建设工程施工质量负责和建立质量责任制。

（2）施工单位使用材料、构配件和设备前必须进行检验：施工单位必须按照工程设计要求、施工技术标准和合同约定，对建筑材料、建筑构配件、设备和商品混凝土进行检验，检验应当有书面记录和专人签字；未经检验和检验产品不合格的，不得使用。

（3）对涉及结构安全的试块、试件以及有关材料，应当在建设单位或者工程监理单位监督下现场取样，并送具有相应资质等级的质量检测单位进行检测。

（4）施工单位在施工中偷工减料的，使用不合格材料、构配件和设备的，或者有不按照设计图纸或者施工技术标准施工的其他行为的；施工单位未对建筑材料、建筑构配件、设备、商品混凝土进行检验，或者未对涉及结构安全的试块、试件以及有关材料取样检测的；施工单位不履行或拖延履行保修义务的均要追究法律责任。

2.2.5 新工艺、新技术、新材料、新设备安全措施

《中华人民共和国安全生产法》（以下简称《安全生产法》）规定生产经营单位采用新工艺、新技术、新材料或者使用新设备，必须了解、掌握其安全技术特性，采取有效的安全防护措施，并对从业人员进行专门的安全生产教育和培训。

2.2.6 识别产品质量

《中华人民共和国产品质量法》（以下简称《产品质量法》）规定：

（1）产品或者其包装上的标识必须真实，并符合下列要求：①有产品质量检验合格证明；②有中文标明的产品名称、生产厂厂名和厂址；③根据产品的特点和使用要求，需要标明产品规格、等级、所含主要成分的名称和含量的，用中文相应予以标明；需要事先让消费者知晓的，应当在外包装上标明，或者预先向消费者提供有关资料；④限期使用的产品，应当在显著位置清晰地标明生产日期和安全使用期或者失效日期；⑤使用不当，容易造成产品本身损坏或者可能危及人身、财产安全的产品，应当有警示标志或中文警示说明。

（2）生产者不得生产国家明令淘汰的产品。

（3）生产者不得伪造产地，不得伪造或者冒用他人的厂名、厂址。

（4）生产者不得伪造或者冒用认证标志等质量标志。

（5）生产者生产产品，不得掺杂、掺假，不得以假充真，以次充好，不得以不合格产品冒充合格产品。

（6）销售者应当建立并执行进货检查验收制度，验明产品合格证明和其他标识。

（7）销售者应当采取措施，保持销售产品的质量。

（8）销售者不得销售国家明令淘汰并停止销售的产品和失效、变质的产品。

本章习题

1.2.1 为什么材料员应熟悉和遵守法律、法规和规章？

1.2.2 与水利水电建设工程材料管理有关的主要法律、法规和规章有哪些？

1.2.3 《合同法》规定了哪15种合同？材料管理涉及到其中哪几种合同？

1.2.4 大型基础设施项目材料采购一定必须进行招标吗？

1.2.5 《建筑法》规定的从业资格制度与材料员有什么关系？

1.2.6 《建筑法》、《建设工程质量管理条例》对施工企业要对施工质量负责做了哪些规定？对材料管理提出了哪些要求？

1.2.7 《安全生产法》规定的当采用新工艺、新技术、新材料或新设备时，必须采取有效安全防护措施的意义是什么？

1.2.8 施工中使用不合格材料、未对材料进行检验是否要追究法律责任？该规定是在哪一部法规中规定的？

1.2.9 《产品质量法》对产品质量都做了哪些规定？与材料管理有什么关系？

第3章　材料员应执行规范规定

教学要求：熟悉与水利水电工程材料管理有关的主要规范规定；了解《建设工程监理规范》中监理机构对材料质量的控制；掌握《建设工程项目管理规范》中关于材料采购、质量、资源、信息管理等规定；了解建设工程质量责任主体和有关机构不良记录管理办法。

3.1　建设工程规范规定概述

为贯彻国家和政府主管部门有关法律、法规，推进建设工程管理体制改革的经验，进一步深化和规范建设工程管理的基本做法，促进建设工程管理科学化、规范化和法制化，不断提高建设工程项目的管理水平，各行业主管部门依据国家建设工程法律、法规、规章制定建设工程规范规定。

（1）与水利水电建设工程材料管理有关的主要规范规定。包括：《建设工程项目管理规范》、《建设工程监理规范》、《建筑业企业资质管理规定》、《建筑工程施工许可管理办法》、《建设工程施工现场管理规定》、《实施工程建设强制性标准监督规定》、《建设工程质量责任主体和有关机构不良记录管理办法》、《工程建设重大事故报告和调查程序规定》等。

（2）水利水电行业主要规范规定。包括：《水利水电工程建设项目施工监理规范》、《水利水电工程施工监理规范》、《工程建设标准强制性条文》等。

水利水电工程建设材料员应当熟悉和执行建设工程相关的，特别是与材料管理相关的规范、规定，履行管理职责。

3.2　与材料管理相关的规范规定的主要内容

3.2.1　项目监理机构审查承包单位开工准备的内容

《建设工程监理规范》规定：施工准备阶段，项目监理机构应审查施工组织设计；审查承包单位现场项目管理机构的质量管理、技术管理体系和质量保证体系；审查承包单位报送的工程开工报审表及有关资料。

3.2.2　项目监理机构工程质量控制的内容

《建设工程监理规范》规定项目监理机构工程质量控制的内容为：施工组织设计调整的审查；重点部位、关键工序的施工工艺和保证工程质量措施的审查；使用新材料、新工艺、新技术、新设备的控制措施；对承包单位实验室的考核；对拟进场的工程材料、构配件和设备的控制措施；直接影响工程质量的计量设备技术状况的定期检查；对施工过程进行巡视和检查；旁站监理的内容；审核、签认分项工程、分部工程、单位工程的质量验评资料；对施工过程中出现的质量缺陷应采取的措施；发现施工中存在重大质量隐患应及时下达工程暂停令，整改完毕并符合规定要求及时签署工程复工令；质量事故的处理等。

《水利水电工程建设项目施工监理规范》规定：

（1）原材料、构配件和工程设备检验制度。进场的原材料、构配件和工程设备应有出厂合格证明和技术说明书，经承包人自检合格后，方可报监理机构检验。不合格的材料、构配件和工程设备应按监理指示在规定时限内运离工地或进行相应处理。

（2）检查承包人进场施工设备的数量和规格、性能是否符合施工合同约定要求。

（3）检查进场原材料、构配件的质量、规格、性能是否符合有关技术标准和技术条款的要求，原材料的储存量是否满足工程开工及随后施工需要。

（4）检查承包人试验室具备的条件是否符合有关规定要求。

（5）检查砂石料系统、混凝土拌和系统以及场内道路、供水、供电、供风等施工辅助设施的准备。

（6）检查承包人的质量保证体系。

（7）检查承包人的施工安全、环境保护措施、规章制度的制定及关键岗位施工人员的资格。

（8）检查按照施工规范要求需要进行的各种施工工艺参数的试验是否完成并提交给监理机构审核。

（9）监理机构应按照有关工程建设标准和强制性条文及施工合同约定，对所有施工质量活动及与质量活动相关的人员、材料、工程设备和施工设备、施工工法和施工环境进行监督和控制，按照事前审批、事中监督和事后检验等监理工作环节控制工程质量。

（10）监理机构应按有关规定或施工合同约定，核查承包人现场检验设施、人员、技术条件等情况。

（11）监理机构应对承包人从事施工、安全、质检、材料等岗位和施工设备操作等需要持证上岗的人员的资格进行验证和认可。对不称职或违章、违规人员，可要求承包人暂停或禁止其在本工程中工作。

（12）材料和工程设备的检验应符合下列规定。

1）对于工程中使用的材料、构配件，监理机构应监督承包人按有关规定和施工合同约定进行检验，并应查验材质证明和产品合格证。

2）对于承包人采购的工程设备，监理机构应参加工程设备的交货验收；对于发包人提供的工程设备，监理机构应会同承包人参加交货验收。

3）材料、构配件和工程设备未经检验，不得使用；经检验不合格的材料、构配件和工程设备，应督促承包人及时运离工地或作出相应处理。

4）监理机构如对进场材料、构配件和工程设备的质量有异议时，可指示承包人进行重新检验；必要时，监理机构应进行平行检测。

5）监理机构发现承包人未按有关规定和施工合同约定对材料、构配件和工程设备进行检验，应及时指示承包人补做检验；若承包人未按监理机构的指示进行补验，监理机构可按施工合同约定自行或委托其他有资质的检验机构进行检验，承包人应为此提供一切方便并承担相应费用。

6）监理机构在工程质量控制过程中发现承包人使用了不合格的材料、构配件和工程设备时，应指示承包人立即整改。

（13）监理机构应审批承包人提交的工艺参数试验方案，对现场试验实施监督，审核试验结果和结论，并监督承包人严格按照批准的工法进行施工。

（14）施工过程质量控制应符合下列规定。

1）监理机构应督促承包人按施工合同约定对工程所有部位和工程使用材料、构配件和工程设备的质量进行自检，并按规定向监理机构提交相关资料。

2）监理机构应采用现场察看、查阅施工记录以及对材料、构配件、试样等进行抽检的方式对施工质量进行严格控制；应及时对承包人可能影响工程质量的施工工法以及各种违章作业行为发出调整、制止、整顿直至暂停施工的指示。

3）监理机构发现由于承包人使用的材料、构配件、工程设备以及施工设备或其他原因可能导致工程质量不合格或造成质量事故时，应及时发出指示，要求承包人立即采取措施纠正。必要时，责令其停工整改。

3.2.3 项目采购管理的内容与程序

《建设工程项目管理规范》规定：

项目采购应设置采购部门，制定采购管理制度、工作程序和采购计划。采购管理应遵循的程序是：①明确采购产品或服务的基本要求及有关责任；②进行采购策划，编制采购计划；③通过招投标，选择合格的产品供应或服务单位；④签订采购合同；⑤运输、验收采购产品或服务；⑥采购资料整理归档。

3.2.4 项目质量管理的原则

《建设工程项目管理规范》规定：应建立持续改进质量管理体系，设立专职管理部门或专职人员。

质量管理应坚持预防为主的原则，按照 PDCA 的循环过程原理持续改进。

3.2.5 项目资源管理的内容和程序

《建设工程项目管理规范》规定：项目资源管理包括人力资源管理、材料管理、机械设备管理、技术管理和资金管理。项目资源管理的全过程应包括项目资源的计划、配置、控制和处置。

3.2.6 项目信息管理的内容和程序

《建设工程项目管理规范》规定：项目信息管理的对象应包括各类工程资料和工程实际进展信息。

项目信息管理应遵循下列程序：①确定项目信息管理目标；②进行项目信息管理策

划；③项目信息收集；④项目信息处理；⑤项目信息运用；⑥项目信息管理评价。

3.2.7 责任主体和有关机构不良记录

《建设工程质量责任主体和有关机构不良记录管理办法》规定：建筑工程质量责任主体和有关机构不良记录，是指对从事新建、扩建、改建房屋建筑工程和市政基础设施工程建设活动的建设单位、勘察单位、设计单位、施工单位和施工图审查机构、工程质量检测机构、监理单位违反法律、法规、规章和规定的质量责任和义务的行为，以及勘察、设计文件和工程实体质量不符合工程建设强制性技术标准的情况记录。不良记录应作为年检和资质评审的重要依据。不良记录要进行备案，录入信息系统，并定期在媒体公布。

本章习题

1.3.1 为什么材料员应熟悉和执行规范规定？

1.3.2 与水利水电工程材料管理有关的主要规范、规定有哪些？

1.3.3 监理机构审查开工准备的内容有哪些？与材料管理有什么关系？

1.3.4 监理机构审查工程质量控制的工作内容有哪些？与材料管理有什么关系？

1.3.5 《建设工程项目管理规范》规定的项目采购管理的内容是什么？规定的采购管理应遵循的程序是什么？

1.3.6 《建设工程项目管理规范》中指出的项目质量管理的原则是什么？材料管理对保证工程质量有什么作用？

1.3.7 《建设工程项目管理规范》规定的项目资源管理的内容和程序是什么？

1.3.8 《建设工程项目管理规范》规定的项目信息管理的内容和程序是什么？

1.3.9 《建设工程质量责任主体和有关机构不良记录管理办法》对责任主体和有关机构不良记录的规定有哪些内容？与材料管理有什么关系？

第4章 材料员应履行建设工程合同

教学要求：熟悉建设工程合同中施工合同、材料设备合同及运输合同的基本内容；掌握对上述合同进行合同管理的内容；掌握上述合同中材料员的合同职责。

4.1 建设工程合同概述

任何一项工程的建设，其行为主体都涉及许多方面，如政府建设管理机构、勘察单位、设计单位、施工单位、咨询监理单位、金融保险机构等，其中除政府建设管理机构外，其他各个方面都是通过合同联系在一起并为项目目标共同努力。材料员应当熟悉建设工程合同的内容，履行合同权利义务，依据合同对工程特别是材料的质量、费用、进度、安全进行控制。

4.1.1 建设工程合同的概念

建设工程合同是承包人进行工程建设、发包人支付价款的合同，进行工程建设行为包括勘察、设计、采购、施工、监理等。建设工程合同是一种诺成合同，也是一种义务、有偿合同，当事人在合同中都有各自的权利和义务。

与水利水电建设工程管理有关的主要合同：工程勘察合同、工程设计合同、工程施工合同、材料设备采购合同、工程总承包合同、工程监理合同等。

4.1.2 建设工程合同的特征

（1）合同主体的严格性。当事人双方都是法人，承包人具有一定资质要求。

（2）合同标的单一性。合同标的是建筑产品，属于不动产，不能移动，不能替代，是单一性产品。

（3）合同履行的长期性。一个工程项目从准备期至实施期结束，需要较长的一段时间，期间可能出现工程变更、不可抗力、合同纠纷等。

（4）计划和程序的严格性。建设工程合同一定要按合同规定的权利义务履行。

4.1.3 建设工程合同的订立

我国《合同法》对合同形式的规定是可以采用书面形式和口头形式，但因建设工程合同的特征，《合同法》要求建设工程合同应当采用书面形式。

建设工程的发包单位可以将建设工程的勘察、设计、施工、材料设备采购的一项或者多项发包给一个工程总承包单位，但是不得将应当由一个承包单位完成的建设工程肢解成若干部分发包给几个承包单位。

4.2 建设工程合同管理

建设工程合同管理是指工程项目业主、承包方和监理单位根据法律、法规、规章制度，对建设工程合同进行组织、协调及享有权利履行义务，保证合同贯彻实施等一系列活动。

合同管理的基本内容有：合同分析、合同文档管理、合同动态跟踪管理、变更管理以及索赔管理等。

4.2.1 合同分析

合同分析是从履行合同的角度，对合同文件进行合法性分析、完备性分析、整体性分析、应变性分析等，包括对合同的有效性、合同的风险和双方责、权、利分析等。

（1）合同有效性的分析主要是判断合同的主体是否合法，合同形式是否符合国家规定，合同内容是否合法，委托代签合同是否符合法律规定。

（2）合同风险的分析主要是合同双方承担合同风险内容，即对工程项目承担的投资、工期、质量方面的责任解释，对延期说明、费用说明、质量标准说明、补偿说明、合同变动等进行分析，找出可能发生风险的因素。

（3）合同双方的责、权、利分析主要是双方责、权、利在合同条款中的明确性，是否有隐含转嫁风险的条款存在。

4.2.2 合同文档管理

在合同管理中，对合同条款以及合同履行过程中涉及变更等各种报告、数据资料进行整理分类、统一传递、归档保存，以便快捷地查询和掌握合同及其变化情况。其基本内容为：

（1）建立科学编码系统，无论是人工处理还是计算机处理，都应该便于操作和查询。

（2）合同资料的查询与处理，如合同分析所形成的各种文件、会议记录、设计变更、验收报告、试验报告和承包商的索赔报告及其处理意见等都要迅速地进入文档系统内。

4.2.3 合同的跟踪管理

在合同履行过程中，监督检查合同双方是否按合同的要求履行，履行中所产生的结果是否符合合同条款的规定；督促合同双方严格按合同规定履行；当遇到变更、不可预见等情况时，按合同条款规定及时进行处理。

4.2.4 变更管理

变更的提出、审查、批准、实施等应按合同的规定进行。业主、承包方和监理单位均可根据现场实际情况提出变更建议，业主应审查变更，对变更及变更价有决定权。业主委托监理单位颁发工程变更指令，承包方才能实施变更工程。在实施变更工程前，业主、监理单位和承包方应协商确定变更价及变更工期。

4.2.5 索赔管理

根据实际发生的事件及支持性资料，以合同规定为依据，对索赔的有效性、合理性评价分析，对于经证实的已经付出的额外费用及工期给予补偿。索赔是双向的，承包方可向业主提出索赔，业主也可向承包方索赔。索赔需要用证据证实。承包商的索赔必须遵循时限与程序的要求。

4.3 施工合同中与材料管理相关的内容

4.3.1 质量管理

施工合同规定：监理工程师在施工过程中应监督检查承包人的施工工艺及质量，对建筑产品的生产过程进行严格控制。

（1）按合同约定的验收要求、验收程序，检验工程使用的材料、设备、半成品及构配件的质量，并按合同约定处理质量缺陷、保管费用、检验费用等事宜。

（2）按合同约定的规范、规程、设备说明书监督检查施工质量。

（3）按合同规定的程序，验收隐蔽工程和需要中间验收工程的质量。

（4）按合同规定，因工程质量达不到约定标准时，返工或拆除后重新施工。

4.3.2 工程变更管理

工程变更管理指对工程变更的程序、工程变更指令、工程变更价款等进行管理。

（1）工程变更的方案、费用和工期，业主应按施工合同规定与承包人进行协商，经协商达成一致后，由业主与承包人在变更文件上签字。

（2）在业主和承包人未能就工程变更的费用等方面达成协议时，项目监理机构应提出一个暂定的价款，作为临时支付工程进度款的依据。该项工程款最终结算时，应以业主和承包单位达成的协议为依据。

4.3.3 索赔管理

索赔是合同当事人在合同实施过程中，根据法律、合同规定，对不应由自己承担责任的情况造成的损失，向合同的另一方当事人提出给予赔偿或补偿要求的行为。

索赔具有以下基本特征：索赔是双向的，不仅承包人可以向业主索赔，业主同样也可以向承包人索赔；只有实际发生了经济损失或权利损害，一方才能向对方索赔；索赔是一种未经对方确认的单方行为。

1. *承包人的索赔*

承包人的索赔程序通常如下：

索赔事件发生后，承包人应在索赔事件发生后的28d内递交索赔意向通知；索赔意向通知提交后的28d内，或在业主可能同意的其他合理时间，承包人应递送正式的索赔报告。如果索赔事件的影响持续存在，承包人应按合同要求的时间时隔（一般为28d），定期陆续报出每一个时间段内的索赔证据资料和索赔要求；在该项索赔事件的影响结束后的28d内，报出最终索赔报告，提出索赔论证资料和累计索赔额。

接到承包人的索赔意向通知后，监理工程师应建立理赔档案，密切关注事件的发展和影响，检查承包人同期记录。在接到正式索赔报告以后，认真研究承包人的索赔权及报送的索赔资料。承包人的索赔权包括满足时限、程序、责任归属、依据、证据、数额及减损措施等合同要求。其后再审查承包人提出的索赔要求，剔除其中的不合理部分，拟定合理索赔款额和工期延长天数，向业主提出自己的索赔处理决定。

业主根据事件发生的原因、责任范围、合同规定审核承包人的索赔申请和监理工程师的理赔报告，依据工程建设的目标、投资控制、竣工投产日期要求对承包人索赔作出补偿费用、工期延长的决定。

承包人接受最终的索赔处理决定，索赔处理即告结束。如果承包人不同意，就会导致合同争议。通过协商双方达到互谅互让的解决方案，是处理争议的最理想的方式。如达不成谅解，承包人有权提交仲裁或诉讼解决。

2. 业主的索赔

业主的索赔主要基于承包人施工质量缺陷、拖延工期及发生违约行为导致的业主损失的索赔。业主的索赔一般在合同中均有条款依据及措施并可直接在给予承包人的工程款中直接扣取。

4.4 材料设备合同中与材料管理相关的内容

4.4.1 材料设备合同的概念

建设工程材料及通用设备合同属买卖合同，是出卖人转移标的物所有权于买受人，买受人支付价款的合同。

建设工程的非通用设备合同属承揽合同，指承揽人按照定做人的要求完成工作成果，定做人给付报酬的合同。

4.4.2 材料设备合同的订立

（1）根据《中华人民共和国招标投标法》及有关规定，通过招投标确定供货厂商。

（2）水利部颁设备、材料等招标范本是编制招、投标文件的依据，也是供货合同的范本。

（3）除技术条件、供应范围等技术内容外，应特别注意合同条款。

4.4.3 材料、通用设备合同管理

建设工程材料、通用设备合同的管理是指业主或承包人与设备厂家、材料供货商签订的材料、通用设备合同进行合同管理。

材料、通用设备合同管理内容主要涉及交货程序、检验方式、合同价款支付及违约的处理等。

（1）交货。卖方应按照合同约定的材料、通用设备的质量标准，按时交货并交付与货物有关的单据。

（2）支付。买方应按照合同规定及时付款。通常按预付款、交货款交付。

（3）验收。买方对卖方交货应及时验收，对材料、通用设备的数量与质量进行核实检验，如有异议应及时与卖方协商解决。

4.4.4 非通用设备合同管理

非通用设备合同管理的内容主要是设备技术性能的符合性、设备交货期的控制、设备的配套、货款的支付、设备资料文件的提交、厂家驻工地的配合、设备性能考核、违约处理等。

1. 设备制造前

设备制造前，供货方向买方提交订货设备的设计和制造、检验标准。在合同约定的时间内，买方审核后及时给予答复。

2. 设备制造阶段

设备制造阶段，买方对设备生产过程中的工艺、工序、材料质量等进行监督、检查，并对设备附件的配套、设备交货时间、货款支付、出厂试验见证等方面进行管理。

3. 设备安装阶段

1）开箱验收由设备订货单位主持，由厂家、项目业主、监理、接收保管单位参加，必要时商检部门也参加。

2）对外包装的完好性做记录。

3）根据开箱单检查设备型号、数量、配件、资料、图纸以及在运输过程中是否受到损害，并判别设备的真伪。

4）参加开箱验收单位在开箱单上签字确认（设备的内在质量要待设备安装调试时进行检查）。

5）如发生不符合或出现质量问题时，买方督促设备厂家进行处置，直至达到满足合同要求的质量标准。

4. 设备试运行阶段

设备试运行阶段检验设备内在质量，对其设备出力、技术性能等进行考核。

要建立合同数据档案库，按设备到货情况进行时间、验收情况、存在问题、处置结果等记录，并将数据送入档案库。

5. 设备合同的违约及处理

设备供货方违约的情况一般有：不按时交货、散件供货、无力承担加工或供货、提供产品质量低劣、企业倒闭等。当无力承担供货或提供产品质量低劣，经过警告后仍无效果时，应终止合同的履行，追回合同预付款。对企业倒闭或转移财产、抽逃资金，丧失履行合同能力的，应及时终止合同履行，并通过法律追究其责任。

买方违约情况一般是：不能按合同规定按期支付设备款；提供资料错误而没有及时变更；或因工程变更引起取消设备或设备技术条件变更过大等。发生以上各情况，均应按合同规定处理。

4.5 运输合同中与材料管理相关的内容

运输合同是承运人将货物从起运点运到约定地点，托运人支付运输费用的合同。

（1）运输合同履行应注意问题。

1）托运货物需要办理审批、检验手续时，托运人将办理的手续文件如实交承运人。

2）包装应符合规定，并有储运指示标志，特别是特殊货物和危险货物的标志。

3）及时通知托运人领取货物。

4）在承运人将货物交付给托运人之前，可以要求承运人终止运输、返运货物、变更到达地点或将货物交其他收货人，但托运人应赔偿承运人损失。

5）托运人或收货人对运抵的货物应及时检查验收，发现由承运人责任而导致的损毁、灭失时应及时提出索赔。

（2）大件运输合同的管理。大件运输合同的管理是指在合同签订后至设备运输完成后移交过程进行的合同管理。合同管理内容包括运输方案复核、运输风险承担方式、设备到场验证、运输费用的支付等。

1）运输方案的复核是指托运人复核承运人提交的运输方案，复核运输路线、安全保障措施、运输起始时间等。

2）运输风险承担方式是指承运人是否进行运输保险和承运人的资金能力和财务、资信。

3）设备到场后托运人应进行验证，检查设备是否在运输过程中受到损伤、包装的完整性、零部件是否被丢失、文件资料是否齐全等。

4）设备运输费用的支付应按合同规定的方式、币种等进行。

本章习题

1.4.1 与水利水电工程管理相关的建设工程合同有哪些主要内容？这些主要合同的概念是什么？

1.4.2 材料员为什么要熟悉合同和履行合同的权利义务？

1.4.3 合同管理的基本内容有哪些？材料员如何进行合同管理？

1.4.4 合同管理中的变更管理与索赔管理有什么区别？

1.4.5 施工合同关于质量管理有哪些规定？与材料员材料管理有什么关系？

1.4.6 施工合同关于变更管理有哪些规定？与材料员材料管理有什么关系？

1.4.7 施工合同关于索赔管理有哪些规定？与材料员材料管理有什么关系？

1.4.8 材料设备合同的概念是什么？

1.4.9 材料及通用设备合同属《合同法》中规定的什么合同？非通用设备合同属《合同法》中规定的什么合同？两种合同有什么区别？

1.4.10 材料设备合同有哪些主要内容？举例说明该合同内容遗漏或不当会带来什么后果？

1.4.11 材料设备合同签约时要注意些什么？签约后如何进行材料设备合同管理？

1.4.12 材料设备合同签约的任一方违约，将如何处理？

1.4.13 运输合同的概念是什么？

1.4.14 运输合同有哪些主要内容？举例说该合同内容遗漏或不当会带来什么后果？

1.4.15 运输合同签约时要注意些什么？签约后如何进行运输合同管理？

1.4.16 运输合同签约的任一方违约，将如何处理？

第5章　材料员应执行工程建设标准

教学要求：了解标准分级、标准的特性以及标准化的概念；熟悉水利水电工程建设强制性标准。

目前，我国的技术标准体系、工程建设标准体系、标准化管理体系和运行机制，在工程建设中占有非常重要的地位。

按照标准的内容可分为基础标准、试验标准、产品标准、工程建设标准、过程标准、服务标准、接口标准等。其中，工程建设标准化自1990年以来，已初步形成了城乡规划、城镇建设、房屋建筑、铁路工程、水利水电工程、矿山工程等体系。

企业必须严格执行国家、行业和地方标准中的强制性标准，不符合强制性标准的产品禁止销售。材料员应熟悉水利水电工程建设相关的各种标准，在材料管理中严格执行。

5.1　标准的概念及其相关内容

标准是为了在一定范围内获得最佳秩序，经协商一致制定并由公认机构批准，共同使用的和重复使用的一种规范性文件。标准应是以科学、技术和经验的综合成果为基础，以促进最佳的共同效益为目的的特殊文件。

我国国家标准及行业标准代号见表1.5.1；常见国际标准及外国标准代号见表1.5.2。

表1.5.1　　**我国国家标准及行业标准代号**

<table>
<tr><th colspan="2">代　号</th><th>意　义</th></tr>
<tr><td rowspan="5">国家标准</td><td>GB</td><td>国家标准（强制性标准）</td></tr>
<tr><td>GB/T</td><td>国家标准（推荐性标准）</td></tr>
<tr><td>GBn</td><td>国家内部标准</td></tr>
<tr><td>GJB</td><td>国家军用标准</td></tr>
<tr><td>GBJ</td><td>国家工程建设标准</td></tr>
<tr><td rowspan="5">行业标准</td><td>□□</td><td>□□行业标准（强制性标准）</td></tr>
<tr><td>□□/T</td><td>□□行业标准（推荐性标准）</td></tr>
<tr><td>BB</td><td>包装行业标准</td></tr>
<tr><td>CB</td><td>船舶行业标准</td></tr>
<tr><td>CBM</td><td>船舶外贸行业标准</td></tr>
</table>

续表

代号		意义
行业标准	CECS	工程建设行业标准
	CH	测绘行业标准
	CJ	城镇建设行业标准
	CY	新闻出版行业标准
	DA	档案工作行业标准
	DL	电力行业标准
	DZ	地质矿产行业标准
	EJ	核工业行业标准
	FZ	纺织行业标准
	GA	公共安全行业标准
	GY	广播电影电视行业标准
	HB	航空行业标准
	HG	化工行业标准
	HJ	环境保护行业标准
	HY	海洋行业标准
	JB	机械行业标准（含机械、电工、仪器仪表等）
	JC	建材行业标准
	JG	建筑工业行业标准
	JR	金融行业标准
	JT	交通行业标准
	JY	教育行业标准
	LD	劳动和劳动安全行业标准
	LY	林业行业标准
	MH	民用航空行业标准
	MT	煤炭行业标准
	MZ	民政行业标准
	NY	农业行业标准
	QB	轻工业行业标准
	QC	汽车行业标准
	QJ	航天行业标准
	SB	商业行业标准
	SC	水产行业标准
	SD	水利电力行业标准
	SH	石油化工行业标准
	SJ	电子行业标准
	SL	水利行业标准

续表

代　号		意　义
行业标准	SN	商检行业标准
	SY	石油天然气行业标准
	TB	铁路运输行业标准
	TD	土地管理行业标准
	TY	体育行业标准
	WB	物资行业标准
	WH	文化行业标准
	WJ	兵工民品行业标准
	WS	卫生行业标准
	XB	稀土行业标准
	YB	黑色冶金行业标准
	YC	烟草行业标准
	YD	通信行业标准
	YS	有色冶金行业标准
	YY	医药行业标准

表 1.5.2　　常见国际标准及外国标准代号

代　号		意　义
国际标准	ISO	国际标准
	ISO/DIS	国际标准草案
	ISO/R	国际标准（推荐标准）（1972 年以前）
	ABC	英、美、加联合标准
	EN	欧洲共同体标准
	IDO	联合国工业发展组织标准
	IEC	国际电工委员会标准
外国标准	ANSI	美国国家标准
	AISI	美国钢铁学会标准
	ASME	美国机械工程师协会标准
	ASTM	美国材料与试验协会标准
	BHMA	美国建筑小五金制造商协会标准
	MIL	美国军用标准与规格
	SAE	美国机动车工程师协会标准
	AS	澳大利亚标准
	BS	英国标准
	CSA	加拿大国家标准
	CSN	前捷克斯洛伐克标准

续表

代　号		意　义
外国标准	DIN	德国标准
	DS	丹麦标准
	ELOT	希腊标准
	ES	埃及标准
	IRAM	阿根廷标准
	I. S.	爱尔兰标准
	IS	印度标准
	ISIRI	伊朗标准与工业研究所标准
	JIS	日本工业标准
	KS	韩国工业标准
	MS	马来西亚标准
	MSZ	匈牙利标准
	NB	巴西标准
	NBN	比利时标准
	NC	古巴标准
	NCh	智利标准
	NEN	荷兰标准
	NF	法国标准
	NI	印度尼西亚标准
	NOM	墨西哥官方标准
	NP	葡萄牙标准
	NS	挪威标准
	NZS	新西兰标准
	ONORM	奥地利标准
	PN	波兰标准
	PS	巴基斯坦标准
	PS	菲律宾标准
	SABS	南非标准规格
	SFS	芬兰标准协会标准
	S. I.	以色列标准
	SIS	瑞典标准
	SN	瑞士标准
	SOI	伊朗标准
	S. S.	新加坡标准
	STAS	罗马尼亚标准
	TCVN	越南国家标准

续表

代　号		意　义
外国标准	TIS	泰国工业标准
	TS	土耳其标准
	UNE	西班牙标准
	UNI	意大利标准
	BдC	保加利亚标准
	rOCT	俄罗斯标准

5.1.1 标准的分级

1. 国家标准

国家标准是指由国务院标准化行政主管部门编制计划，组织草拟，统一审批、编号、发布的在全国范围内统一和适用的标准。

2. 行业标准

行业标准是指没有国家标准而需要在全国某个行业范围内统一的技术要求而制定的标准。行业标准由国务院有关行政主管部门编制计划，组织草拟，统一审批、编号、发布，并报国务院标准化行政主管部门备案。行业标准是国家标准的补充，行业标准在相应国家标准实施后，自行废止。

3. 地方标准

地方标准是指没有国家标准和行业标准而又需要在省、自治区、直辖市范围内统一的工业产品的安全和卫生要求而制定的标准。地方标准由省、自治区、直辖市人民政府标准化行政主管部门编制计划，组织草拟，统一审批、编号、发布，并报国务院标准化行政主管部门和国务院有关行政主管部门备案。地方标准不得与国家标准、行业标准相抵触，在相应的国家标准或行业标准实施后，地方标准自行废止。

4. 企业标准

企业标准是指企业所制定的产品标准和企业内需要协商、统一技术要求和管理、工作要求所制定的标准。

5.1.2 标准的代号

1. 国家标准代号

中国国家标准的代号，用“国标”两个字汉语拼音的第一个字母“G”和“B”表示。强制性国家标准的代号为“GB”，推荐性国家标准的代号为“GB/T”。国家标准的编号由国家标准代号、国家标准发布的顺序号和国家标准发布的年号3部分构成。

2. 行业标准代号

行业标准代号由国务院标准化行政主管部门规定。目前，国务院标准化行政主管部门已批准发布了58个行业标准代号。例如建材行业标准的代号为“JC”。行业标准的编号由行业标准代号、标准顺序号及年号组成。工程建设行业标准的代号为“××J”，例如建设工程行业标准的代号为“JGJ”。

3. 地方标准代号

地方标准代号，由汉语拼音字母“DB”，加上省、自治区、直辖市行政区划代码前两位数、再加斜线、顺序号和年号共4部分组成。

5.1.3 标准的特性

（1）是经过公认机构批准的文件。

（2）是根据科学、技术和经验成果制定的文件。

（3）是在兼顾各有关方面利益的基础上，经过协商一致而制定的文件。

（4）是可以重复和普遍应用的文件。

（5）是公众可以得到的文件。

5.1.4 国际标准的采用

1. 等同采用

等同采用是指与国际标准在技术内容和文本结构上相同，或者与国际标准在技术内容上相同，只存在少量编辑性修改。

在中国国家标准封面上和首页上的表示方法为：GB××××—××××（idt ISO ××××：××××）。

2. 修改采用

修改采用是指与国际标准之间存在技术性差异，并清楚地标明这些差异以及解释其产生的原因，允许包含编辑性修改。修改采用不包括只保留国际标准中少量或者不重要的条款的情况。修改采用时，中国标准与国际标准在文本结构上应当对应，只有在不影响与国际标准的内容和文本结构进行比较的情况下才允许改变文本结构。

在中国国家标准封面上和首页上的表示方法为：GB××××—××××（mod ISO ××××：××××）。

5.2 工程建设强制性标准

国务院建设主管部门先后发布了包括城市规划、城市建设、房屋建筑、工业建筑、水利水电工程、电力工程、信息工程、铁道工程、石油化工工程、矿山工程、人防工程、广播电影电视工程和民航机场在内的13个部分的《工程建设标准强制性条文》。

《工程建设标准强制性条文》涵盖了现行工程建设标准中直接涉及人民生命财产安全、人体健康、环境保护和公众利益的必须执行的技术规定，具体体现了现阶段我国有关技术经济政策，为在我国社会主义市场经济条件下，实现政府对建设工程质量的有效监督奠定了坚实的基础。

5.2.1 工程建设强制性标准的范围

（1）工程建设规划、勘察、设计、施工（包括安装）及验收等的综合性标准和重要的质量标准。

（2）工程建设有关的安全、卫生和环境保护标准。

（3）工程建设重要的术语、符号代号、量与单位、建筑模数和制图方法标准。

（4）工程建设重要试验，检验和评定方法等标准。

（5）国家需要控制的其他工程建设标准。

5.2.2 工程建设强制性标准的性质与意义

工程建设强制性标准更多体现了政府的技术指导性，在无充分理由且未经规定程序评定时，不得突破强制性标准的规定。

当发生工程质量安全问题后，强制性标准将作为判定责任的依据。

5.3 标准化及企业标准化

5.3.1 标准化的概念

标准化是指为在一定的范围内获得最佳秩序，对实际的或潜在的问题制定共同和重复使用的规则的活动。标准化是一个活动过程，主要是指制定标准、宣传贯彻标准，对标准的实施进行监督管理、根据标准实施情况修订标准的过程。这个过程不是一次性的，而是一个不断循环、不断提高、不断发展的运动过程。每一个循环完成后，标准化的水平和效益就提高一步。标准是标准化活动的产物。标准化的目的和作用，都是通过制定和贯彻具体的标准来实现的。

5.3.2 标准化的作用

（1）标准化是生产社会化和管理现代化的重要技术基础。

（2）标准化是提高质量、保护人体健康，保障人身、财产安全，维护消费者合法权益的重要手段。

（3）标准化是发展市场经济，促进贸易交流的技术纽带。

5.3.3 企业标准化

所谓企业标准化是指以提高经济效益为目标，以搞好生产、管理、技术和营销等各项工作为主要内容，制定、贯彻实施和管理维护标准的一种有组织的活动。

5.3.4 企业标准化的特征

（1）企业标准化必须以提高经济效益为中心，应当把能否取得良好的效益，作为衡量企业标准化工作好坏的重要标志。

（2）企业标准化贯穿于企业生产、技术、经营管理活动的全过程。现代企业的生产经营活动，必须进行全过程的管理，即产品（服务）开发研究、设计、采购、试制、生产、销售、售后服务全过程都要进行管理。

（3）企业标准化是制定标准和贯彻标准的一种有组织的活动。企业标准化是一种活动，而这种活动是有组织、有目标、有明确内容的。其实质内容就是制定企业所需的各种标准，组织贯彻实施有关标准，对标准的执行进行监督，并根据发展适时地修订标准。

5.4 实施企业标准的监督

（1）国家标准、行业标准和地方标准中的强制性标准、强制性条文，企业必须严格执行；不符合强制性标准的产品，禁止出厂和销售。

（2）企业生产的产品，必须按标准组织生产、进行检验。经检验符合标准的产品，由企业质量检验部门签发合格证书。

（3）企业研制新产品、改进产品，进行技术改造和技术引进，都必须进行标准化审查。

（4）企业应当接受标准化行政主管部门和有关行政主管部门，依据有关法律、法规，对企业实施标准情况进行的监督检查。

本章习题

1.5.1 标准的概念是什么？分哪几级？各自的代号是什么？

1.5.2 工程建设为什么需要制定标准？标准的特性是什么？

1.5.3 标准化的概念是什么？为什么说标准化不是一次性的？

1.5.4 国家、行业、地方标准中的强制性标准、强制性条文，企业是否必须执行？不符合强制性标准的产品是否应禁止销售？

1.5.5 在执行工程建设标准中，材料员有哪些工作要做？

第6章　材料员应重视工程计量

教学要求：了解工程计量的概念、特点与意义；掌握工程计量的内容与方法。

6.1　工程计量的概念、内容与特点

6.1.1　工程计量的概念

工程计量是工程计价的基本要素，它是以物理计量单位或自然计算单位表示的各项工程和结构件的数量。工程计量是否准确关系到工程计价的准确。材料员应重视工程计量管理。工程计量的依据是工程计量的法律、法规、规定、项目合同以及施工图纸及设计说明等。

6.1.2　工程计量的内容

（1）计量的单位与单位制。

（2）计量器具（或测量仪器），包括实现或复现计量单位的计量基准、计量标准与工作计量器具。

（3）量值传递与溯源，包括检定、校准、测试与检测。

（4）物理常量、材料与物质特性的测定。

（5）测量不确定度、数据处理与测量理论及其方法。

（6）计量管理，包括计量保证与计量监督等。

6.1.3　工程计量的特性

计量的特性可以归纳为准确性、一致性、溯源性及法制性4个方面。

（1）准确性是指测量结果与被测量真值的一致程度。

（2）一致性是指在统一计量单位的基础上，测量结果应是可重复、可再现（复现）、可比较的。

（3）溯源性是指任何一个测量结果或测量标准的值，都能通过一条具有规定不确定度的不间断的比较链，与测量基准联系起来的特性。

（4）法制性是指计量必需的法制保障方面的特性。

6.2　工程计量的认证和认可

6.2.1　工程计量认证

工程计量认证是指依据《计量法》的规定对产品质量检验机构的计量鉴定、测试

能力和可靠性、公正性进行考核，证明其是否具有为社会提供公证数据的资格。经计量认证的产品质量检验机构所提供的数据，用于贸易出证、产品质量评价、成果鉴定作为公正数据，具有法律效力。

6.2.2 实验室认可

实验室认可是指对从事相关检测检验机构（实验室）资质条件与合格评定活动，由国家认监委按照国际通行做法对校准、检测、检验机构及实验室实施统一的资格认定。是中国加入 WTO 和参与经济全球化、适应社会生产力发展和满足人民群众日益增长的物质文化需求的需要，也是规范市场秩序的重要手段，提高中国产品质量、增强出口竞争力保护中国产业的重要举措。

6.3 工程计量单位及换算

工程计量单位及换算详见附录。

本章习题

1.6.1 工程计量的概念是什么？

1.6.2 工程计量包括哪些内容？

1.6.3 工程计量的依据是什么？

1.6.4 工程计量的特性有哪些？

1.6.5 工程计量认证和实验室认可的含义是什么？

1.6.6 为什么说工程计量是否准确关系到工程计价的准确？材料员在工程计量中有哪些相关工作要做？

第 7 章　材料员应掌握材料消耗定额的应用

教学要求： 了解材料消耗定额的概念、分类及作用；掌握材料消耗概（预）算定额的应用及材料消耗施工定额的应用。

7.1　材料消耗定额的概念

材料消耗定额是指在一定的生产技术条件下，完成单位产品或单位工作量必须消耗材料的数量标准。

材料消耗定额是企业材料利用程度的考核依据，是企业经营核算的重要计划指标。因此，材料消耗定额是否先进合理，不仅反映了生产技术水平，同时也反映了生产组织管理水平。

材料消耗定额不是固定不变的，它反映了一定时期内的材料消耗水平，所以材料消耗定额在一定时期内要保持相对稳定。随着技术的进步、工艺的改革、组织管理水平的提高，需要修订材料消耗定额。

材料消耗定额作为一个计划指标，具有严肃性和指令性，企业必须严格执行。

材料员应熟悉和掌握材料消耗定额，并在材料管理中应用。

7.2　材料消耗定额的分类

7.2.1　按照材料消耗定额的用途分类

按照材料消耗定额的用途分类可分为材料消耗的概（预）算定额、材料消耗施工定额、材料消耗估算指标。

（1）材料消耗概（预）算定额。是由各省市建设主管部门，在一定时期执行的标准设计或典型设计，按照建筑安装工程施工验收规范及安全操作规程，并根据当地社会劳动消耗的平均水平、合理的施工组织设计和施工条件编制的。

材料消耗概（预）算定额是编制工程安装施工图预算的法定依据，是进行工程材料结算、计算工程造价的依据，是计取各项费用的基本标准。

（2）材料消耗施工定额。是由施工企业编制的材料消耗定额。它是结合本企业在目前条件下可能达到的水平而确定的材料消耗标准。材料消耗施工定额反映了企业的管理水平、工艺水平和技术水平。材料消耗施工定额是材料消耗定额中最细、最具体的定额。反映了施工每个部位、每个分项工程中每一操作项目所需材料的品种、规格、数量。材料消耗施工定额的水平高于材料消耗概（预）算定额，即同一操作项目中，同一材料消耗量，在施工定额中的消耗数量低于概（预）算定额中的数量标准。

材料消耗施工定额是建设项目施工中编制材料需用计划、组织定额供料的依据，是企业内部实行经济核算和进行经济活动分析的基础，是材料部门进行“两算”对比（施工图预算和施工预算）的内容之一，是企业内部考核和开展劳动竞赛的依据。

（3）材料消耗估算指标。是在材料消耗概（预）算定额的基础上，以扩大的结构项目形式表示的一种定额。通常它是在施工技术资料不全且有较多不确定因素的条件下，用于估算某项工程或某类工程、某个部门的建筑工程所需的主要材料的数量。

材料消耗估算指标是非技术性定额，因此，不能用于指导施工生产，而主要用于审核材料计划，考核材料消耗水平，同时又是编制初步概算、控制经济指标的依据，是编制年度材料计划和备料的依据，是匡算主要材料需用量的依据。

7.2.2 按定额适用不同范围分类

按定额适用范围可分为生产用材料消耗定额、工程施工用材料消耗定额和经营维修用材料消耗定额。

7.2.3 按照材料类别划分

按材料类别可划分为主要材料消耗定额、周转材料消耗定额、辅助材料消耗定额。

（1）主要材料消耗定额。主要材料是指直接能构成工程实体的各项材料。例如钢材、水泥、砂、石等材料。这些材料通常属一次性消耗，其费用占材料费用较大的比重。主要材料消耗定额按品种确定，它由构成工程实体的净用量和合理损耗量组成，即

$$\text{主要材料消耗定额} = \text{净用量} + \text{合理损耗量}$$

（2）周转材料消耗定额。周转材料也称周转使用材料。是指在施工过程中能反复多次周转使用，而又基本上保持原有形态的工具性材料。周转材料经多次使用，每次使用都会产生一定的损耗，直到失去使用价值。周转材料消耗定额与周转材料需用数量及该周转材料周转次数有关

$$\text{周转材料消耗定额} = \frac{\text{周转材料需用数量}}{\text{该周转材料周转次数}}$$

（3）辅助材料消耗定额。辅助材料与主要材料相比，其用量少，不直接构成工程实体，多数也可反复多次使用。辅助材料中的不同材料有不同的特点，所以辅助材料消耗定额可按分部分项工程的单位工程量计算出辅助材料消耗定额；也可按完成建筑安装工作量或建筑面积计算辅助材料货币量消耗定额；也可按操作工人每日消耗辅助材料数量计算辅助材料货币量消耗定额。

7.3 材料消耗定额的作用

施工企业的生产活动，随时都在消耗大量的材料，材料成本占工程成本的70%左右，因此，如何合理、节省、有效地使用材料，降低材料消耗，提高施工技术水平，以及搞好材料的供应与管理工作，都与材料消耗定额有着密切的关系。

材料消耗定额的主要作用是：

（1）材料消耗定额是编制各项材料计划的基础。施工企业的生产经营活动都是有计划进行的，正确按照定额编制的各项材料计划，是搞好材料分配和供应的前提。施工生产合理的材料需用量，是以实物工程量乘以该项工程量的某种材料消耗定额而得到的。材料需用量的计算公式为

需用量 = 实物工程量 × 材料消耗定额

（2）材料消耗定额是确定工程造价的主要依据。对同一个工程项目投资多少，是依据概算定额对不同设计方案进行技术经济比较后确定的。而工程造价中的材料费，是根据设计规定的工程量和工程标准，并根据材料消耗定额计算出各种材料数量，再按地区材料预算价格计算出材料费用。其计算公式为

工程预算材料费用 = Σ（分部分项工程实物量 × 材料消耗定额 × 材料预算单价）

（3）材料消耗定额是推行经济责任制的重要手段。全面推行经济责任制，是企业进行经济改革的重要内容之一，是施工企业管理经济的有效手段。材料消耗定额是科学组织材料供应并对材料消耗进行有效控制的依据。有了先进合理的材料消耗定额，可以制定出科学的责任标准和消耗指标，便于生产部门制定明确的经济责任制。如材料实行按预算包干或签订投资包干协议，以投标工程材料报价及企业内部实行的各种经济责任制等。不管采用哪一种形式的经济责任制，都必须以材料消耗定额作为核算材料需用量的主要依据。

（4）材料消耗定额是搞好材料供应及企业实行经济核算和降低成本的基础。有了先进合理的材料消耗定额，便于材料部门掌握施工生产的实际材料需用量，并根据施工的进度，及时、均衡地按材料消耗定额确定的需用量组织材料供应，并据此对材料消耗情况进行有效控制。

材料消耗定额是监督和促进施工企业合理使用材料、实现增产节约的工具。材料消耗定额从制度上明确规定了耗用材料的数量标准。有了材料消耗定额，就有了材料消耗的标准和尺度，就能依据它来衡量材料在使用过程中是节约还是浪费；就能有效地组织限额领料；就能促进施工班组加强经济核算，杜绝浪费，降低工程成本，以低消耗获得高效益。

（5）材料消耗定额是推动企业提高生产技术和科学管理水平的重要手段。先进合理地材料消耗定额，必须以先进的实用技术和科学管理为前提。随着生产技术的进步和管理水平的提高，必须定期修订材料消耗定额，使它保持在先进合理的水平上。企业只有通过不断改进工艺技术、改善劳动组合，全面提高施工生产技术和管理水平，才能够达到新的材料消耗定额标准。

7.4 材料消耗定额的应用

7.4.1 材料消耗概（预）算定额的应用

（1）材料消耗概（预）算定额由地方主管基建部门统一组织制定。

（2）材料消耗概（预）算定额包含了施工企业从事生产经营全部材料消耗内容，即包括净用量、工艺操作损耗定额和非工艺操作损耗定额。

(3) 材料消耗概（预）算定额是编制安装施工图预算的法定依据。是确定工程造价、计算工程拨款及划拨主要材料指标的依据；是计算招标标底和投标报价的主要依据；也是选择设计方案、施工方案及进行企业经济分析比较的基础。材料消耗概（预）算定额还作为经济核算、工程成本的工具书，是编制工程材料分析、控制工料消耗、进行“两算”对比（施工图预算和施工预算）的依据和计算各项费用的基础。

7.4.2 材料消耗施工定额的应用

由施工企业自行编制的材料消耗定额，是水利水电工程中最细的、最具体的定额，它能详细地反映材料的品种、规格、材质和消耗数量。施工定额可基本上采用概（预）算定额的分部分项方法，但施工定额应在结合本企业现在条件，可能达到的平均先进水平下制定。材料消耗施工定额是企业管理水平的反映，应随着企业管理水平的提高不断进行修订，以体现企业的优势。

在工程施工中应依据材料消耗施工定额对施工班组实施限额领料，进行分部分项工程核算和班组核算，提高材料供、管、用的管理水平。

本章习题

1.7.1 说明材料消耗定额的概念，为什么说材料消耗定额是否先进合理不仅反映生产技术水平，还反映生产组织管理水平？

1.7.2 材料消耗定额为什么要随着技术和管理水平的提高进行修订？

1.7.3 材料消耗定额的种类有哪些？

1.7.4 材料管理中为什么需要材料消耗定额？

1.7.5 什么是材料消耗概（预）算定额？什么是材料消耗施工定额？这两种材料消耗定额的区别是什么？各有什么用途？

第2部分
建 筑 材 料

第1章 建筑材料的基本性质

教学要求：了解建筑材料的分类组成、构造和建筑材料的环保性能；熟悉材料的比重、容重和孔隙率概念，材料的力学性质、与水有关的性质，材料的耐久性、与热有关的性质；理解材料的强度、弹性与塑性、脆性与韧性、亲水性与憎水性、抗渗性、抗冻性以及导热性等概念。

1.1 材料的分类

1.1.1 建筑材料的分类

1.1.1.1 按照制造方法分类

按照制造方法，建筑材料可分为天然材料和人工材料。天然材料是指对自然界中的物质只进行简单的形状、尺寸、表面状态等物理加工，而不改变其内部组成和结构，例如天然石材、木材、土、砂等。人工材料是对自然界中取得的素材进行煅烧、冶炼、提纯或合成等加工而得到的材料，例如钢材、铝合金、砖瓦、玻璃、塑料、石油沥青等。

1.1.1.2 按照化学组成分类

按照化学组成，建筑材料可分为无机材料、有机材料和复合材料。无机材料又分为金属材料和非金属材料，用于建筑工程的金属材料主要有建筑钢材、铝合金、不锈钢、铜、铸铁等，其中建筑钢材用量最大。非金属材料又称为矿物质材料，在建筑材料中占据主要位置，包括天然石材、烧土制品、水泥、混凝土、建筑陶瓷、建筑玻璃等。有机材料包括天然的有机材料与合成的有机材料。木材、竹材、沥青、漆、植物纤维等属于天然有机材料；合成有机材料有塑料、涂料、合成树脂、黏结剂、密封材料等。复合材料是指两种或两种以上材料复合而成的材料，例如，钢筋混凝土、钢纤维混凝土是金属与非金属材料复合而成；聚合物混凝土、沥青混凝土是有机材料与无机材料复合而成；

复合材料具有更加优良的特性。

1.1.1.3 按照使用功能分类

按照使用功能，建筑材料可分为承重材料、装饰—装修材料、隔断材料、防火—耐火材料。承重材料主要用作建筑物中的梁、柱、基础、承重墙体等承受外力的构件，构成结构物的骨架，通常使用的材料有木材、石材、钢材、混凝土等。装饰、装修材料用于建筑物的内外表面，以间隔、美观、装饰及保护结构体为目的，主要有涂料、瓷砖、壁纸、玻璃、各类装饰板材、金属板、地毯等。隔断材料是指以防水、防潮、隔声、保温隔热等为目的的材料，包括各类防水材料、各种具有控制温热效果的玻璃、保温板材、防水密封材料等。防火—耐火材料是以防止火灾的发生和蔓延为目的的材料，包括防火门、石棉水泥板、硅钙板、岩棉、混凝土预制构件等。

1. 建筑结构材料

在建筑中承受各种荷载，起骨架作用。这类材料质量的好坏直接影响结构安全，因此，其力学性能以及耐久性能，应特别予以重视。

2. 围护和隔绝材料

在建筑物中起围护和隔绝作用，以便形成建筑空间，防止风雨的侵袭。这类材料应具有隔热、隔声、防水、保温等功能，其对建筑空间的舒适程度和建筑物的营运能耗有决定性影响。

3. 装饰材料

用于建筑物室内外的装潢和修饰，其作用在于满足房屋建筑的使用功能和美观要求，同时起保护主体结构在室内外各种环境因素的作用下的稳定性和耐久性。

4. 其他功能材料

包括耐高温、抗强腐蚀、太阳能转换等特种功能材料。它们将被用于特种工业厂房和民用建筑。一种材料往往具有多种功能，例如混凝土是典型的结构材料，但装饰混凝土（露骨料混凝土、彩色混凝土等）则具有很好的装饰效果，而加气混凝土又是很好的绝热材料。

1.1.1.4 按照施工类别分类

按照施工类别，建筑材料可分为木工材料、混凝土工材料、瓦工材料、喷涂材料等。

1.1.1.5 按照使用部位分类

按照使用部位，建筑材料可分为基础材料、结构材料、屋顶材料、地面材料、墙体材料、顶棚材料等。

建筑材料种类繁多，性能各异，其分类方法也有许多，根据分析问题的不同角度，或者施工管理方便等因素可采取不同的分类方法。

1.1.2 对建筑材料的性能要求

对于建筑材料通常要考虑以下性能要求。

（1）力学性能。包括强度、硬度、刚度、弹性模量、徐变、韧性、耐疲劳性等。

（2）物理性能。包括密度，变形，热、声、光及水分的透过与反射等。

（3）耐久性能。包括氧化、变质、劣化、风化、冻害、虫害、腐朽等。

（4）化学性能。包括对酸、碱、药品等侵蚀性介质的抵抗能力，腐蚀，溶解性等。

（5）健康性能。包括是否发散有毒气体，对人体是否有害，特殊的建筑物要求有杀菌性能等。

（6）防火—耐火性能。包括燃烧性、引火性、熔融性、发烟性、有毒气体等。

（7）外观性能。包括色彩、亮度、质感、花纹、触感、耐污染性、尺寸精度、表面平整性等。

（8）生产、施工性能及可循环利用性能。原材料资源是否丰富，生产、运输及施工过程是否消耗过多的资源和能源，是否污染环境，可加工性、施工性及循环再利用性等。

由此可见，建筑材料涉及的学科范围广泛，要求具有化学、物理学、力学、美学、经济学等各学科的基础知识。对不同种类、不同用途的材料所重点考虑的性能有所不同。例如对于结构材料要重点考虑力学性能、耐久性能、化学性能以及生产性能；对于装饰装修材料要重点考虑外观性能、健康性能、防火耐火性能、物理性能等。

1.2 材料的主要物理性质指标

材料在建筑物的各个部位的功能不同，均要承受各种不同的作用，因而要求材料必须具有相应的基本性质。材料的主要物理性质指标包括密度、密实性、空隙率和孔隙率。

1.2.1 材料的密度、表观密度与堆积密度

密度是指物质单位体积的质量，单位为 g/cm^3 或 kg/m^3。由于材料所处的体积状况不同，故有实际密度（密度）、表观密度和堆积密度之分。

1. 实际密度

实际密度是指材料在绝对密实状态下，单位体积所具有的质量，其计算公式为

$$\rho = \frac{m}{V}$$

式中 ρ——实际密度，g/cm^3；

m——材料在干燥状态下的质量，g；

V——材料在绝对密实状态下的体积，cm^3。

绝对密实状态下的体积是指不包括孔隙在内的体积。除了钢材、玻璃等少数接近于绝对密实的材料外，绝大多数材料都有一些孔隙，如砖、石材等块状材料。在测定有孔隙的材料密度时，应把材料磨成细粉以排除其内部孔隙，经干燥至恒重后，用密度瓶（李氏瓶）测定其实际体积，该体积即可视为材料绝对密实状态下的体积。材料磨得愈细，测定的密度值愈精确。

2. 表观密度

表观密度是指材料在自然状态下，单位体积所具有的质量，其计算公式为

$$\rho_0 = \frac{m}{V_0}$$

式中　ρ_0——表观密度，g/cm^3 或 kg/m^3；

m——材料的质量，g 或 kg；

V_0——材料在自然状态下的体积，或称表观体积，cm^3 或 m^3。

材料在自然状态下的体积是指材料的实体积与材料内所含全部孔隙体积之和。对于外形规则的材料，其测定很简便，只要测得材料的重量和体积，即可算得表观密度。不规则材料的体积要采用排水法求得，但材料表面应预先涂上蜡，以防水分渗入材料内部而影响测定值。

3. 堆积密度

散粒材料在自然堆积状态下单位体积的重量称为堆积密度。其计算公式为

$$\rho_0' = \frac{m}{V_0'}$$

式中　ρ_0'——堆积密度，kg/m^3；

m——材料的质量，kg；

V_0'——材料的堆积体积，m^3。

散粒材料在自然状态下的体积，是指既含颗粒内部的孔隙，又含颗粒之间空隙在内的总体积。测定散粒材料的堆积密度时，材料的质量是指在一定容积的容器内的材料质量，其堆积体积是指所用容器的容积。若以捣实体积计算时，则称紧密堆积密度。

土木工程中在计算材料用量、构件自重、配料计算以及确定堆放空间时，均需要用到材料的上述状态参数。常用土木工程材料的密度见表 2.1.1。

表 2.1.1　　常用建筑材料的密度、表观密度堆积密度及孔隙率

材料名称	密度（g/cm^3）	表观密度（kg/m^3）	堆积密度（kg/m^3）	孔隙率（%）
钢材	7.8～7.9	7850	—	0
花岗岩	2.7～3.0	2500～2900	—	0.5～3.0
石灰岩	2.4～2.6	1800～2400	1400～1700（碎石）	—
砂	2.5～2.6	—	1500～1700	—
黏土	2.5～2.7	—	1600～1800	—
水泥	2.8～3.1	—	1200～1300	—
烧结普通砖	2.6～2.7	1600～1900	—	20～40
烧结空心砖	2.5～2.7	1000～1480	—	—
红松木	1.55～1.60	400～600	—	55～75

1.2.2　材料的密实度与孔隙率

1. 密实度

密实度是指材料的固体物质部分的体积占总体积的比例，说明材料体积内被固体物质所充填的程度，即反映了材料的致密程度。其计算公式为

$$D = \frac{V}{V_0} = \frac{\rho_0}{\rho} \times 100\%$$

按孔隙的特征，材料的孔隙可分为开口孔隙和闭口孔隙两种，两者孔隙率之和等于材料的总孔隙率。按孔隙的尺寸大小，又可分为微孔、细孔及大孔3种。不同的孔隙对材料的性能影响各不相同。一般而言，孔隙率较小，且连通孔较少的材料，其吸水性较小，强度较高，抗冻性和抗渗性较好。工程中对需要保温隔热的建筑物或部位，要求其所用材料的孔隙率要较大。相反，对要求高强或不透水的建筑物或部位，则其所用的材料孔隙率应很小。

2. 孔隙率

材料中孔隙体积占材料总体积的百分率。材料中孔隙的大小，以及大小孔隙的级配是各不相同的，而且孔隙结构形态也各不相同，有的与外界相连通，称开口孔隙，有的与外界隔绝，称封闭孔隙。孔隙率是反映材料细观结构的重要参数，是影响材料强度的重要因素。除此之外，孔隙率与孔隙结构形态还对材料表观密度、吸水、抗渗、抗冻、干湿变形以及吸声、绝热等性能密切相关。因此，孔隙率虽然不是工程设计和施工中直接应用的参数，但却是了解和预估材料性能的重要依据。

孔隙率是指材料体积内孔隙体积（V_p）占材料总体积（V_0）的百分率。其计算公式为

$$P = \frac{V_p}{V_0} = \frac{V_0 - V}{V_0} \times 100\% = \left(1 - \frac{\rho_0}{\rho}\right) \times 100\%$$

孔隙率与密实度的关系为：

$$P + D = 1$$

3. 空隙率

空隙率是指散粒材料在某容器的堆积体积中，颗粒之间的空隙体积（$V_a = V_0' - V_0$）占堆积体积（V_0'）的百分率，以 P'表示，其计算公式为

$$P' = \frac{V_0' - V_0}{V_0'} \times 100\% = \left(1 - \frac{\rho_0'}{\rho_0}\right) \times 100\%$$

1.3 材料的力学性质

1.3.1 材料的强度

材料在外力作用下抵抗破坏的能力，称为材料的强度。

根据外力作用形式的不同，材料的强度有抗压强度、抗拉强度、抗弯强度及抗剪强度等，均以材料受外力破坏时单位面积上所承受的力的大小来表示。材料的这些强度是通过静力试验来测定的，故总称为静力强度。材料的静力强度通过标准试件的破坏试验而测得，必须严格按照国家规定的试验方法标准进行。材料的强度是大多数材料划分等级的依据。表2.1.2列出了材料的抗压、抗拉、抗剪和抗弯强度的计算公式。

表 2.1.2　　　　　　　　　材料的抗压、抗拉、抗剪、抗弯强度计算公式

强度类别	受力作用示意图	强度计算式	附　　注
抗压强度 f_c（MPa）	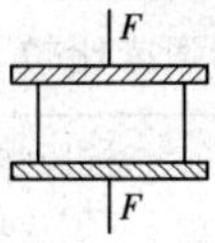	$f_c=\frac{F}{A}$	F—破坏荷载，N； A—受荷面积，mm^2； l—跨度，mm； b—断面宽度，mm； h—断面高度，mm
抗拉强度 f_t（MPa）	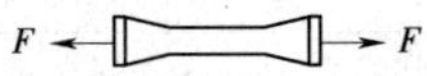	$f_t=\frac{F}{A}$	
抗剪强度 f_v（MPa）	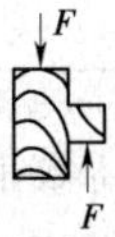	$f_v=\frac{F}{A}$	
抗弯强度 f_{tm}（MPa）	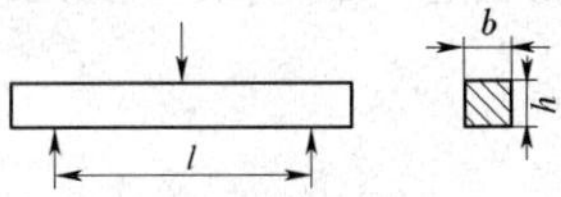	$f_{tm}=\frac{3Fl}{2bh^2}$	

1.3.2　材料的等级

大部分建筑材料根据其极限强度的大小，可划分为若干不同的强度等级。如：

烧结普通砖按抗压强度分为 5 个等级：MU30、MU25、MU20、MU15、MU10；

硅酸盐水泥按抗压和抗折强度分为 4 个等级：32.5、42.5、52.5、62.5；

混凝土按其抗压强度分为 14 个等级：C10、C15、…、C80 等；

碳素结构钢按其抗拉强度分为 5 个等级：Q195、Q215、Q235、Q255、Q275。

建筑材料按强度划分为若干个强度等级，对生产者和使用者均有重要的意义，它可使生产者在生产中控制产品质量时有依据，从而确保产品的质量。对使用者而言，则有利于掌握材料的性能指标，便于合理选用材料、正确进行设计和控制工程施工质量。常用建筑材料的强度见表 2.1.3。

表 2.1.3　　　　　　　　　常用建筑材料的强度　　　　　　　　　单位：MPa

材　　料	抗压强度	抗拉强度	抗弯强度
花岗岩	100～250	5～8	10～14
烧结普通砖	10～30	—	1.8～4.0
普通混凝土	10～60	1～4	—
松木（顺纹）	30～50	80～120	60～100
建筑钢材	235～1600	235～1600	—

1.3.3　材料的比强度

比强度是按单位质量计算的材料强度，其值等于材料强度与其表观密度之比。对于不同强度的材料进行比较，可采用比强度这个指标。比强度是按单位体积质量计算的材料强度，其值等于材料强度与其表观密度之比。比强度是衡量材料轻质高强

性能的重要指标。优质的结构材料，必须具有较高的比强度。几种主要材料的比强度见表2.1.4。

表2.1.4　　钢材、木材和混凝土的强度比较

材料	表观密度（kg/m^3）	抗压强度（MPa）	比强度
低碳钢	7860	415	0.053
松木	500	34.3（顺纹）	0.069
普通混凝土	2400	29.4	0.012

由表2.1.4可知，玻璃钢和木材是轻质高强的高效能材料，而普通混凝土为质量大而强度较低的材料，所以努力促进普通混凝土这一当代最重要的结构材料向轻质、高强方向发展，是一项十分重要的工作。

1.3.4　材料的弹性与塑性

1. 弹性

材料在外力作用下产生变形，当外力取消后，材料变形即可消失并能完全恢复原来形状的性质，称为弹性。材料的这种当外力取消后瞬间内即可完全消失的变形，称为弹性变形。弹性变形属可逆变形，其数值大小与外力成正比，其比例系数 E 称为材料的弹性模量。材料在弹性变形范围内，弹性模量 E 为常数，其值等于应力 σ 与应变 ε 的比值，即

$$E=\frac{\sigma}{\varepsilon}$$

式中　σ——材料的应力，MPa；

ε——材料的应变；

E——材料的弹性模量，MPa。

弹性模量是衡量材料抵抗变形能力的一个指标。E 值愈大，材料愈不易变形，亦即刚度好。弹性模量是结构设计时的重要参数。

2. 塑性

在外力作用下材料产生变形，如果取消外力，仍保持变形后的形状尺寸，并且不产生裂缝的性质，称为塑性。这种不能恢复的变形称为塑性变形。塑性变形为不可逆变形，是永久变形。

实际上纯弹性变形的材料是没有的，通常一些材料在受力不大时，仅产生弹性变形；受力超过一定极限后，即产生塑性变形。有些材料在受力时，如建筑钢材，当所受外力小于弹性极限时，仅产生弹性变形；而外力大于弹性极限后，则除了弹性变形外，还产生塑性变形。有些材料在受力后，弹性变形和塑性变形同时产生，当外力取消后，弹性变形会恢复，而塑性变形不能消失，如混凝土。弹塑性材料的变形曲线如图2.1.1所示，图中 ba 为可恢复的弹性变形，bo 为不可恢复的塑性变形。

1.3.5 材料的脆性与韧性

1. 脆性

材料在外力作用下，当外力达到一定限度后，材料发生突然破坏，且破坏时无明显的塑性变形，这种性质称为脆性。具有这种性质的材料称脆性材料。

脆性材料抵抗冲击荷载或振动荷载作用的能力很差。其抗压强度远大于抗拉强度，可高达数倍甚至数十倍。所以脆性材料不能承受振动和冲击荷载，也不宜用作受拉构件，只适于用作承压构件。建筑材料中大部分无机非金属材料均为脆性材料，如天然岩石、陶瓷、玻璃、普通混凝土等。

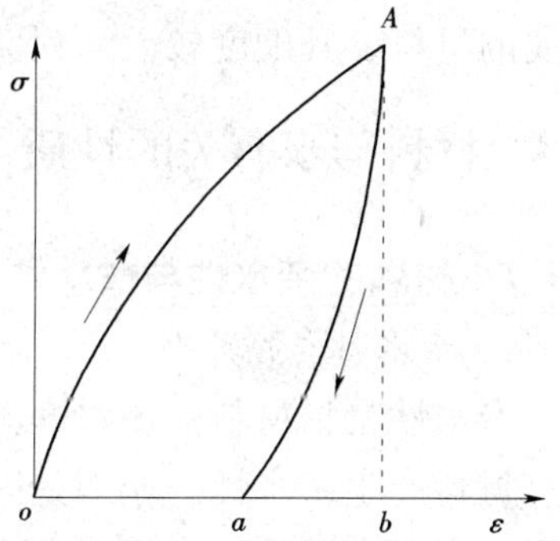

图 2.1.1 弹塑性材料的变形曲线

2. 韧性

材料在冲击或振动荷载作用下，能吸收较大的能量，产生一定的变形而不破坏，这种性质称为韧性。如建筑钢材、木材等属于韧性较好的材料。材料的韧性值用冲击韧性指标 α_K 表示。冲击韧性指标系指用带缺口的试件做冲击破坏试验时，断口处单位面积所吸收的功。其计算公式为

$$\alpha_K = \frac{A_K}{A}$$

式中 α_K——材料的冲击韧性指标，J/mm^2；

A_K——试件破坏时所消耗的功，J；

A——试件受力净截面积，mm^2。

1.3.6 材料的硬度、耐磨性

1. 硬度

硬度是材料表面能抵抗其他较硬物体压入或刻划的能力。不同材料的硬度测定方法不同，通常采用的有刻划法和压入法 2 种。刻划法常用于测定天然矿物的硬度。矿物硬度分为 10 级（莫氏硬度），其递增的顺序为：滑石 1；石膏 2；方解石 3；萤石 4；磷灰石 5；正长石 6；石英 7；黄玉 8；刚玉 9；金刚石 10。钢材、木材及混凝土等的硬度常用钢球压入法测定（布氏硬度 HB）。材料的硬度愈大，则其耐磨性愈好，但不易加工。

2. 耐磨性

耐磨性是材料表面抵抗磨损的能力。材料的耐磨性用磨损率（B）表示，其计算公式为

$$B = \frac{m_1 - m_2}{A}$$

式中 B——材料的磨损率，g/cm^2；

m_1、m_2——分别为材料磨损前后的质量，g；

A——试件受磨损的面积，cm^2。

材料的耐磨性与材料的组成成分、结构、强度、硬度等有关。在建筑工程中，对于用作踏步、台阶、地面、路面等的材料，应具有较高的耐磨性。一般来说，强度较高且密实的材料，其硬度较大，耐磨性较好。

1.4 材料与水有关的性质

1.4.1 材料的亲水性与憎水性

1. 亲水性与憎水性

亲水性是指材料能被水润湿的性质，如砖、混凝土等。

材料产生亲水性的原因是因其与水接触时，材料与水分子之间的亲合力大于水分子之间的内聚力所致。当材料与水接触，材料与水分子之间的亲合力小于水分子之间的内聚力时，材料则表现为憎水性。憎水性材料如沥青、石油等。

2. 润湿边角

材料被水湿润的情况可用润湿边角 θ 来表示，如图 2.1.2 所示。

当材料与水接触时，在材料、水、空气 3 相的交界点，作沿水滴表面的切线，此切线与材料和水接触面的夹角 θ，称为润湿边角。

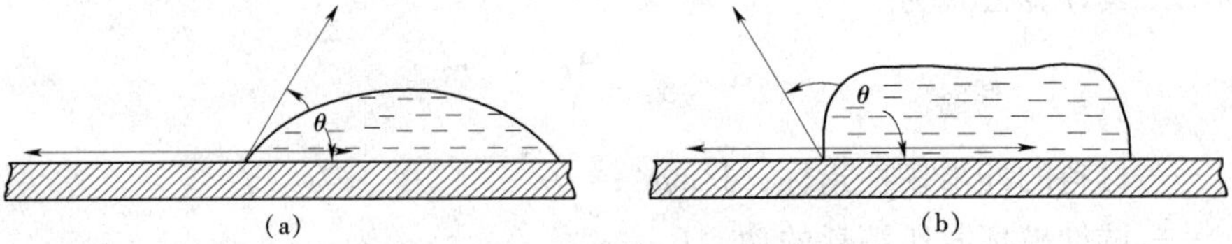

图 2.1.2 材料的润湿示意图
（a）亲水性材料；（b）憎水性材料

3. 亲水性材料与憎水性材料

θ 角愈小，表明材料愈易被水润湿。

当 $\theta \leq 90°$ 时，材料表面吸附水，材料能被水润湿而表现出亲水性，这种材料称亲水性材料。

当 $\theta > 90°$ 时，材料表面不吸附水，这种材料称憎水性材料。

当 $\theta = 0°$ 时，表明材料完全被水润湿。

上述概念也适用于其他液体对固体的润湿情况，相应称为亲液材料和憎液材料。

1.4.2 材料的吸水性与吸湿性

1. 吸水性

材料在水中能吸收水分的性质称吸水性。材料的吸水性用吸水率表示，有质量吸水率与体积吸水率两种表示方法。

（1）质量吸水率。质量吸水率是指材料在吸水饱和时，内部所吸水分的质量占材料干燥质量的百分率，其计算公式为

$$W_{质} = \frac{m_{湿} - m_{干}}{m_{干}} \times 100\%$$

式中 $W_{质}$——材料的质量吸水率，%；

$m_{湿}$——材料在吸水饱和状态下的质量，g；

$m_{干}$——材料在干燥状态下的质量，g。

（2）体积吸水率。体积吸水率是指材料在吸水饱和时，其内部所吸水分的体积占干燥材料自然体积的百分率。其计算公式为

$$W_{体} = \frac{V_{水}}{V_0} \times 100\%$$

式中 $W_{体}$——材料的体积吸水率，%；

V_0——干燥材料在自然状态下的体积，cm^3；

$V_{水}$——材料吸水饱和时，其内部所吸水分的体积，cm^3。

2. 吸湿性

（1）材料在潮湿空气中吸收水分的性质称为吸湿性。

（2）潮湿材料在干燥的空气中也会放出水分，此称还湿性。

（3）材料的吸湿性用含水率表示。含水率系指材料内部所含水的质量占材料干燥质量的百分率。其计算公式为

$$W_{含} = \frac{m_{含} - m_{干}}{m_{干}} \times 100\%$$

式中 $W_{含}$——材料的含水率，%；

$m_{含}$——材料含水时的质量，g；

$m_{干}$——材料干燥至恒重时的质量，g。

1.4.3 材料的耐水性

材料长期在水作用下不破坏，强度也不显著降低的性质称为耐水性。材料的耐水性用软化系数表示，其计算公式为

$$K_{软} = \frac{f_{饱}}{f_{干}}$$

式中 $K_{软}$——材料的软化系数；

$f_{饱}$——材料在饱水状态下的抗压强度，MPa；

$f_{干}$——材料在干燥状态下的抗压强度，MPa。

软化系数大于 0.85 的材料，通常可认为是耐水材料。

1.4.4 材料的抗渗性

材料抵抗压力水渗透的性质称为抗渗性，或称不透水性。

材料的抗渗性通常用渗透系数 K 表示。

渗透系数的物理意义是：一定厚度的材料，在一定水压力下，在单位时间内透过单位面积的水量。其计算公式为

$$K = \frac{Wd}{Ath}$$

式中 K——渗透系数，cm/s；

W——透过材料试件的水量，cm^3；

t——渗水时间，s；

A——渗水面积，cm^2；

h——静水压力水头，cm；

d——试件厚度，cm。

K 值愈大，表示材料渗透的水量愈多，即抗渗性愈差。

混凝土的抗渗性用抗渗等级表示。抗渗等级是以规定的试件、在标准试验方法下所能承受的最大静水压力来确定，以符号 Pn 表示，其中 n 为该材料所能承受的最大水压力的 10 倍的 MPa 数，如 P4、P6、P8、P10、P12 等，分别表示材料能承受 0.4MPa、0.6MPa、0.8MPa、1.0MPa、1.2MPa 的水压而不渗水。材料的抗渗性与其孔隙率和孔隙特征有关。

1.4.5 材料的抗冻性

材料在水饱和状态下，能经受多次冻融循环作用而不破坏，也不严重降低强度的性质，称为材料的抗冻性。

材料的抗冻性用抗冻等级表示。抗冻等级是以规定的试件，在规定试验条件下，测得其强度降低不超过 25%，且质量损失不超过 5% 时所能承受的最多的循环次数来表示。

用符号 Fn 表示，其中 n 即为最大冻融循环次数，如 F50、F100 等。

材料抗冻标号的选择，是根据结构物的种类、使用条件、气候条件等来决定的。

1.5 材料与热有关的性质

材料的热工性质包括热量在材料中传导的速度，材料储存热量的能力等物理特性，主要有导热系数、传热系数、比热和热容量等性能指标。

1.5.1 导热性

当材料两侧存在温度差时，热量将从温度高的一侧向温度低的一侧传递，直到两侧温度相同。不同质的材料其传导热量的速度不同，叫做导热性，用导热系数“λ”表示。

材料传热能力主要与传热面积、传热时间、传热材料两面温度差及材料的厚度、自身的导热系数大小等因素有关，计算公式为

$$Q = \frac{At(T_2 - T_1)}{d}\lambda$$

$$\lambda = \frac{Qd}{At(T_1 - T_2)}$$

式中 λ——材料的导热系数，W/（m·k）；

Q——材料传导的热量，J；

d——材料的厚度，m；

A——材料导热面积，m^2；

t——材料传热时间，h；

T_2-T_1——传热材料两面的温度差，K。

导热系数是评定材料绝热性能的重要指标。材料的导热系数越小，则材料的绝热性能越好。

导热系数的大小，受材料本身的结构，表观密度，构造特征，环境的温度、温度及热流方向的影响。一般金属材料的导热系数最大，无机非金属材料次之，有机材料最小。成分相同时，密实性大的材料，导热系数大；孔隙率相同时，具有微孔工封闭构造的材料，导热系数偏小。另外，材料处于高温状态要比常温状态进的导热系数大；若材料含水后，其导热系数会明显增大。

1.5.2 热容量和比热

当材料在受热时吸收热量，冷却时放出热量的性质称为材料的热容量。单位质量材料温度升高或降低 1K 所吸收或放出的热量称为热容量系数或比热。比热的计算式为

$$C=\frac{Q}{m(t_2-t_1)}$$

式中 C——材料的比热，J/(g·K)；

Q——材料吸收放出的热量，J；

m——材料质量，g；

t_2-t_1——材料受热或冷却前后的温差，K。

比热与材料质量的乘积，称为材料的热容量值，它表示材料温度升高或降低 1K 所吸收或放出的热量。

1.5.3 耐燃性

材料耐高温燃烧的能力。根据不同的材料，通常用氧指数、燃烧时间、不燃性、加热线收缩等表达。

1.6 材料的耐久性

耐久性指材料在长期使用过程中，在环境因素作用下，能保持不变质、不破坏，能长久地保持原有性能的性质。环境因素包括温度变化、湿度变化、冻融循环等物理作用；酸、碱、盐类等有害物质的侵蚀，以及日光、紫外线等对材料的化学作用；以及菌类、蛀虫等的生物方面的侵害作用。建筑材料在使用中逐渐变质和衰退直至失效，有其内部因素，也有外部因素。其内部因素有材料本身各种组分和结构的不稳定、各组分热膨胀的不一致，所造成的热应力、内部孔隙、各组分界面上化学生成物的膨胀等；其外部因素有使用中所处的环境和条件，诸如日光曝晒，大气、水、化学介质的侵蚀，温度湿度变化，冻融循环，机械摩擦，荷载的反复作用，虫菌的寄生等。这些内外因素，可归结为机械的、物理的、化学的、物理化学的及生物的作用。在实际工程中，这些因素

往往同时综合作用于材料，使材料逐渐失效。

（1）物理作用包括材料的干湿变化、温度变化及冻融变化等。

（2）化学作用包括酸、碱、盐等物质的水溶液及气体对材料产生的侵蚀作用，使材料产生质的变化而破坏。

（3）生物作用是昆虫、菌类等对材料所产生的蛀蚀腐朽等破坏作用。

1.6.1 耐久性与长期安全性

谈到建筑物的安全性，人们首先想到往往是结构物的承载能力，即强度，所以长期以来人们主要依据结构物将要承受的各种荷载，包括静荷载、动荷载进行结构设计。但是不应忽略，结构物是较长时间使用的产品，耐久性是衡量材料以至结构在长期使用条件下的安全性能。尤其对于水工、海洋工程、地下等比较苛刻环境下的结构物，耐久性比强度更为重要。许多工程实际表明，造成结构物破坏的原因是多方面的，仅仅由强度不足引起的破坏事例并不多见，而耐久性不良是引起结构物破坏最主要的原因。例如：1970～1980 年在日本海一侧修建了大量的高架道路，由于常年处于海风、海潮侵蚀的环境下，建造后十几年时间桥墩等部位出现了大量的裂缝。可见耐久性是影响结构物长期安全性的重要性质。

1.6.2 耐久性与经济效益

材料的耐久性与结构物的使用年限直接相关，耐久性好，就可以延长结构物的使用寿命，减少维修费用，收到巨大的经济效益。

在以往的建设工程中，比较注重建造时的初始成本，而容易忽略结构物在整个寿命周期内，包括建造、运行、维修保养以及解体工程在内的总成本。近 50 年来，世界各国建造了大量的土木、建筑等基础设施，目前大部分已经迎来了老龄时期，每年用于这些建筑物、结构物的维修费用是一笔巨大的开支。据不完全统计，美国从 1978 年起每年用于道路维修的费用高达 63 亿美元，平均每两天就发生一起桥梁事故。造成这些破坏事故的原因多数是由于混凝土被冻融破坏、钢筋被腐蚀，致使混凝土保护层脱落，以及一些其他综合因素。

我国东北寒冷地区的路面有很严重的剥落现象。有许多大型水电站如丰满、云峰等也遭受严重的冻融破坏，有些防浪堤的混凝土块受海水侵蚀，不到几年时间就严重破坏。随着现代社会人类开发建设力度加大，结构物所处的环境条件越来越苛刻；同时大型结构物投资巨大，建设周期长，对它的寿命要求越来越长，因此，提高材料的耐久性对于结构物的安全性和经济性能均具有重要意义。结构设计不仅要考虑荷载作用下的强度，还要重视耐久性能，引入耐久性设计的概念，建立耐久性设计的理论体系和方法，这就需要研究、完善建筑材料的耐久性试验方法和评价指标，为结构物的耐久性设计提供数据。

1.6.3 耐久性试验方法原理

材料在实际环境中的耐久性指标需要经过长期观察或测定才能获得，不可能像强度指标那样由破坏试验直接获得强度值。为了在材料使用之前就能获得其耐久性评价结果，就必须采用强化的环境条件进行快速试验，这样取得的试验结果可能会与实际情况有些差距。因此必须研究材料耐久性试验方法的科学性，以及快速试验结果与长期耐久性能之间的对立关系。

同时，材料的耐久性包括多方面内容，是一个综合性质。对于不同用途的材料、不同的环境条件，所要求的耐久性指标不完全相同。例如在地下、水中或潮湿环境下，有挡水要求的构件要重点考虑抗渗性、水的侵蚀；处于水位经常变化、温度变化部位的构件或材料要考虑对干湿循环作用和冻融循环的抵抗能力；海洋工程结构物或氯离子含量较高的环境要考虑盐溶液的侵蚀、钢筋锈蚀等因素；工厂、高温车间、城市道路附近的建筑物要考虑碳化、高温以及硫酸盐等侵蚀性介质的危害；沥青路面、塑料等高分子材料要考虑在氧气、紫外线等因素作用下的老化性能等。

总之，耐久性试验包括的内容很多，许多性能指标的试验方法还不成熟，对于试验结果与实际环境中材料耐久性能之间的关系研究还不深入。例如测定混凝土材料的抗渗性只能在限定的时间内对混凝土试件施加水压力，测定水是否渗透，试验加压时间最长不过十几个小时至几天，如果试件没有透水即确定为合格，但是在实际结构物中混凝土需要常年处于压力水的作用之下，长达几十年，混凝土内部存在许多孔隙，透水的可能性是很大的。所以如何正确、与工程实际更为接近地评价材料的耐久性还需要做大量工作。

1.6.4　提高材料耐久性的措施

常采取以下 3 个方面的措施提高材料的耐久性。

（1）提高材料本身对外界破坏作用的抵抗力，如提高材料的密实度，改变孔结构的形式，合理选定原材料的组成等。

（2）减轻环境条件对材料的破坏作用，如对材料进行特殊处理或采取必要的构造措施。

（3）在主体材料表面加保护层，如覆盖贴面、喷涂料等，使主体材料与大气、阳光、雪隔绝，不受到直接侵害。

1.7　建筑材料的环保性能

1.7.1　建筑材料的性能影响环境质量

20 世纪 40 年代开始，世界人口的急剧增加和经济的飞速发展，带来了土木、建筑业的空前活跃。道路、桥梁、铁路、机场、港湾、城市建筑、通信等基础设施的建设，使得建筑材料在量和质上都达到了历史上最高水平。到 20 世纪末，全世界的钢产量大约达到 7 亿 t，水泥产量大约为 14 亿 t，混凝土的年使用量约为 90 亿 t。我国的钢产量 1.01 亿 t，水泥年产量已达到 4.9 亿 t，均位居世界第一。

建筑材料的大量生产，消耗了自然界中大量的原材料。例如炼铁要采掘铁矿石，生产水泥要使用石灰石和黏土类原材料，占混凝土体积大约 80% 的砂石骨料要开山采矿，挖掘河床，严重破坏了自然景观和自然生态。木材取自于森林资源，森林面积的减少，加剧了土地的沙漠化。我国现有荒漠化土地面积 262.2 万 km^2，占国土总面积的 27.3%。目前每年仍有 $2460km^2$ 的土地沦为沙漠。烧制黏土砖要取土毁掉大片农田，对于人均耕地面积很少的我国不容乐观。

与此同时，材料的生产制造要消耗大量的能量，并产生废气、废渣，对环境构成污染。据统计钢铁工业每吨钢综合能耗折合标准煤 1.66t，耗水 $48.6m^3$；每烧制 1t 水泥熟料耗标准煤 178kg，同时，放出 1t 二氧化碳气体。建筑材料在运输和使用过程中，也要消耗能量，并对环境造成污染和破坏。在建筑施工过程中，由于混凝土的振捣及施工机械的运转产生噪声、粉尘、妨碍交通等现象，对周围环境造成各种不良影响。

建筑材料的性能和质量，直接影响建筑物或结构物的安全性、耐久性、使用功能、舒适性、健康性和美观性。无论是生活、工作还是出门旅行，现代人的生活都离不开各种建筑物，人们每天都在接触建筑材料，所以材料的性能和质量，对人类生存环境的影响很大。例如，传统的墙体材料多采用实心黏土砖，由于不设保温层，墙体很厚，降低建筑物的面积使用率，浪费了土地资源，增加建筑物的运输重量和施工量，同时用于控制室内温度的能耗也很大。传统的门窗材料多采用木材，吸水后容易变形，随着季节的变化，会出现门窗关不上或空隙大等现象，而且木材耐火性差，易被蛀蚀和腐朽，20 世纪 80 年代开发使用的钢窗，容易生锈，保温性和密闭性差。铝合金、不锈钢以及塑钢是较理想的门窗材料，但在我国尚未普遍使用。目前我国用于房屋建筑的防水材料仍不能完全过关，建筑物漏雨、渗水现象仍然存在，影响居住性。路面材料主要采用水泥混凝土和沥青混凝土，开裂、不平、破损现象很多。城市内路面多为不透水性路面，雨天道路积水、车辆及行人行走时容易发生溅水现象。

综上所述，材料是人类与自然之间的媒介，是从事土木建筑活动的物质基础。材料的性能和质量决定了施工水平、结构形式和建筑物的性能，直接影响人类的居住环境、工作环境和景观。人类从自然界中取得原材料，进行加工制造得到建筑材料，同时消耗一部分自然界的资源和能源，并产生一定量的废气、废渣和粉尘等对自然环境有害的物质。人类通过设计、使用建筑材料进行施工，得到所需要的建筑物或结构物，服务于人类的生活、生产或社会公共活动。在进行施工的同时，还将产生粉尘、噪声等污染环境。这些人工建造的建筑物、结构物，以及从材料制造到使用过程中所产生的有害物质与被人类干预和改造过的自然环境一起，构成了人类生存的总体环境。可见，开发并应用节省资源、能源的建筑材料，尽量减少生产和使用过程中有害物质的排放量，满足使用功能和健康性要求的建筑材料对改善人类的生存环境、使人工环境与自然环境协调共生，实现建设活动的可持续发展具有重要意义。

1.7.2 材料的放射性

材料的放射性主要是来自其中的天然放射件核素，主要以铀（U）、镭（Ra）、钍（Th）、钾（K）为代表，这些天然放射性核素在发生衰变时会放出 α、β 和 γ 等各种射线，对人体会造成严重影响。而材料衰变过程中所释放的 γ 射线等则主要以外部辐射方式对人体造成伤害。

1. 材料的放射性衰变模式及3种衰变

放射性衰变的模式有：

（1）α衰变：放射出α射线。

（2）β衰变：最常见的是放射出β射线。

（3）γ衰变：放射出γ射线。

（4）自发裂变和其他一些罕见的衰变模式。

α射线是氦原子核。携带2个电子电量的正电荷。α射线的穿透能力较低，即使存气体中，它们的射程也只有几厘米。 般情况下，α射线会被衣物和人体的皮肤阻挡，不会进入人体。因此，α射线外照射对人体的损害是可以不考虑的。

β射线是带负电的电子。β射线的穿透能力较α射线要强，在空气中能走几百厘米，可以穿过几毫米的铝片。

γ射线是波长很短的电磁辐射，也称为光子。γ射线的穿透能力比β射线强得多。对人体会造成极大危害。

2. 内照射指数、外照射指数

放射线从外部照射人体的现象称为外照射。放射性物质进入人体从人体内部照射人体的现象称为内照射。

根据各种放射性核素在自然界的含量、发射的射线类型及射线粒子的能量，真正需要引起人们警惕的放射性物质是铀、镭、钍、氡、钾5种。其中氡是气体，主要带来的是内照射问题。铀的放射线能量较小，危害较小。

3. 建筑材料放射性核素限量

在日常生活中人体会受到微量的放射核素照射，对人体健康没有影响。但是达到一定的剂量时，就会伤害人体。射线粒子会杀死或杀伤细胞，受伤的细胞有可能发生变异，造成癌变、失去正常功能等，使人致病。

1.7.3 材料中有机物的污染及危害

1. 苯

苯是一种无色、具有特殊芳香气味的油状液体，微溶于水，能与醇、醚、丙酮和二硫化碳等互溶。甲苯和二甲苯都属于苯的同系物，都是煤焦油分馏或石油的裂解产物，其毒性相对较低，但由于甲苯挥发速度较快，而二甲苯溶解力强，挥发速度适中，所以二甲苯是短浦醇酸树脂、乙烯树脂、氯化橡胶和聚氨酯树脂的主要溶剂，也是目前涂料工业和黏合剂应用面最广，使用量最大的一种溶剂。

苯属中等毒类，于1993年被世界卫生组织（WHO）确定为致癌物（Groupl）。苯对人体健康的影响主要表现在血液毒性、遗传毒性和致癌性3个方面。高浓度苯蒸气吸入主要引起中枢神经症状（痉挛和麻醉作用），引起头晕、头痛、恶心。长期吸入低浓度苯，能导致血液和造血机能改变、急性非淋巴白血病及对神经系统影响，严重的将表现为全血细胞减少症，再生障碍性贫血症、骨髓发育异常综合征和血球减少。此外，苯对皮肤、眼睛和上呼吸道有刺激作用，导致喉头水肿、支气管炎以及血小板下降。经常接触苯，皮肤可因脱脂变干燥，严重的出现过敏性湿疹。

甲苯和二甲苯因其挥发性，主要分布在空气中，对眼、鼻、喉等黏膜组织和皮肤等有强烈刺激和损伤，可引起呼吸系统炎症。长期接触，二甲苯盯危害人体中枢神经系统中的感觉运动和信息加工过程，对神经系统产生影响，具有兴奋和麻醉作用，导致烦躁、健忘、注意力分散、反应迟钝、身体协调性下降以及头晕、恶心、呼吸困难和四肢麻木等症状，严重的导致黏膜出血、抽搐和昏迷。女性对苯以及其同系物更为敏感，甲苯和二甲苯对生殖功能也有一定影响。孕期接触苯系物混合物时，会引发妊娠高血压综合征、呕吐及贫血等病征，导致胎儿的畸形、神经系统功能障碍以及生长发育迟缓等多种先天性缺陷。

2. VOC

VOC 是挥发性有机化合物（Volatile Organic Compounds）的英文缩写，包括碳氢化合物、有机卤化物、有机硫化物等，在阳光作用下与大气中氮氧化物、硫化物发生光化学反应，生成毒性更大的二次污染物，形成光化学烟雾。

据统计，全世界每年排放的大气中的溶剂约 1000 万 t，其中涂料和胶黏剂释放的挥发性有机化合物是 VOC 的重要来源。

VOC 对人体影响主要有 3 种类型。

（1）气味和感官效应。即器官刺激、感觉干燥等。

（2）黏膜刺激和其他系统毒性导致病态。

（3）基因毒性和致癌性。

3. 甲醛

甲醛是无色、具有强烈气味的刺激性气体。气体密度 1.06，略重于空气，易溶水，其 35% ~40% 的水溶液通称福尔马林。甲醛（HCHO）是一种挥发性有机化合物，污染源很多，污染度也很高，是室内主要污染物。

自然界中的甲醛是甲烷循环中一个中间产物，背景值很低。室内空气中的甲醛主要有两个来源，一是来自室外的工业废气、汽车尾气，光化学烟雾；二是来自建筑材料、装饰物品以及生活用品等化工产品。甲醛是一种有毒物质，其毒作用一般有刺激、过敏和致癌作用。

1.7.4 环保型建材

所谓环保型建材，即考虑了地球资源与环境的因素，在材料的生产与使用过程中，尽量节省资源和能源，对环境保护和生态平衡具有一定积极作用，并能为人类构造舒适环境的建筑材料。环保型建材应具有以下特性。

（1）满足结构物的力学性能、使用功能以及耐久性的要求。

（2）对自然环境具有亲和性、符合可持续发展的原则，即节省资源和能源，不产生或不排放污染环境、破坏生态的有害物质，减轻对地球和生态系统的负荷，实现非再生性资源的可循环使用。

（3）能够为人类构筑温馨、舒适、健康、便捷的生存环境。

现代社会经济发达、基础设施建设规模庞大，建筑材料的大量生产和使用一方面为人类构筑了丰富多彩、便捷的生活设施，同时也给地球环境和生态平衡造成了不良的影响。为了实现可持续发展的目标，将建筑材料对环境造成的负荷控制在最小限度之内，需要开发研究环保型建筑材料。例如利用工业废料（粉煤灰、矿渣、煤矸石等）可生产水泥、砌块等材料；利用废弃的泡沫塑料生产保温墙体板材；利用废弃的玻璃生产贴面材料等，既可以减少固体废渣的堆存量，减轻环境污染，又可节省自然界中的原材料，对环保和地球资源的保护具有积极的作用。免烧水泥可以节省水泥生产所消耗的能量。高流态、自密实免震混凝土，在施工工程中不需振捣，既可节省施工能耗，又能减轻施工噪音。

研究能够满足性能要求的建筑材料，使建筑材料的品种不断增多，功能不断完善，性能不断提高。随着社会的发展，科学技术的进步，人们对环境质量的要求将越来越高，对建筑材料的功能与性质也将提出更高的要求，这就要求人类不断地研究开发具有更高性能、同时与环境协调的建筑材料，在满足现代人日益增长的需求的同时，符合可持续发展的原则。

本章习题

2.1.1 简述建筑材料通常的分类和性能要求。

2.1.2 什么是材料的密度、表观密度和堆积密度？如何根据这3个参数计算块状材料的空隙率和散粒材料的空隙率？

2.1.3 材料的吸水性、吸湿性、耐水性、抗渗性、抗冻性、导热性的含义各是什么？各用什么指标表示？

2.1.4 材料的孔隙率和孔隙特征与材料的体积密度、强度、吸水性、抗渗性、抗冻性及导热性等性质有何关系？

2.1.5 什么是材料的强度？影响材料强度试验结果的因素有哪些？

第2章　水泥和混凝土外加剂

教学要求： 了解水泥的定义与分类、水泥的生产、矿物组成以及凝结硬化过程、混凝土外加剂的基本规定；熟悉水泥的技术性质、常用水泥的成分、特性和适用范围、防腐措施以及质量评定与验收规定，混凝土外加剂的分类、适用范围以及质量控制。

2.1　水泥

2.1.1　水泥的定义与分类

水泥是加水拌和成塑性浆体，能胶结砂石等适当材料并能在空气和水中硬化的粉状水硬性胶凝材料。水泥是一种无机、粉末状材料，密度为 3.0 ~ 3.2g/cm^3，堆积密度900 ~ 1300kg/m^3。水泥与水拌和能形成具有流动性、可塑性的浆体（称为水泥浆），随着时间的延长，水泥浆体经自身的物理化学作用，由可塑性的浆体变成坚硬的固体，具有一定的强度，并能将块状或颗粒状材料胶结成为整体。水泥属于水硬性胶凝材料，水泥不仅能在空气中凝结硬化，产生强度，而且能在水中硬化，并能很好地保持和发展强度。

水泥在水利水电工程建设中，使用量大，应用范围广，占有极其重要的地位，是建设的主要材料之一。水泥品种繁多，可按下述方法分类。

1. 按照用途与性能分类

将水泥分为通用水泥、专用水泥和特性水泥 3 大类。

通用水泥指一般土木工程中通常使用的水泥。主要包括硅酸盐水泥、普通硅酸盐水泥、矿渣硅酸盐水泥、火山灰质硅酸盐水泥、粉煤灰硅酸盐水泥和复合水泥 6 个品种，通常称为 6 大品种水泥。常用的水泥成分、特性和适用范围见表 2.2.1。专用水泥指有专门用途的水泥，例如油井水泥、大坝水泥、砌筑水泥、道路水泥等。特性水泥指某种性能比较突出的水泥，例如快硬硅酸盐水泥、低热矿渣硅酸盐水泥、抗硫酸盐硅酸盐水泥、膨胀硫铝酸盐水泥等。

2. 按照主要水硬性物质分类

分为硅酸盐水泥、铝酸盐水泥、硫铝酸盐水泥、铁铝酸盐水泥、氟铝酸盐水泥以及以火山灰性或潜在水硬性材料及其他活性材料为主要组分的水泥。

水泥的种类、品种繁多，从生产量和使用实际情况来看，硅酸盐类水泥是使用最普遍，产量最多，占主要地位的水泥品种。

表 2.2.1　　常用水泥的成分、特性和适用范围

种类	硅酸盐水泥	普通硅酸盐水泥	矿渣水泥	火山灰水泥	粉煤灰水泥
成分	水泥熟料及少量石膏	在硅酸盐水泥中掺活性混合材料15%以下或非活性混合材料10%以下	在硅酸盐水泥中掺入20%～70%的粒化高炉矿渣	在硅酸盐水泥中掺入20%～50%的火山灰质混合材料	在硅酸盐水泥中掺入20%～40%的粉煤灰
特性	早期强度高；水化热较大；抗冻性较好；耐蚀性较差；干缩较小	与硅酸盐水泥基本相同	早期强度低，后期强度增长较快；水化热较低；耐蚀性较强；抗冻性差；干缩较大	早期强度低；后期强度增长较快；水化热较低；耐蚀性较强；抗渗性好；抗冻性差；干缩性大	早期强度低；后期强度增长较快；水化热较低；耐蚀性较强；抗冻性差；干缩性小；抗裂性较高
适用范围	一般土建工程中钢筋混凝土结构；受反复冻融的结构；配制高强混凝土	与硅酸盐水泥基本相同	高温车间和有耐热耐火要求的混凝土结构；大体积混凝土结构；蒸汽养护的构件；有抗硫酸盐侵蚀要求的工程	地下、水中大体积混凝土结构和有抗渗要求的混凝土结构；有抗硫酸盐侵蚀要求的工程	地上、地下及水中大体积混凝土构件；抗裂性要求较高的构件；有抗硫酸盐侵蚀要求的工程
不适用范围	大体积混凝土结构；受化学及海水侵蚀的工程	与硅酸盐水泥基本相同	早期强度要求高的工程；有抗冻要求的混凝土工程	处在干燥环境中的混凝土工程；其他同矿渣水泥	有抗碳化要求的工程；其他同矿渣水泥

2.1.2　硅酸盐水泥

2.1.2.1　定义

按照国家标准 GB 175—2007《硅酸盐水泥、普通硅酸盐水泥》的规定，凡由硅酸盐水泥熟料、0～5%的石灰石或粒化高炉矿渣、适量石膏磨细制成的水硬性胶凝材料，称为硅酸盐水泥。硅酸盐水泥分两种类型，不掺任何混合材料、仅由硅酸盐水泥熟料和适量石膏磨细制成的水泥叫做Ⅰ型硅酸盐水泥，代号 P·Ⅰ；在粉磨时掺入不超过水泥质量5%的石灰石或粒化高炉矿渣混合材料的叫做Ⅱ型硅酸盐水泥，代号 P·Ⅱ。国外将这两种水泥统称为波特兰水泥。硅酸盐水泥分为42.5、42.5R、52.5、52.5R、62.5、62.5R 6个强度等级。

2.1.2.2　硅酸盐水泥的原材料和生产

生产硅酸盐水泥熟料的原材料主要是石灰质原料和黏土质系料2大类。此外，为了满足水泥熟料矿物组成的要求，通常还要加入第三种甚至第四种校正原料，对生料的成分进行调整，这部分原料称为校正原料或辅助原料。

石灰质原料主要提供 CaO，常用的石灰质原料有石灰岩、泥灰岩、白垩、贝壳等。我国大部分水泥厂使用石灰岩与泥灰岩，CaO 的含量大致为46%～55%。黏土质原料主要提供 SiO_2、Al_2O_3 和 Fe_2O_3。常用的黏土质原料有黏土、黄土、页岩、泥岩、粉砂

岩及河泥等，以黄土和黏土用得最多，其中 SiO_2 的含量大致在 50% ~70%，Al_2O_3 的含量为 10% ~20%，Fe_2O_3 的含量为 4% ~8%。此外黏土或黄土原料中还含有少量的 CaO、MgO、K_2O、Na_2O 和 SO_3 等成分。我国地域广阔，石灰质原料和黏土质原料分布很广，蕴藏量丰富，但由于各地的原材料其化学成分不尽相同，要根据当地原材料的化学成分合理地计算原材料的配比，并适当地选用辅助原料。

校正原料的作用是调整配料中某种氧化物的含量，有硅质材料、铝质材料和铁质材料 3 种。例如当黏土质原料中 SiO_2 含量不足时，可以加入硅藻土、硅藻石、蛋白石等硅质校正原料；铝质校正原料主要有铁矾土废料、粉煤灰等；铁质校正原料有硫铁矿渣、铜矿渣、铝矿渣等。此外，为了改善煅烧条件，提高熟料质量，还常加入少量的矿化剂，如萤石、石膏等。

硅酸盐水泥生产过程的核心部分是煅烧，未煅烧之前将原材料破碎、磨细、合理配合并均匀地混合所得到的矿物质混合物叫做生料。将生料在窑内经高温煅烧所获得的颗粒状物质叫做熟料，将熟料与石膏、混合材料一起磨细所得到的粉末状材料叫做水泥。目前，常把硅酸盐水泥的生产技术简称为“两磨一烧”，即生料的制备（磨细）、熟料的煅烧和水泥的粉磨与包装 3 大部分，其生产工艺流程如图 2. 2. 1 所示。

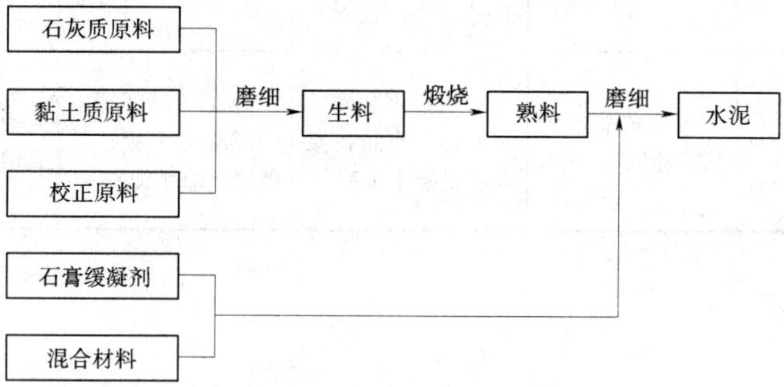

图 2. 2. 1　硅酸盐水泥生产工艺流程示意图

2. 1. 2. 3　硅酸盐水泥的组成

1. 硅酸盐水泥熟料

以适当的生料烧至部分熔融，所得以硅酸钙为主要成分的产物，称为硅酸盐水泥熟料。原料的主要化学成分是：氧化钙（CaO）、二氧化硅（SiO_2）、三氧化二铝（Al_2O_3）、三氧化二铁（Fe_2O_3）。通过高温煅烧得到的硅酸盐水泥熟料，就其化学成分与生料相比没有太大的变化，但是其中的氧化钙、氧化硅、氧化铝和氧化铁等不再以单独的氧化物形式存在，而是在煅烧过程中，发生一系列复杂的物理化学反应，由两种或两种以上氧化物反应生成的多矿物集合体，其主要成分是硅酸钙，还有一部分铝酸钙和铁铝酸钙，这些矿物成分以细小的结晶状态存在，质地比较坚硬，因此，水泥熟料是一种多矿物组成的结晶细小的人造岩石。烧成后水泥熟料的矿物成分除了与生料的化学成分有关之外，还受煅烧温度及其工艺控制的影响。通常硅酸盐水泥熟料的主要矿物成分及其所占比例如表 2. 2. 2 所示。

表 2.2.2　　硅酸盐水泥熟料的矿物组成成分名称、分子式及含量范围

矿物组成名称	分子式	代号	含量范围（%）
硅酸三钙	$3CaO \cdot SiO_2$	C_3S	45 ~ 65
硅酸二钙	$2CaO \cdot SiO_2$	C_2S	15 ~ 30
铝酸二钙	$3CaO \cdot AlO_2$	C_3A	7 ~ 15
铁铝酸四钙	$4CaO \cdot Al_2O_3 \cdot Fe_2O_3$	C_4AF	10 ~ 18

水泥熟料是由各种不同特性的矿物所组成的混合物。因此，改变熟料矿物成分之间的比例，水泥的性质会发生相应的变化。熟料中的硅酸三钙和硅酸二钙统称为硅酸盐矿物，占水泥熟料总量的75% 左右；铝酸三钙和铁铝酸四钙称为溶剂性矿物，一般占水泥熟料总量的18% ~25% 。

各种矿物单独与水作用时所表现出的特性如表 2.2.3 所示。

表 2.2.3　　硅酸盐水泥熟料主要矿物的特性

性能指标		熟料矿物			
		C_3S	C_2S	C_3A	C_4AF
水化速率		快	慢	最快	快，仅次于 C_3A
凝结硬化速率		快	慢	快	快
放热量		多	少	最多	中
强度	早期	高	低	低	低
	后期	高	高	低	低

2. 混合材料

（1）非活性混合材料。常温下不与氢氧化钙和水反应的混合材料称为非活性混合材料。主要有石灰石、石英砂及矿渣等。作用是调节水泥标号，降低水化热，增加水泥的产量，降低水泥成本等。

（2）活性混合材料。常温下与氢氧化钙和水发生反应的混合材料称为活性混合材料。主要有粒化高炉矿渣和火山灰质混合材料。主要作用是改善水泥的某种性能，此外也能起到调节水泥标号、降低水化热和成本、增加水泥产量的作用。

2.1.2.4　影响硅酸盐水泥凝结硬化的主要因素

1. 熟料矿物组成的影响

硅酸盐水泥熟料矿物组成是影响水泥的水化速度、凝结硬化过程及强度等的主要因素。

硅酸三钙（C_3S）、硅酸二钙（C_2S）、铝酸三钙（C_3A）和铁铝酸四钙（C_4AF）4 种主要熟料矿物中，C_3A 是决定性因素，是强度的主要来源。

改变熟料中矿物组成的相对含量，即可配制成具有不同特性的硅酸盐水泥。

提高 C_3S 的含量，可制得快硬高强水泥；减少 C_3A 和 C_3S 的含量，提高 C_2S 的含量，可制得水化热低的低热水泥；降低 C_3A 的含量，适当提高 C_4AF 的含量，可制得耐

硫酸盐水泥。

2. 水泥细度的影响

水泥的细度即水泥颗粒的粗细程度。

水泥越细，凝结速度越快，早期强度越高。但过细时，易与空气中的水分及二氧化碳反应而降低活性，并且硬化时收缩也较大，且成本高。因此，水泥的细度应适当，硅酸盐水泥的比表面积应大于 $300m^2/kg$。

3. 石膏的掺量

水泥中掺入石膏，可调节水泥凝结硬化的速度。掺入少量石膏，可延缓水泥浆体的凝结硬化速度，但石膏掺量不能过多，过多的石膏不仅缓凝作用不大，还会引起水泥安定性不良。一般掺量约占水泥重量的3% ~5%，具体掺量需通过试验确定。

4. 养护湿度和温度的影响

湿度应保持潮湿状态，保证水泥水化所需的化学用水。混凝土在浇筑后2 ~3 周内必须加强洒水养护。温度影响是提高温度可以加速水化反应。如采用蒸汽养护和蒸压养护。冬季施工时，须采取保温措施。

5. 养护龄期的影响

水泥水化硬化是一个较长时期不断进行的过程，随着龄期的增长水泥石的强度逐渐提高。水泥在3 ~14d 内强度增长较快，28d 后增长缓慢。水泥强度的增长可延续几年，甚至几十年。

2.1.2.5 硅酸盐水泥的技术性质和标准要求

1. 实际密度、堆积密度、细度

硅酸盐水泥的密度主要取决于其熟料矿物组成，一般为 $3.05 \sim 3.20g/cm^3$。堆积密度主要取决于堆积时的紧密程度。在混凝土配合比设计时，通常采用 $1300kg/m^3$。

2. 标准稠度用水量

标准稠度用水量是指拌制水泥净浆时为达到标准稠度所需的用水量，以水与水泥质量之比的百分数表示，一般在24% ~30%之间。

3. 凝结时间

凝结时间是指水泥从加水开始到失去流动性所需的时间，分为初凝和终凝。

初凝时间为水泥从开始加水拌和起至水泥浆失去可塑性所需的时间；

终凝时间为水泥从开始加水拌和起至水泥浆完全失去可塑性并开始产生强度所需的时间。

水泥的初凝时间不宜过早，以便在施工时有足够的时间完成混凝土的搅拌、运输、浇捣和砌筑等操作；水泥的终凝时间不宜过迟，以免拖延施工工期。国家标准规定：硅酸盐水泥初凝时间不得早于45min，终凝时间不得迟于6.5h。

4. 体积安定性

水泥的体积安定性是指水泥浆体硬化后体积变化的稳定性。安定性不良的水泥，在浆体硬化过程中或硬化后产生不均匀的体积膨胀，并引起开裂。

安定性不良的原因：熟料中含有过量的游离氧化钙、游离氧化镁或掺入的石膏过多。体积安定性不合格的水泥不能用于工程中。

5. 硅酸盐水泥的强度与等级

硅酸盐水泥强度是表征水泥力学性能的重要指标。水泥强度必须按《水泥胶砂强度试验方法（ISO法）》（GB/T 17671—1999）的规定制作试块，养护并测定其抗压和抗折值，该值是评定水泥等级的依据。各强度等级水泥的各龄期强度不得低于表2.2.4的数值。

表2.2.4　硅酸盐水泥的强度要求（GB 175—2007）

品　种	强度等级	抗压强度（MPa）		抗折强度（MPa）	
		3d	28d	3d	28d
硅酸盐水泥	42.5	17.0	42.5	3.5	6.5
	42.5R	22.0	42.5	4.0	6.5
	52.5	23.0	52.5	4.0	7.0
	52.5R	27.0	52.5	5.0	7.0
	62.5	28.0	62.5	5.0	8.0
	62.5R	32.0	62.5	5.5	8.0

注　R指早强型。

6. 水化热

水化热是指水泥和水之间发生化学反应放出的热量。大部分水化热是在水化初期（7d）放出的，以后则逐步减少。

水泥水化热大小主要取决于水泥的矿物组成和细度。冬季施工时，水化热有利于水泥的正常凝结硬化。但对大体积混凝土工程，如大型基础、大坝、桥墩等，水化热大是不利的，可使混凝土产生裂缝。因此对大体积混凝土工程，应采用水化热较低的水泥，如中热水泥、低热矿渣水泥等。

7. 氧化镁、三氧化硫、碱及不溶物含量

水泥中氧化镁含量不得超过5%，三氧化硫的含量不得超过3.5%。若使用活性骨料，水泥中碱含量不得大于0.60%。不溶物的含量，在Ⅰ型水泥中不得超过0.75%；在Ⅱ型水泥中不得超过1.5%。

2.1.2.6　水泥石的腐蚀及防止

1. 水泥石的腐蚀

硅酸盐水泥硬化后，在一般使用条件下具有较好的耐久性，但在某些腐蚀性介质的作用下，结构逐渐遭到破坏，强度下降以致全部崩溃的现象称为水泥石的腐蚀。水泥石抗腐蚀用耐蚀系数表示，以同一龄期浸在侵蚀性溶液中的水泥试体强度与在淡水中养护的水泥试体强度之比表示。耐蚀系数越大，水泥的抗侵蚀性越好。

（1）软水腐蚀。软水指工业冷凝水、蒸馏水、天然的雨水以及含重碳酸盐很少的河水及湖水。软水腐蚀导致水泥石强度下降。

（2）盐类腐蚀。当海水、沼泽水、工业污水等中含有碱性硫酸盐时，水泥石受到侵蚀作用，使水泥石开裂、强度降低和造成破坏。

海水、地下水中常含有大量镁盐，如硫酸镁（$MgSO_4$）和氯化镁（$MgCl_2$）。它们与水泥石中的氢氧化钙反应，生成易溶于水的新化合物，使水泥石强度降低或破坏。

（3）酸类腐蚀。在工业污水、地下水中常溶解有较多的二氧化碳，二氧化碳与水泥石中的氢氧化钙反应生成碳酸钙，继续与含碳酸的水作用使水泥石结构破坏；在工业废水、地下水、沼泽水中常含无机酸和有机酸，各种酸类与水泥石中的氢氧化钙作用，生成化合物，这些化合物或者易溶于水，或者体积膨胀而导致水泥石破坏。

2. 水泥石腐蚀的防止

可采取以下防腐蚀措施：根据侵蚀环境特点，合理选用水泥品种；提高水泥石的密实度；表面加保护层等。

2.1.3 特性水泥及专用水泥

特性水泥是为满足紧急抢修、冬季施工、海港和地下工程的特殊要求而生产的具有某种比较突出的性能的水泥。常用的有：白色（彩色）硅酸盐水泥、快硬硅酸盐水泥、高铝水泥、膨胀水泥、自应力水泥和抗硫酸盐硅酸盐水泥。

专用水泥指为了适应专门用途的水泥。常用的有：中热硅酸盐水泥、道路水泥、专用水泥、低热矿渣硅酸盐水泥、砌筑水泥、油井水泥。

1. 白色与彩色硅酸盐水泥

凡以适当成分的生料烧至部分熔融，所得以硅酸钙为主要成分、氧化铁含量很少的白色硅酸盐水泥熟料，再加入适量石膏，共同磨细制成的水硬性胶凝材料称为白色硅酸盐水泥，简称白水泥。制造时严格控制水泥原料的铁含量，水泥中含铁量越高则水泥颜色越深。氧化铁含量（%）0.35~0.4为白色；0.45~0.7为淡绿色；3~4为暗灰色。

2. 彩色硅酸盐水泥

将硅酸盐水泥熟料（白水泥熟料或普通水泥熟料）、适量石膏和碱性颜料共同磨细而成，即染色法。白色和彩色硅酸盐水泥用于装饰工程：用来配制彩色水泥浆，配制装饰混凝土；配制各种彩色砂浆用于装饰抹灰；制造各种色彩的水刷石、人造大理石及水磨石等制品。

3. 快硬硅酸盐水泥

凡以硅酸钙为主要成分的水泥熟料，加入适量石膏，经磨细制成的具有早期强度增进率较快的水硬性胶凝材料，称快硬硅酸盐水泥，简称快硬水泥。

凝结硬化快，早期强度增进率快。强度与标号：快硬水泥以3d强度确定其强度等级：32.5、37.5、42.5。组成成分：适当增加了熟料中硬化快的矿物，即C_3S、C_3A，同时适当增加石膏掺量并提高水泥的磨细度，其中C_3S（硅酸三钙）占50%~60%，C_3A（铝酸三钙）占8%~14%，两者总量应不少于60%~65%，石膏掺量8%。细度：0.08mm方孔筛筛余不得超过10%；初凝：不得早于45min，终凝：不得迟于10h；体积安定性：要求沸煮法合格。

主要用于：配制早强混凝土，适用于紧急抢修工程和低温施工工程以及制作预应力钢筋混凝土或高强混凝土预制构件。

4. 高铝水泥

高铝水泥又称矾土水泥，以铝矾土和石灰石为原料，经煅烧制得以铝酸钙为主要成分、氧化铝含量约50%的熟料，再磨细制成的水硬性胶凝材料，称为高铝水泥（又称铝酸盐水泥）。

细度：0.08mm方孔筛筛余不得超过10%；初凝：不得早于40min，终凝：不得迟于10h；体积安定性：必须合格；高铝水泥以3d强度确定其强度等级：42.5、52.5、62.5、72.5四个强度等级。主要特点有：

（1）快凝早强。1d强度可达最高强度的80%以上。

（2）水化热大，且放热量集中。1d内放出水化热总量的70%～80%，使混凝土内部温度上升较高，故即使在-10℃下施工，高铝水泥也能很快凝结硬化。

（3）抗硫酸盐性能很强，因其水化后无$Ca(OH)_2$生成。

（4）耐热性好。能耐1300～1400℃高温。

（5）长期强度要降低。一般降低40%～50%。

主要用于紧急军事工程（筑路、桥）、抢修工程（堵漏等）、临时性工程，以及配制耐热混凝土（如高温窑炉炉衬等）；不能用于长期承重的结构及高温高湿环境中的工程。

5. 中热硅酸盐水泥和低热矿渣硅酸盐水泥

中热硅酸盐水泥，简称中热水泥，是以适当成分的硅酸盐水泥熟料，加入适量石膏，经磨细制成的具有中等水化热的水硬性胶凝材料，分42.5和52.5两个强度等级。

低热矿渣硅酸盐水泥简称低热水泥，是以适当成分的硅酸盐水泥熟料，加入矿渣、适量石膏，经磨细制成的具有低水化热的水硬性胶凝材料，分32.5和42.5两个强度等级。

主要用于要求水化热较低的大体积混凝土，如大坝、大体积建造物和厚大的基础等工程中，可以克服因水化热引起的温度应力而导致的混凝土破坏。

2.1.4 掺混合材料的硅酸盐水泥

磨细水泥时掺入的人工的或天然的矿物材料称为混合材料，分为活性混合材料和非活性混合材料。其作用是改善水泥的性能，增加品种，提高产量，节约熟料，降低成本，扩大水泥的使用范围。

1. 活性混合材料

活性混合材料加水拌和本身并不硬化，但与石灰、石膏或硅酸岩水泥一起，加水拌和后能发生化学反应，生成有一定胶凝性的物质，且具有水硬性，这种混合材料称为活性混合材料。其主要成分为SiO_2、Al_2O_3等。活性混合材料具有火山灰性或潜在水硬性。常用活性混合材料有：

（1）粒化高炉矿渣。主要化学成分为CaO、SiO_2和Al_2O_3，具有潜在水硬性。

（2）火山灰混合材。主要化学成分为SiO_2和Al_2O_3，具有火山灰性，有天然和人工两种材料。天然材料包括火山灰、凝灰岩、浮石等；人工材料包括煤矸石渣、烧页岩、烧黏土等。

（3）粉煤灰等。主要化学成分为 SiO_2 和 Al_2O_3，具有火山灰性。

2. 非活性混合材料

不具活性或活性甚低的人工或天然的矿物质材料，经磨细，掺入水泥中不起化学作用，仅起调节水泥性质、降低水化热、降低标号、提高产量等作用的混合材料，称为非活性混合材料（又称填充性混合材料）。

主要有磨细的石英砂、石灰石、黏土、慢冷矿渣、炉渣等，不符合技术要求的活性混合材可作为非活性材料。

在硅酸盐水泥熟料中掺入适量的混合材料可制成六大品种的水泥即硅酸盐水泥、普通硅酸盐水泥、矿渣硅酸盐水泥、火山灰硅酸盐水泥、粉煤灰硅酸盐水泥、复合水泥。

2.1.5 水泥质量的评定与验收

1. 水泥质量的评定

水泥是基础建设中必不可少的主要原材料之一。水泥品质的好坏对建设工程的质量有巨大的影响，在水利水电工程中根据水泥的品质可分为合格品、不合格品和废品3类。

（1）合格品。水泥的包装、质量及各项技术指标都能满足国家相应规范的要求时，可判为合格品。这类水泥可以按照设计的要求正常使用。

（2）不合格品。一般常用水泥当细度、终凝时间、不溶物和烧失量中的任一项不符合标准规定或混合材料掺加量超过最大限量和强度低于商品强度等级的指标时判为不合格品。水泥包装标志中水泥品种、强度等级、工厂名称和出厂编号不全的也判为不合格品。

不合格水泥在建筑工程中可以降低标准使用。如强度指标不合格可降低标号使用或用于工程的次要受力部位（如做基础的垫层）等。

（3）废品。一般常用水泥当氧化镁、三氧化硫、初凝时间、安定性中的任何一项不符合标准规定时，均判为废品。

判为废品的水泥严禁在水利水电工程中使用，否则会造成严重的质量事故或给工程留下较大的质量隐患。

2. 水泥的交货与验收

（1）交货时水泥的质量验收可抽取实物试样，以其检验结果为依据，也可以生产者同编号水泥的检验报告为依据。采取何种方法验收由买卖双方商定，并在合同或协议中注明。卖方有告知买方验收方法的责任。当无书面合同或协议，或未在合同、协议中注明验收方法的，卖方应在发货票上注明“以本厂同编号水泥的检验报告为验收依据”字样。

（2）以抽取实物试样的检验结果为验收依据时，买卖双方应在发货前或交货地共同取样和签封。取样方法按《水泥取样方法》（GB 12573—2008）进行，取样数量为20kg，缩分为二等份。一份由卖方保存40d，一份由买方按标准规定的项目方法进行检验。

在40d以内，买方检验认为产品质量不符合标准规定要求，而卖方又有异议时，则双方应将卖方保存的另一份试样送省级或省级以上国家认可的水泥质量监督检验机构进行仲裁检验。水泥安定性仲裁检验时，应在取样之日起10d以内完成。

（3）以生产者同编号水泥的检验报告为验收依据时，在发货前或交货时买方在同编号水泥中取样，双方共同签封后由卖方保存90d，或认可卖方自行取样、签封并保存90d的同编号水泥的封存样。在90d内，买方对水泥质量有疑问时，则买卖双方应将共同认可的试样送省级或省级以上国家认可的水泥质量监督检验机构进行仲裁检验。

3. 其他注意事项

（1）水泥可以散装或袋装。袋装水泥每袋净含量50kg，且应不少于标志质量的99%；随机抽取20袋，总质量（含包装袋）应不少于1000kg。其他包装形式由供需双方协商确定，但有关袋装质量要求，应符合上述规定。水泥包装袋应符合《水泥包装袋》（GB 9774—2002）的规定。

（2）水泥包装袋上应清楚标明：执行标准、水泥品种、代号、强度等级、生产者名称、生产许可证标志（Qs）及编号、出厂编号、包装日期、净含量。包装袋两侧应根据水泥的品种采用不同的颜色印刷水泥名称和强度等级，硅酸盐水泥和普通硅酸盐水泥采用红色，矿渣硅酸盐水泥采用绿色；火山灰质硅酸盐水泥、粉煤灰硅酸盐水泥和复合硅酸盐水泥采用黑色或蓝色。散装发运时应提交与袋装标志相同内容的卡片。

（3）水泥在运输与储存时不得受潮和混入杂物，不同品种和强度等级的水泥在储运中避免混杂。

2.2 混凝土外加剂

混凝土的外加剂是指在拌制混凝土过程中掺入掺加量不大于水泥重量5%（特殊情况除外），用以改善混凝土性能的外掺材料。由于外加剂对混凝土性能的改善，它在工程中应用的比例越来越大，不少国家使用掺外加剂的混凝土已占混凝土总量的60%～90%，因此，外加剂逐渐成为混凝土的第5种成分。

混凝土外加剂种类繁多，根据《混凝土外加剂的分类、命名与定义》规定，混凝土外加剂按其主要功能分为4类：①能改善混凝土拌和物流变性能的外加剂：减水性、泵送剂、引气剂等；②能调节混凝土凝结时间、硬化性能的外加剂：缓凝剂、早强剂、速凝剂等；③能改善混凝土耐久性的外加剂：阻锈剂、防水剂、引气剂等；④能改善混凝土其他性能的外加剂：加气剂、着色剂、膨胀剂、防冻剂等。

2.2.1 混凝土外加剂的基本规定

1. 外加剂的选择

（1）外加剂的品种应根据工程设计和施工要求选择，通过试验及技术经济比较确定。

（2）严禁使用对人体产生危害、对环境产生污染的外加剂。

（3）掺外加剂混凝土所用水泥，宜采用硅酸盐水泥、普通硅酸盐水泥、矿渣硅酸盐水泥、火山灰质硅酸盐水泥、粉煤灰硅酸盐水泥和复合硅酸盐水泥，并应检验外加剂与水泥的适应性，符合要求后方可使用。

（4）掺外加剂混凝土所用材料，如水泥、砂、石、掺合料、外加剂，均应符合国家现行的有关标准的规定。试配掺外加剂的混凝土时，应采用工程使用的原材料，检测项目应根据设计及施工要求确定，检测条件应与施工条件相同，当工程所用原材料或混凝土性能要求发生变化时，应再进行试配试验。

（5）不同品种外加剂复合使用时，应注意其相容性及对混凝土性能的影响，使用前应进行试验，满足要求后方可使用。

2. 外加剂掺量

（1）外加剂掺量应以胶凝材料总量的百分比表示。

（2）外加剂的掺入应按供货单位推荐的掺量、使用要求、施工条件、混凝土原材料等要求并通过试验确定。

（3）对含有氯离子、硫酸根等离子的外加剂应符合有关标准的规定。

（4）处于与水相接触或潮湿环境中的混凝土，当使用碱活性骨料时，由外加剂带入的碱含量（以含氧化钠量计）不宜过大，混凝土总碱含量应符合有关标准的规定。

3. 外加剂的质量控制

（1）选用的外加剂应有供货单位提供的下列技术文件：产品说明书，并应标明产品主要成分；出厂检验报告及合格证；掺外加剂混凝土性能检验报告。

（2）外加剂运到工地（或混凝土搅拌站）应立即取代表性样品进行检验，进货与工程试配时一致，方可入库、使用。若发现不一致时，应停止使用。

（3）外加剂应按不同供货单位、不同品种、不同牌号分别存放，标识应清楚。

（4）粉状外加剂应防止受潮结块，如有结块，经性能检验合格后应粉碎至全部通过0.63mm筛后方可使用。溶液外加剂应放置在阴凉干燥处，防止日晒、受冻、污染、进水或蒸发，如有沉淀等现象，经性能检验合格后方可使用。

（5）外加剂配料控制系统标识应清楚，计量应准确，计量误差不应大于外加剂用量的2%。

2.2.2 普通减水剂及高效减水剂

减水剂是指在混凝土坍落度基本相同的条件下，以减少拌和用水量的外加剂。混凝土拌和物掺入减水剂后，可提高拌和物流动性，减少拌和物的泌水、离析现象，延缓拌和物凝结时间，减缓水泥水化热放热速度，显著提高混凝土强度、抗渗性和抗冻性。

1. 品种

（1）普通减水剂。混凝土工程中可采用下列普通减水剂：木质素磺酸盐类：木质素磺酸钙、木质素磺酸钠、木质素磺酸镁及丹宁等。

（2）高效减水剂。混凝土工程中可采用下列高效减水剂：

1）多环芳香族磺酸盐类：萘和萘的同系磺化物与甲醛缩合的盐类、氨基磺酸盐等；

2）水溶性树脂磺酸盐类：磺化三聚氰胺树脂、磺化古码隆树脂等；

3）脂肪族类：聚羧酸盐类、聚丙烯酸盐类、脂肪族羟甲基磺酸盐高缩聚物等；

4）其他：改性木质素磺酸钙、改性丹宁等。

2. 适用范围

（1）普通减水剂及高效减水剂可用于素混凝土、钢筋混凝土、预应力混凝土并可制备高强高性能混凝土。

（2）普通减水剂宜用于日最低气温5℃以上施工的混凝土，不宜单独用于蒸汽养护混凝土；高效减水剂宜用于日最低气温0℃以上施工的混凝土。

（3）当掺用含有木质素磺酸盐类物质的外加剂时应先做水泥适应性试验，合格后方可使用。

3. 减水剂的技术经济效果

（1）增大流动性。在用水量及水灰比不变时，混凝土坍落度可增大100～200mm，且不影响混凝土的强度。

（2）提高混凝土的强度。在保持流动性及水泥用量不变的条件下，可减少拌和用水量10%～15%，从而降低水灰比，使混凝土强度提高15%～20%。

（3）节约水泥。在保持流动性及水灰比不变的条件下，可以在减少拌和水量的同时，相应减少水泥用量。

（4）改善混凝土的耐久性。

4. 施工

（1）普通减水剂、高效减水剂进人工地（或混凝土搅拌站）的检验项目应包括pH值、密度（或细度）、混凝土减水率，符合要求方后可入库、使用。

（2）减水剂掺量应根据供货单位的推荐掺量、气温高低、施工要求，通过试验确定。

（3）减水剂以溶液形式掺加时，溶液中的水量应从拌和水中扣除。

（4）液体减水剂宜与拌和水同时加入搅拌机内，粉剂减水剂宜与胶凝材料同时加入搅拌机内，需二次添加外加剂时，应通过试验确定，混凝土搅拌均匀后方可出料。

（5）根据工程需要，减水剂可与其他外加剂复合使用。其掺量应根据试验确定。配制溶液时，如产生絮凝或沉淀等现象，应分别配制溶液并分别加入搅拌机内。

2.2.3 引气剂及引气减水剂

引气剂是指掺入混凝土中经搅拌能引入大量分布均匀的微小气泡，以改善混凝土拌和物的工件性，并在硬化后仍能保留微小气泡以改善混凝土抗冻融耐久性的外加剂。混凝土工程中可采用由引气剂与减水剂复合而成的引气减水剂。

1. 品种

混凝土工程中可采用下列引气剂：

（1）松香树脂类。松香热聚物、松香皂类等；

（2）烷基和烷基芳烃磺酸盐类。十二烷基磺酸盐、烷基苯磺酸盐、烷基苯酚聚氧乙烯醚等；

（3）脂肪醇磺酸盐类。脂肪醇聚氧乙烯醚、脂肪醇聚氧乙烯磺酸钠、脂肪醇硫酸钠等；

（4）皂甙类。三萜皂甙等；

（5）其他。蛋白质盐、石油磺酸盐等。

2. 适用范围

（1）引气剂及引气减水剂，可用于抗冻混凝土、抗渗混凝土、抗硫酸盐混凝土、泌水严重的混凝土、贫混凝土、轻骨料混凝土、人工骨料配制的普通混凝土、高性能混凝土以及有饰面要求的混凝土。

（2）引气剂、引气减水剂不宜用于蒸养混凝土及预应力混凝土，必要时，应经试验确定。

3. 施工

（1）引气剂及引气减水剂进入工地（或混凝土搅拌站）的检验项目应包括 pH 值、密度（或细度）、含气量、引气减水剂应增测减水率，符合要求后方可入库、使用。

（2）抗冻性要求高的混凝土，必须掺引气剂或引气减水剂，其掺量应根据混凝土的含气量要求，通过试验确定。

掺引气剂及引气减水剂混凝土的含气量，不宜超过表 2.2.5 规定的含气量；对抗冻性要求高的混凝土，宜采用表 2.2.5 规定的含气量数值。

表 2.2.5　掺引气剂及引气减水剂混凝土的含气量

粗骨料最大粒径（mm）	20（19）	25（22.4）	40（37.5）	80（75）	50（45）
混凝土含气量（%）	5.5	5.0	4.5	4.0	3.5

注　括号内数值为《建筑用卵石、碎石》（GB/T 14685—2001）中标准筛的尺寸。

（3）引气剂及引气减水剂，宜以溶液形式掺加，使用时加入拌和水中，溶液中的水量应从拌和水中扣除。

（4）引气剂及引气减水剂配制溶液时，必须充分溶解后方可使用。

（5）引气剂可与减水剂、早强剂、缓凝剂、防冻剂复合使用。配制溶液时，如产生絮凝或沉淀等现象，应分别配制溶液并分别加入搅拌机内。

（6）施工时，应严格控制混凝土的含气量。当材料、配合比或施工条件变化时，应相应增减引气剂或引气减水剂的掺量。

（7）检验掺引气剂及引气减水剂混凝土的含气量，应在搅拌机出料口进行取样，并应考虑混凝土在运输和振捣过程中含气量的损失。对含气量有设计要求的混凝土，施工中应每间隔一定时间进行现场检验。

（8）掺引气剂及引气减水剂混凝土，必须采用机械搅拌，搅拌时间及搅拌量应通过试验确定。出料到浇筑的停放时间也不宜过长，采用插入式振捣时，振捣时间不宜超过 20s。

2.2.4 缓凝剂、缓凝减水剂及缓凝高效减水剂

缓凝剂是指能延缓混凝土凝结时间，使拌和物能较长时间内保持塑性，有利于浇筑成型，提高施工质量，同时还具有减水、增强和降低水化热等多种功能，并对其后期强度无不良影响的外加剂。

1. 品种

（1）缓凝剂及缓凝减水剂。

1）糖类。糖钙、葡萄糖酸盐等。

2）木质素磺酸盐类。木质素磺酸钙、木质素磺酸钠等。

3）羟基羧酸及其盐类。柠檬酸、酒石酸钾钠等。

4）无机盐类。锌盐、磷酸盐等。

5）其他。胺盐及其衍生物、纤维素醚等。

（2）缓凝高效减水剂。混凝土工程中可采用由缓凝剂与高效减水剂复合而成的缓凝高效减水剂。

2. 适用范围

（1）缓凝剂、缓凝减水剂及缓凝高效减水剂可用于大体积混凝土、碾压混凝土、炎热气候条件下施工的混凝土、大面积浇筑的混凝土、避免冷缝产生的混凝土、需较长时间停放或长距离运输的混凝土、自流平免振混凝土、滑模施工或拉模施工的混凝土及其他需要延缓凝结时间的混凝土。缓凝高效减水剂可制备高强高性能混凝土。

（2）缓凝剂、缓凝减水剂及缓凝高效减水剂宜用于日最低气温5℃以上施工的混凝土，不宜单独用于有早强要求的混凝土及蒸养混凝土。

（3）柠檬酸及酒石酸钾钠等缓凝剂不宜单独用于水泥用量较低、水灰比较大的贫混凝土。

（4）当掺用含有糖类及木质素磺酸盐类物质的外加剂时应先做水泥适应性试验，合格后方可使用。

（5）使用缓凝剂、缓凝减水剂及缓凝高效减水剂施工时，宜根据温度选择品种并调整掺量，满足工程要求后方可使用。

3. 施工

（1）缓凝剂、缓凝减水剂及缓凝高效减水剂进入工地（或混凝土搅拌站）的检验项目应包括pH值、密度（或细度）、混凝土凝结时间，缓凝减水剂及缓凝高效减水剂应增测减水率，合格后方可入库、使用。

（2）缓凝剂、缓凝减水剂及缓凝高效减水剂的品种及掺量应根据环境温度、施工要求的混凝土凝结时间、运输距离、停放时间、强度等来确定。

（3）缓凝剂、缓凝减水剂及缓凝高效减水剂以溶液形式掺加时计量必须正确，使用时加入拌和水中，溶液中的水量应从拌和水中扣除。难溶和不溶物较多的应采用干掺法并延长混凝土搅拌时间30s。

2.2.5 早强剂及早强减水剂

早强剂是加速混凝土早期强度并对后期强度无显著影响的外加剂。早强剂可以在常

温、低温荷负温（不低于 -5℃）条件下加速混凝土的硬化过程，多用于冬季施工和抢修工程。早强剂主要有无机盐类（氯盐类、磷酸盐类）和有机胺及有机—无机的复合物3 大类。

1. 品种

（1）早强剂。

1）强电解质无机盐类早强剂。硫酸盐、硫酸复盐、硝酸盐、亚硝酸盐、氯盐等；

2）水溶性有机化合物。三乙醇胺、甲酸盐、乙酸盐、丙酸盐等；

3）其他。有机化合物、无机盐复合物。

（2）早强减水剂。混凝土工程中可采用由早强剂与减水剂复合而成的早强减水剂。

2. 适用范围

（1）早强剂及早强减水剂适用于蒸养混凝土及常温、低温和最低温度不低于 -5℃环境中施工的有早强要求的混凝土工程。炎热环境条件下不宜使用早强剂、早强减水剂。

（2）掺入混凝土后对人体产生危害或对环境产生污染的化学物质严禁用作早强剂。含有六价铬盐、亚硝酸盐等有害成分的早强剂严禁用于饮水工程及与食品相接触的工程。硝铵类严禁用于办公、居住等建筑工程。

（3）下列结构中严禁采用含有氯盐配制的早强剂及早强减水剂。

1）预应力混凝土结构。

2）相对湿度大于80% 环境中使用的结构，处于水位变化部位的结构，露天结构及经常受水淋、受水流冲刷的结构。

3）大体积混凝土。

4）直接接触酸、碱或其他侵蚀性介质的结构。

5）经常处于温度为60℃以上的结构，需经蒸养的钢筋混凝土预制构件。

6）有装饰要求的混凝土，特别是要求色彩一致的或是表面有金属装饰的混凝土。

7）薄壁混凝土结构，中级和重级工作制吊车的梁、屋架、落锤及锻锤混凝土基础等结构。

8）使用冷拉钢筋或冷拔低碳钢丝的结构。

9）骨料具有碱活性的混凝土结构。

（4）在下列混凝土结构中严禁采用含有强电解质无机盐类的早强剂及早强减水剂。

1）与镀锌钢材或铝铁相接触部位的结构，以及有外露钢筋预埋铁件而无防护措施的结构。

2）使用直流电源的结构以及距高压直流电源100m 以内的结构。

3. 施工

（1）早强剂、早强减水剂进入工地（或混凝土搅拌站）的检验项目应包括密度（或细度），1d、3d 抗压强度及对钢筋的锈蚀作用。

（2）常用早强剂掺量应符合表 2. 2. 6 的规定。

（3）粉剂早强剂和早强减水剂直接掺入混凝土干料中应延长搅拌时间30s。

表 2.2.6　　常用早强剂掺量限值

混凝土种类	使用环境	早强剂名称	掺量限值（水泥重量%）不大于
预应力混凝土	干燥环境	三乙醇胺	0.05
		硫酸钠	1.0
钢筋混凝土	干燥环境	氯离子［Cl^-］	0.6
		硫酸钠	2.0
钢筋混凝土	干燥环境	与缓凝减水剂复合的硫酸钠	3.0
		三乙醇胺	0.05
	潮湿环境	硫酸钠	1.5
		三乙醇胺	0.05
有饰面要求的混凝土		硫酸钠	0.8
素混凝土		氯离子［Cl^-］	1.8

注　预应力混凝土及潮湿环境中使用的钢筋混凝土中不得掺氯盐早强剂。

2.2.6　防冻剂

防冻剂是指在一定负温条件下，能显著降低冰点，使混凝土液相不冻结或部分冻结，保证混凝土不遭受冻害，同时保证水与水泥能进行水化，并在一定时间内获得预期强度的外加剂。

1. 品种

混凝土工程中可采用下列防冻剂。

（1）强电解质无机盐类。

1）氯盐类。以氯盐为防冻组分的外加剂。

2）氯盐阻锈类。以氯盐与阻锈组分为防冻组分的外加剂。

3）无氯盐类。以亚硝酸盐、硝酸盐等无机盐为防冻组分的外加剂。

（2）水溶性有机化合物类。以某些醇类等有机化合物为防冻组分的外加剂。

（3）有机化合物与无机盐复合类。

（4）复合型防冻剂。以防冻组分复合早强、引气、减水等组分的外加剂。

2. 适用范围

（1）含亚硝酸盐、碳酸盐的防冻剂严禁用于预应力混凝土结构。

（2）含有六价铬盐、亚硝酸盐等有害成分的防冻剂，严禁用于饮水工程及与食品相接触的工程，严禁食用。

（3）含有硝铵、尿素等产生刺激气味的防冻剂，严禁用于办公、居住等建筑工程。

（4）有机化合物类防冻剂可用于素混凝土、钢筋混凝土及预应力混凝土工程。

（5）有机化合物与无机盐复合防冻剂及复合型防冻剂可用于素混凝土、钢筋混凝土及预应力混凝土工程，并应符合上述有关规定。

（6）对水工、桥梁及有特殊抗冻融性要求的混凝土工程，应通过试验确定防冻剂品种及掺量。

3. 施工

（1）防冻剂的选用。防冻剂的选用应符合下列规定。

1）在日最低气温为0～-5℃，混凝土采用塑料薄膜和保温材料覆盖养护时，可采用早强剂或早强减水剂；

2）在日最低气温为-5～-10℃、-10～-15℃、-15～-20℃，采用上述保温措施时，宜分别采用规定温度为-5℃、-10℃、-15℃的防冻剂；

3）防冻剂的规定温度为按《混凝土防冻剂》（JC 475—2004）规定的试验条件成型的试件，在恒负温条件下养护的温度。施工使用的最低气温可比规定温度低5℃。

（2）防冻剂的检验。防冻剂运到工地（或混凝土搅拌站）首先应检查是否有沉淀、结晶或结块。检验项目应包括密度（或细度），R_{-7}、R_{+28}抗压强度比，钢筋锈蚀试验。合格后方可入库、使用。

（3）掺防冻剂的混凝土配合比。掺防冻剂的混凝土配合比，宜符合下列规定。

1）含引气组分的防冻剂混凝土的砂率，可比不掺外加剂混凝土的砂率降低2%～3%；

2）混凝土水灰比不宜超过0.6，水泥用量不宜低于300kg/m^3，重要承重结构、薄壁结构的混凝土水泥用量可增加10%，大体积混凝土的最少水泥用量应根据实际情况而定。强度等级不大于C15的混凝土，其水灰比和最少水泥用量可不受此限制。

（4）掺防冻剂混凝土原材料的加热。掺防冻剂混凝土采用的原材料，应根据不同的气温，按下列方法进行加热：

1）气温低于-5℃时，可用热水拌和混凝土；水温高于65℃时，热水应先与骨料拌和，再加入水泥。

2）气温低于-10℃时，骨料可移入暖棚或采取加热措施。骨料冻结成块时须加热，加热温度不得高于651℃并应避免灼烧，用蒸汽直接加热骨料带入的水分，应从拌和水中扣除。

（5）掺防冻剂混凝土的拌和。掺防冻剂混凝土搅拌时，应符合下列规定。

1）严格控制防冻剂的掺量。

2）严格控制水灰比，由骨料带入的水及防冻剂溶液中的水，应从拌和水中扣除。

3）搅拌前，应用热水或蒸汽冲洗搅拌机，搅拌时间应比常温延长50%。

4）掺防冻剂混凝土拌和物的出机温度，严寒地区不得低于15℃；寒冷地区不得低于10℃。入模温度，严寒地区不得低于10℃，寒冷地区不得低于5℃。

本章习题

2.2.1 硅酸盐水泥由哪些矿物成分所组成？这些矿物成分对水泥的性质有何影响？它们的水化物是什么？

2.2.2 制造硅酸盐水泥为什么必须掺入适量的石膏？其掺量太多或太少时，将发生什么情况？

2.2.3 硅酸盐水泥有哪些特性？硅酸盐水泥的强度是如何测定的？其标号是如何划分的？

2.2.4 与硅酸盐水泥相比，掺大量混合材料的水泥在组成、性能和应用等方面有何不同？

2.2.5 硅酸盐水泥的技术性质有哪些？什么是合格品、不合格品、废品？

2.2.6 为什么硅酸盐水泥的初凝时间不应太短，而终凝时间不应太长？

2.2.7 为什么硅酸盐水泥在流动的淡水、矿物水及碳酸水作用下会引起腐蚀？

2.2.8 水泥石的腐蚀方式有哪些？怎样防止水泥石的腐蚀？

2.2.9 矿渣水泥、火山灰水泥和粉煤灰水泥这3种水泥在性能及应用方面有何异同？

2.2.10 混凝土的外加剂主要有哪些？是怎么分类的？

2.2.11 什么叫混凝土的减水剂？叙述其作用机理、种类和适用范围。

第3章 混 凝 土

教学要求：了解混凝土的分类、组成材料、变形性质以及施工质量控制；熟悉混凝土的主要技术性能；理解混凝土的和易性、流动性以及抗压强度、抗拉强度等概念；掌握混凝土配合比设计方法。

3.1 混凝土的概念

凡由胶凝材料（胶结料）、粗细骨料和水及其他材料，按适当的比例配合、拌和配制并硬化而成的具有所需的形体、强度和耐久性的人造石材，叫做混凝土，如水泥混凝土、沥青混凝土等。水泥混凝土简称混凝土，是以水泥为胶凝材料，砂石为骨料拌制而成的混凝土。水泥混凝土是现代土木工程最主要的结构材料，本章主要介绍水泥混凝土。

3.1.1 混凝土的分类

1. 按表观密度分

（1）特重混凝土。为了屏蔽各种射线的辐射，采用各种高密度骨料配制的混凝土，表观密度大于2700kg/m^3。骨料为钢屑、重晶石、铁矿石等重骨料，水泥为钡水泥、锶水泥等重水泥。特重混凝土又称防辐射混凝土，用于核能工厂的屏障结构材料。

（2）重混凝土。表观密度 1900～2500kg/m^3，骨料为天然砂、石，密度一般多在2500kg/m^3 左右，简称混凝土，用于各种建筑的承重结构材料。

（3）轻混凝土。表观密度小于1900kg/m^3，骨料为多孔轻质骨料，或无砂的大孔混凝土或不采用骨料而掺入加气剂或泡沫剂形成的多孔结构混凝土。主要用作轻质结构（大跨度）材料和隔热保温材料。

2. 按所用胶凝材料分

混凝土按所用胶凝材料可分为水泥混凝土、沥青混凝土、树脂混凝土、聚合物水泥混凝土、水玻璃混凝土、石膏混凝土、硅酸盐混凝土、铝酸盐水泥混凝土、硫黄混凝土等。其中使用最多的是以水泥为胶结材料的水泥混凝土，它是当今世界使用最广泛、用量最大的结构材料。

3. 按施工工艺分

混凝土按施工工艺可分为泵送混凝土、预拌混凝土（商品混凝土）、喷射混凝土、压力灌浆混凝土（预填骨料混凝土）、造壳混凝土（裹砂混凝土）离心混凝土、振实挤压混凝土、真空混凝土、热拌混凝土、太阳能养护混凝土等多种。

4. 按性能和用途分

混凝土按性能和用途分为：结构混凝土、耐热混凝土、耐火混凝土、不发火混凝土、防水混凝土、绝热混凝土、耐油混凝土、耐酸混凝土、耐碱混凝土、防护混凝土、补偿收缩混凝土、装饰混凝土、道路混凝土、水下浇筑混凝土等多种。

5. 按掺合料分

混凝土按掺合料可分为粉煤灰混凝土、硅灰混凝土、碱矿渣混凝土、纤维混凝土等多种。

6. 按流动性（稠度）分

混凝土按流动性（稠度）分为：干硬性混凝土、塑性混凝土、流动性混凝土、大流动性混凝土。

7. 按配筋情况分

按配筋情况混凝土可分为素混凝土、钢筋混凝土、劲性混凝土、纤维混凝土、预应力混凝土等。

3.1.2 混凝土结构的优缺点

1. 混凝土结构的优点

由于普通混凝土具有优越的技术性能和经济性能，因此，在水利水电工程中能得到广泛的应用。

（1）原材料丰富，造价低廉。混凝土中砂、石骨料约占80%，而砂、石材料资源丰富，可就地取材，造价低廉。

（2）混凝土拌和物有良好的可塑性。混凝土未凝结硬化前，可利用模板浇灌成任何形状及尺寸的整体结构或构件。

（3）性能可以调整。通过改变混凝土组成材料的品种及比例，可制得不同物理受力学性能的混凝土，来满足各种工程的不同需要。

（4）与钢筋有牢固的黏结力。混凝土与钢筋的线膨胀系数基本相同，二者复合成钢筋混凝土后，能保证共同工作，从而大大扩展了混凝土的应用范围。

（5）良好的耐久性。配制合理的混凝土，具有良好的抗冻、抗渗、抗风化及耐腐蚀等性能，比木材、钢材等材料耐久，维护费用低。

（6）生产能耗较低。混凝土生产能耗远小于烧土制品及金属材料。

2. 混凝土结构的缺点

（1）自重大，比强度（强度与表观密度之比）小。每$1m^3$普通混凝土重达2400kg左右，致使在建筑工程中形成肥梁胖柱、厚基础，对高层、大跨度建筑不利。

（2）抗拉强度低。一般其抗拉强度为抗压强度的1/20～1/10，因此受拉时易产生脆性破坏。

（3）导热系数大。普通混凝土导热系数为1.4W/（m·k），为红砖的2倍，故保温隔热性能差。

（4）硬化较慢，生产周期长。在标准条件下养护28d后，混凝土强度增长才趋于稳定，在自然条件下养护的混凝土预制构件，一般要养护7～14d方可投入使用。

3.1.3 混凝土的主要技术性能

混凝土的性能包括两部分：一是混凝土硬化之前的性能，主要有和易性；二是混凝土硬化之后的性能，包括强度、变形性能、耐久性等。

3.2 混凝土的和易性

3.2.1 和易性的概念

由水泥、砂、石子、水、掺合料和外加剂拌和而成的尚未凝固时的拌和物，称为混凝土拌和物，又称新拌混凝土。

和易性是指混凝土拌和物在拌和、运输、浇筑、振捣等过程中，混凝土拌和物能保持其组成成分均匀，不发生分层离析、泌水等现象，适于运输、浇筑、捣实成型等施工作业，并能获得质量均匀、密实的混凝土的性能。和易性反映混凝土拌和物拌和均匀后，在各施工环节中各组成材料能较好地一起流动的特性，是一项综合技术性能，包括流动性、黏聚性和保水性。

（1）流动性是指混凝土拌和物在自重或外力作用下，能产生流动，并均匀密实地填满模板的性能。

（2）黏聚性是指混凝土拌和物在施工过程中其组成材料之间有一定的黏聚力。

（3）保水性是指混凝土拌和物在施工过程中，具有一定的保水能力，不致产生严重泌水的性能。

混凝土拌和物的流动性、黏聚性和保水性，三者是相互联系又是相互矛盾的，当流动性大时，往往黏聚性和保水性差，反之亦然。因此，和易性良好就是要使这3方面的性质达到良好的统一。

3.2.2 和易性的测定方法

混凝土拌和物的和易性内涵比较复杂，难以用一种简单的测定方法和指标来全面恰当得表达。根据《普通混凝土拌和物性能试验方法》（GB/T 50080—2002）规定，用坍落度和维勃稠度来测定混凝土拌和物的流动性，并辅以直观经验来评定黏聚性和保水性。

3.2.2.1 坍落度试验

坍落度试验是用标准坍落圆锥筒测定，该筒为钢皮制成，高度 $H=300$mm，上口直径 $d=100$mm，下底直径 $D=200$mm，试验时，将圆锥置于平台上，然后将混凝土拌和物分3层装入标准圆锥筒内，每层用弹头棒均匀地捣插25次。多余试样用镘刀刮平，然后垂直提取圆锥筒，将圆锥筒与混合料排放于平板上，测量筒高与坍落后混凝土试体最高点之间的高差，即为新拌混凝土的坍落度，以毫米为单位（精确至5mm）。如图2.3.1所示。

坍落度越大，流动性越好。根据混凝土拌和物坍落度 S 大小，可将混凝土进行如下分级：

（1）T_1 低塑性混凝土，$S=10\sim40$mm。

（2）T_2 塑性混凝土，$S=50\sim90$mm。

（3）T_3 流动性混凝土，$S=100\sim150$mm。

（4）T_4 大流动性混凝土，$S\geqslant160$mm。

（5）若 $S\leqslant10$mm 则为干硬性混凝土。

测定坍落度后，观察拌和物的下述性质：

黏聚性：用捣棒在已坍落的拌和物锥体侧面轻轻敲打，如果锥体逐步下沉，表示黏聚性良好；如果突然倒塌，部分崩裂或石子离析，则为黏聚性不好的表现。

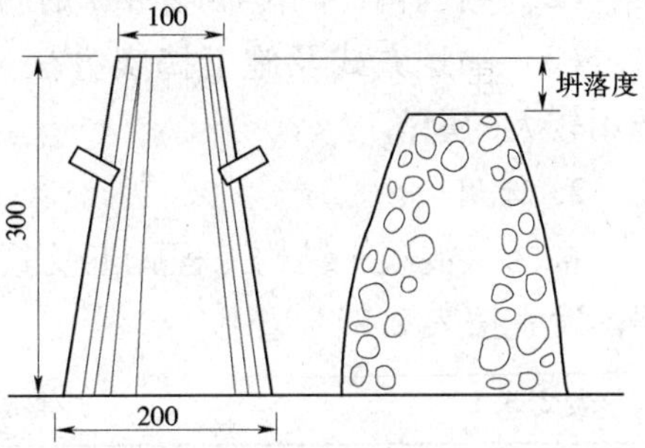

图 2.3.1　混凝土拌和物的坍落度的测定

保水性：当提起坍落度筒后如有较多的稀浆从底部析出，锥体部分的拌和物也因失浆而骨料外露，则表明保水性不好。如无这种现象，则表明保水性良好。

3.2.2.2　维勃稠度试验

开始按坍落度试验的方法将新拌混凝土装入坍落度筒内后再提起坍落度筒，并在拌和物试体顶面上放一透明圆盘，开动振动台用秒表记录时间，从开始振动至透明圆盘底面被水泥浆布满时止，停止秒表，关闭振动台。所经历的时间，以秒计（精确至 1s），即为维勃稠度值。图 2.3.2 表示维勃稠度仪。

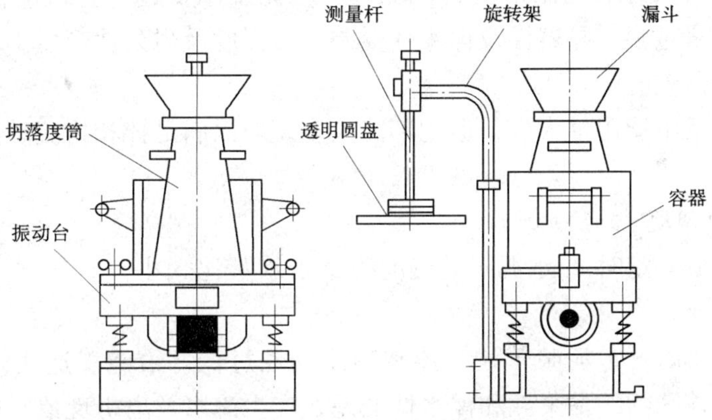

图 2.3.2　维勃稠度仪

根据混凝土拌和物维勃稠度 t 值大小，可将混凝土进行如下分级：

（1）V_0 超干硬性混凝土，$t\geqslant31$s。

（2）V_1 特干硬性混凝土，$t=30\sim21$s。

（3）V_2 干硬性混凝土，$t=20\sim11$s。

（4）V_3 半干硬性混凝土，$t=10\sim5$s。

3.2.3　流动性（坍落度）的选择

1. 原则

（1）结构构件类型及截面尺寸大小。构件截面尺寸较大时，选用较小的坍落度。

（2）结构构件的配筋疏密。钢筋较疏时，选用较小的坍落度。

（3）输送方式及施工捣实方法。机械振捣时，选用较小的坍落度；人工振捣时，选用较大的坍落度。

2. 选用

根据《混凝土结构工程施工及验收规范》（GB 50204—2002）规定，混凝土浇筑的坍落度宜按表 2.3.1 选用。

表 2.3.1　　混凝土浇筑时的坍落度

序号	结构种类	坍落度（mm）
1	基础或地面等的垫层、无配筋的大体积结构（挡土墙、基础等）或配筋稀疏的结构	10～30
2	板、梁或大型及中型截面的柱子等	30～50
3	配筋密列的结构（薄壁、斗仓、筒仓、细柱等）	50～70
4	配筋特密的结构	70～90

3.2.4 影响新拌混凝土的和易性的因素

1. 水泥浆数量的影响

水泥浆作用为填充骨料空隙，包裹骨料形成润滑层，增加流动性。

混凝土拌和物保持水灰比不变的情况下，水泥浆用量越多，流动性越大，反之越小。但水泥浆用量过多，黏聚性及保水性变差，对强度及耐久性产生不利影响。水泥浆用量过小，黏聚性差。

因此，水泥浆不能用量太少，但也不能太多，应以满足拌和物流动性、黏聚性、保水性要求为宜。

2. 水泥浆的稠度

当水泥浆用量一定时，水泥浆的稠度决定于水灰比大小，水灰比（W/C）为用水量与水泥质量之比。

但水灰比过小时，水泥浆干稠，拌和物流动性过低，给施工造成困难。水灰比过大，水泥浆稀使拌和物的黏聚性和保水性变差，产生流浆及离析现象，并严重影响混凝土的强度。

故水灰比大小应根据混凝土强度和耐久性要求合理选用，取值范围为 0.40～0.75 之间。

无论是水泥浆的数量还是水泥浆的稠度，实际上对混凝土拌和物流动性起决定作用的是单位体积用水量的多少，即恒定用水量法则：在配制混凝土时，若所用粗、细骨料种类及比例一定，水灰比在一定范围内（0.4～0.8）变动时，为获得要求的流动性，所需拌和用水量基本是一定的。即骨料一定时，混凝土的坍落度只与单位用水量有关。

3. 砂率的影响

（1）砂率。是指混凝土中砂的质量占砂、石总质量的百分率。

（2）砂率对和易性的影响。砂率过大，孔隙率及总表面积大，拌和物干稠，流动性小；砂率过小，砂浆数量不足，流动性降低，且影响黏聚性和保水性。故砂率大小影响拌和物的工作性及水泥用量。

（3）合理砂率。是指在用水量及水泥用量一定的情况下，能使混凝土拌和物获得最大的流动性，且能保持黏聚性及保水性良好时的砂率值。或指混凝土拌和物获得所要求的流动性及良好的黏聚性及保水性，而水泥用量为最少时的砂率值，如图2.3.3和图2.3.4所示。

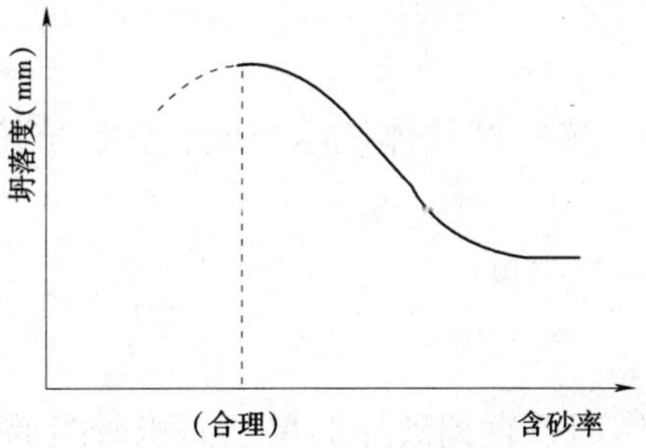

图2.3.3　砂率与坍落度的关系
（水与水泥用量一定）

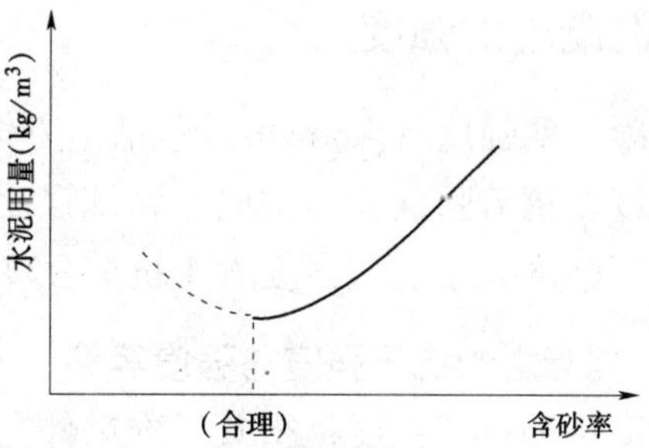

图2.3.4　砂率与水泥用量的关系
（达到相同的坍落度）

4. 组成材料性质的影响

（1）水泥品种的影响。水泥对和易性的影响主要表现在水泥的需水性上。使用不同水泥拌制的混凝土其和易性由好至坏：粉煤灰水泥—普通水泥、硅酸盐水泥—矿渣水泥（流动性大，但黏聚性差）—火山灰水泥（流动性差，但黏聚性和保水性好）。

（2）骨料性质的影响。

1）最大粒径：粒径越大，总比表面积越小，拌和物流动性大；

2）品种：卵石拌制的混凝土拌和物优于碎石；

3）级配：具有优良级配的混凝土拌和物具有较好的和易性和保水性。

5. 外加剂的影响

外加剂（如减水剂、引气剂等）对混凝土的和易性有很大的影响。少量的外加剂能使混凝土拌和物在不增加水泥用量的条件下，获得良好的和易性。不仅流动性显著增加，而且还有效地改善拌和物的黏聚性和保水性。

6. 拌和物存放时间及环境温度的影响

（1）温度的影响。环境温度升高，水分蒸发及水化反应加快，相应坍落度下降。

（2）时间的影响。时间延长，水分蒸发，坍落度下降。

7. 施工工艺

同样的配合比设计：机械拌和时坍落度大于人工拌和时坍落度，且搅拌时间长，则坍落度大。

3.2.5　改善新拌混凝土和易性的措施

（1）调节混凝土的材料组成。

1）采用合理砂率，并尽可能使用较低的砂率。

2）改善砂、石的级配。

3）在可能的条件下，尽量采用较粗的砂、石。

4）当拌和物坍落度太小时，保持水灰比不变，增加适量的水泥浆；当拌和物坍落度太大时，保持砂率不变，增加适量的砂石。

（2）掺加各种外加剂（如减水剂、引气剂等）。

（3）提高振捣机械的效能。

3.3 混凝土的强度

混凝土的强度（Strength）包括立方体抗压强度、棱柱体抗压强度、劈裂抗拉强度、抗弯强度、抗剪强度和与钢筋的黏结强度等。

抗压强度大于抗弯强度大于抗剪强度大于抗拉强度。

3.3.1 混凝土的抗压强度与强度等级

混凝土的抗压强度是指其标准试件在压力作用下直到破坏的单位面积所能承受的最大应力。常作为评定混凝土质量的指标，并作为确定强度等级的依据。

1. 立方体抗压强度（f_{cu}）

按照标准的制作方法制成边长为150mm的立方体试件，在标准养护条件下（温度20±3℃，相对湿度90%以上），养护至28d龄期，按照标准的测定方法测定其抗压强度值，称为“混凝土立方体试件抗压强度”（简称“立方抗压强度”以f_{cu}表示），以MPa计。

2. 立方体抗压强度标准值（$f_{cu,k}$）

按照标准方法制作和养护的边长为150mm的立方体试件，在28d龄期，用标准试验测定的抗压强度总体分布中的一个值，强度低于该值的百分率不超过5%（即具有95%保证率的抗压强度）的强度。

3. 强度等级

混凝土强度等级是根据立方体抗压强度标准值来确定的。它的表示方法是用“C”和“立方体抗压强度标准值”2项内容表示，如：“C30”即表示混凝土立方体抗压强度标准值$f_{cu,k}=30\text{MPa}$。

普通混凝土按立方体抗压强度标准值划分为：C7.5、C10、C15、C20、C25、C30、C35、C40、C45、C50、C55、C60、C65、C70、C75、C80等16个强度等级。

4. 混凝土强度等级的实用意义

（1）C15以上：用于垫层、基础、地坪及受力不大的结构。

（2）C20以上：用于普通混凝土结构的梁、板、柱、楼梯及屋架。

（3）C30以上：用于预应力钢筋混凝土结构、吊车梁及特种构件等。

5. 混凝土的轴心抗压强度（f_{cp}）

轴心抗压强度采用150mm×150mm×300mm的棱柱体作为标准试件，如有必要，也可采用非标准尺寸的棱柱体试件，但其高宽比（h/a）应在2~3的范围。在钢筋混凝土结构计算中，计算轴心受压构件时，都采用混凝土的轴心抗压强度f_{cp}作为设计依据。f_{cp}比同截面的f_{cu}小，且h/a越大，f_{cp}越小。在立方体抗压强度为10~55MPa范围内时，$f_{cp}\approx(0.70\sim0.80)f_{cu}$。

3.3.2 混凝土的抗拉强度

混凝土的抗拉强度只有抗压强度的1/10～1/20，故在结构设计中，不考虑混凝土承受拉力，而是在混凝土中配以钢筋，由钢筋来承受拉力 。但确定抗裂度时，须考虑抗拉强度，它是结构设计中确定混凝土抗裂度的主要指标。

试验方法：劈裂法，测出强度为劈裂抗拉强度f_{ts}。

混凝土的劈裂抗拉强度与混凝土标准立方体抗压强度之间的关系，可用经验公式表示

$$f_{ts}=0.35f_{cu}^{3/4}$$

3.3.3 混凝土与钢筋的黏结强度

强度主要来源：混凝土与钢筋间的摩擦力、钢筋与水泥石间的黏结力、变形钢筋的表面机械咬合力。

影响因素：混凝土质量（强度）、钢筋尺寸及种类、钢筋在混凝土中的位置、加载类型、干湿变化和温度变化等。

3.3.4 影响混凝土强度的因素

混凝土破坏的几种情况：①硬化水泥石与骨料间破坏（与水泥强度、水灰比、骨料性质有关）；②硬化水泥石的破坏（水泥石强度有关）；③骨料本身的破坏（与骨料强度有关）。影响混凝土强度的主要因素有材料组成、制备方法、养护条件、试验条件等。

1. 材料组成对混凝土强度的影响

（1）水泥的强度和水灰比

$$f_{cu}=\alpha_a f_{ce}(C/W-\alpha_b)$$

式中 f_{cu}——混凝土28d龄期的立方体抗压强度，MPa；

f_{ce}——水泥实际强度，MPa，可取$f_{ce}=1.13\times f_{ce,k}$，$f_{ce,k}$为水泥强度的标准值；

C/W——灰水比；

α_a、α_b——回归系数，碎石：$\alpha_a=0.46$；$\alpha_b=0.07$ ；卵石：$\alpha_a=0.48$；$\alpha_b=0.33$。

以上经验公式一般只适用于流动性混凝土、低流动性混凝土 ，不适用于干硬性混凝土。

（2）骨料的影响。当骨料级配良好、砂率适当时，由于组成了坚强密实的骨架，有利于混凝土强度的提高。如果混凝土骨料中有害杂质较多，品质低，级配不好时，会降低混凝土的强度。

2. 养护条件对混凝土强度的影响

（1）温度及湿度。养护温度高，水泥水化速度快，混凝土强度的发展也快；反之，在低温下混凝土强度发展迟缓。当温度降到冰点以下时，水泥将停止水化，强度停止发展，而且易使硬化的混凝土结构遭到破坏。因此，冬季施工时，混凝土应特别注意保温养护，防止早期受冻破坏。温度对强度发展的影响如图2.3.5所示。

水是水泥水化的必要条件。如果湿度不够，水泥水化反应不能正常进行，甚至停止水化，会严重降低混凝土强度。因此在混凝土浇筑完毕后，应在12h内进行覆盖；在夏

季施工的混凝土，要特别注意浇水保湿。湿度对强度发展的影响如图 2.3.6 所示。

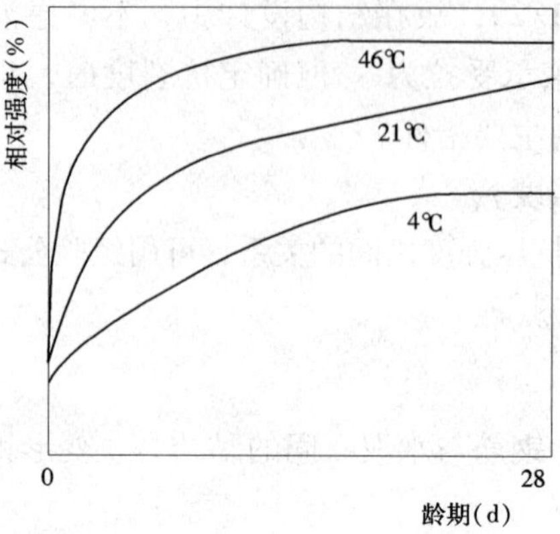

图 2.3.5　温度对强度发展的影响

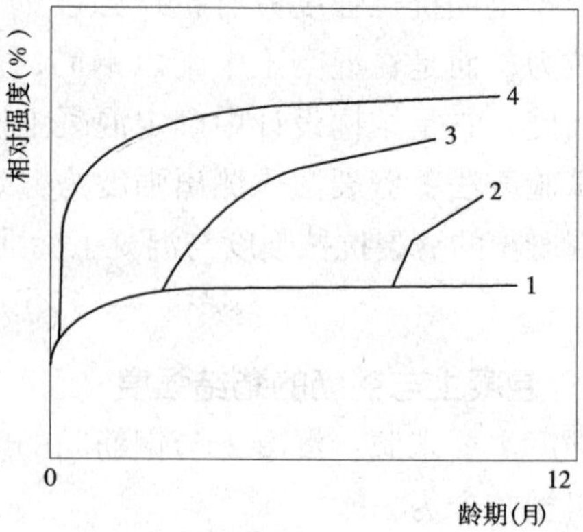

图 2.3.6　湿度对强度发展的影响

1—空气养护；2—九个月后水中养护；3—三个月后水中养护；4—标准湿度条件下养护

（2）龄期。龄期是指混凝土在正常养护条件下所经历的时间。混凝土的强度随龄期的增长而提高，早期显著，后期缓慢。普通水泥配制的混凝土，在标准养护条件下，其强度发展大致与龄期的常用对数成正比关系，其经验公式为

$$\frac{f_n}{f_{28}}=\frac{\lg n}{\lg 28}$$

式中　f_n——混凝土 nd 龄期的抗压强度，MPa；

f_{28}——混凝土 28d 龄期的抗压强度，MPa；

n——养护龄期，d，$n\geqslant 3$。

根据上式，可估算混凝土 28d 的强度，或推算 28d 前混凝土达到某一强度需要养护的天数，如确定生产施工进度：混凝土的拆模、构件的起吊、放松预应力钢筋、制品堆放、出厂等的日期。

3. 试验条件对混凝土强度的影响

试验条件包括试件形状与尺寸、试件湿度、温度、表面状态、加载方式等。

（1）试件尺寸。相同混凝土试件的尺寸越小，测得的混凝土的强度就越高。我国标准规定，采用边长为 150mm 的立方体试件作为标准试件，当采用非标准试件时，所测得的抗压强度应乘以表 2.3.2 所列的换算系数。

表 2.3.2　　混凝土试件不同尺寸的强度换算系数

骨料最大粒径（mm）	试件尺寸（mm×mm×mm）	换算系数
30	100×100×100	0.95
40	150×150×150	1
60	200×200×200	1.05

（2）试件的形状。当试件受压面积相同，而高度不同时，高宽比越大，抗压强度越小。这是由于环箍效应所致。当试件受压时，试件受压面与试件承压板之间的摩擦力，对试件相对于承压板的横向膨胀起着约束作用，该约束有利于强度的提高。

（3）表面状态。混凝土试件承压面的状态，也是影响混凝土强度的重要因素。当试件受压面有润滑剂时，试件受压时的环箍效应大大减小，测出的强度值较低。如图2.3.7、图2.3.8、图2.3.9所示。

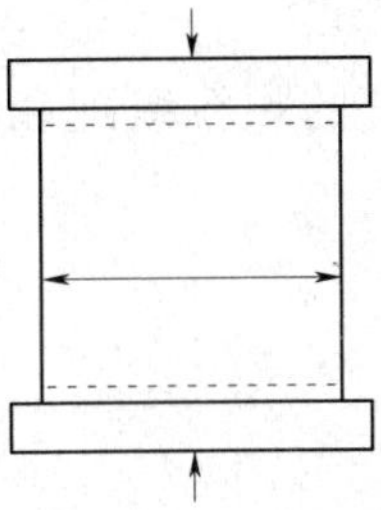

图2.3.7　压力机压板约束作用

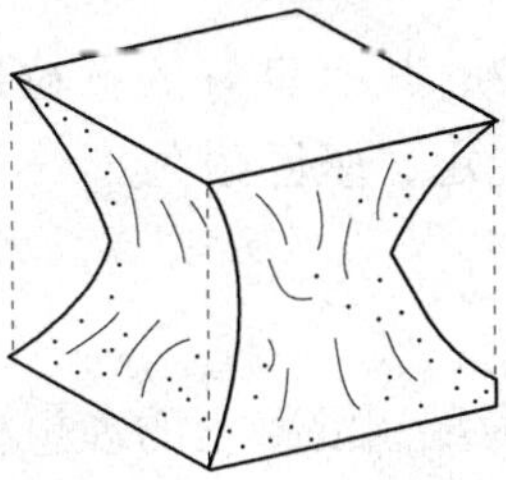

图2.3.8　试件破坏后残存的棱锥体

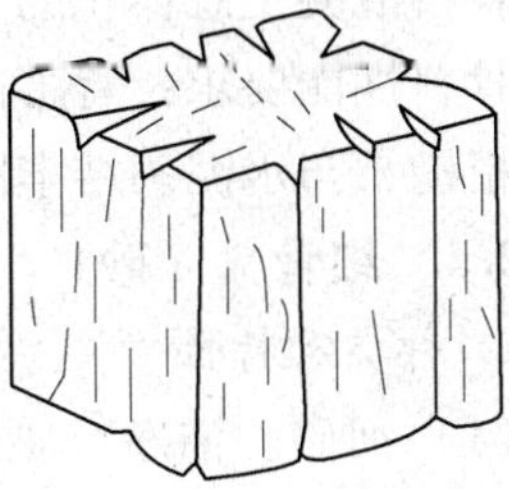

图2.3.9　不受压板约束时对试件的破坏情况

（4）加荷速度。加荷速度越大，测得的强度值也越大。

3.3.5　提高混凝土强度的措施

（1）选用高强度水泥和早强型水泥。

（2）采用低水灰比的干硬性混凝土。

（3）掺加混凝土外加剂和掺合料。

（4）采用湿热处理——蒸汽养护和蒸压养护。

（5）采用机械搅拌和振捣。

3.4　混凝土组成材料

普通混凝土组成材料是水泥、天然砂、石、水、掺合剂和外加剂。其组成过程为：水＋水泥 → 水泥浆＋砂 → 水泥砂浆＋粗骨料 →混凝土 。

各成分的作用：

（1）水泥浆能充填砂的空隙，起润滑作用，赋予混凝土拌和物一定的流动性。

（2）水泥砂浆能充填石子的空隙，起润滑作用，也能流动。

（3）水泥浆在混凝土硬化后起胶结作用，将砂石胶结成整体，产生强度。

由上可知，在混凝土硬化前，水泥浆起润滑作用，赋予混凝土拌和物一定的流动，便于施工。水泥浆硬化后起胶结作用，将砂石骨料胶结成整体，产生强度。

3.4.1　水泥

1. 水泥品种的选择

水泥品种应根据工程性质及特点、工程所处环境及施工条件，依据各种水泥的特性，合理选择。

2. 水泥强度等级的选择

选用原则为选择与混凝土的设计强度等级相适应的水泥标号。

（1）普通混凝土。水泥强度等级为混凝土强度等级的1.5~2.0倍。

（2）高强度混凝土（C>30）：水泥标号为混凝土强度等级的0.9~1.5倍。

3.4.2 骨料

细骨料的粒径为0.15 ~4.75mm；粗骨料的粒径大于4.75mm。通常细、粗骨料的总体积占混凝土总体积的70% ~80% 。

骨料性能要求：有害杂质含量少；具有良好的颗粒形状，适宜的颗粒级配和细度，表面粗糙，与水泥黏结牢固；性能稳定，坚固耐久。

3.4.2.1 细骨料（砂）

1. 种类及特性

（1）河砂。洁净、质地坚硬，为配制混凝土的理想材料。

（2）海砂。质地坚硬，但夹有贝壳碎片及可溶性盐类。

（3）山砂。含有黏土及有机杂质，坚固性差。

（4）人工砂。富有棱角，比较洁净，但细粉、片状颗较多，成本高。

2. 混凝土用砂质量要求

一般要求：质地坚实、清洁、有害杂质含量少。

（1）含泥量和泥块含量。天然砂含泥量和泥块含量应分别符合表2.3.3的规定。

表2.3.3　天然砂含泥量和泥块含量

项　目	指　标		
	Ⅰ类	Ⅱ类	Ⅲ类
含泥量（按质量计）（%）	<1.0	<3.0	<5.0
泥块含量（按质量计）（%）	0	<1.0	<2.0

泥块含量指集料中颗粒粒径大于5mm，经水洗手捏后可碎或小于2.5mm的块状黏土含量，其中也包含有砂及石屑的泥团。

（2）有害物质含量。砂中不应混有草根、树叶、树枝塑料等杂物，如含有云母、有机物及硫酸盐等，其含量应符合表2.3.4的规定。

表2.3.4　砂中有害物质含量

项　目	指　标		
	Ⅰ类	Ⅱ类	Ⅲ类
云母（按质量计）（%）	<1.0	<2.0	<2.0
轻物质（按质量计）（%）	<1.0	<1.0	<1.0
有机物（比色法）	颜色不应深于标准色，当颜色深于标准色时，应按水泥胶砂强度试验方法进行强度对比试验，抗压强度比不应低于0.95		
硫化物及硫酸盐（按 SO_3 质量计）（%）	<0.5	<0.5	<0.5
氯化物（以氯离子质量计）（%）	<0.01	<0.02	<0.06

有害物质产生危害的原因：

1）泥块阻碍水泥浆与砂粒结合，使强度降低；含泥量过大，会增加混凝土用水量，从而增大混凝土收缩；

2）云母表面光滑，为层状、片状物质，与水泥浆黏结力差，易风化，影响混凝土强度及耐久性；

3）泥块阻碍水泥浆与砂粒结合，使强度降低；

4）硫化物及硫酸盐：对水泥起腐蚀作用，降低混凝土的耐久性；

5）有机质可腐蚀水泥，影响水泥的水化和硬化。

3. 砂的粗细程度（Mx）及颗粒级配

砂的粗细程度是指不同粒径的砂粒，混合在一起后总体砂的粗细程度。通常分为粗砂、中砂、细砂等几种。在相同砂用量条件下，粗砂的总表面积比细砂小，则所需要包裹砂粒表面的水泥浆少。因此，用粗砂配制混凝土比用细砂所用水泥量要省。

砂的颗粒级配是指不同粒径砂颗粒的分布情况。在混凝土中砂粒之间的空隙是由水泥浆所填充，为节省水泥和提高混凝土的强度，就应尽量减少砂粒之间的空隙。要减少砂粒之间的空隙，就必须有大小不同的颗粒合理搭配。

砂的粗细程度及颗粒级配，常用筛分析方法进行测定。砂的粗细程度用细度模数表示，颗粒级配用级配区表示。

筛分析方法：用一套方孔孔径为9.50mm、4.75mm、2.36mm、1.18mm、0.6mm、0.3mm、0.15mm的7个标准筛，将500g干砂试样由粗到细依次过筛，然后称量余留在各筛上的砂量，并计算出各筛上的分计筛余百分率（各筛上的筛余量占砂子总量的百分率）a_1、a_2、a_3、a_4、a_5、a_6及累计筛余百分率（各筛和比该筛粗的所有分计筛余百分率之和）A_1、A_2、A_3、A_4、A_5、A_6计算而得，即

$$A_i = a_1 + a_2 + \cdots + a_i$$

如：对于2.36mm孔径，其分计筛余百分率为a_2，累计筛余百分率为（$a_1 + a_2$）。

其中$a_1 = m_1/500$，$a_2 = m_2/500$，$a_3 = m_3/500$，以此类推。m_1，m_2，m_3等分别为对应各筛的筛余量。分计筛余百分率与累计筛余百分率的关系见表2.3.5。

表2.3.5　分计筛余百分率与累计筛余百分率的关系

筛孔尺寸（mm）	分计筛余（%）	累计筛余（%）	筛孔尺寸（mm）	分计筛余（%）	累计筛余（%）
4.75	a_1	$A_1 = a_1$	0.6	a_4	$A_4 = a_1 + a_2 + a_3 + a_4$
2.36	a_2	$A_2 = a_1 + a_2$	0.3	a_5	$A_5 = a_1 + a_2 + a_3 + a_4 + a_5$
1.18	a_3	$A_3 = a_1 + a_2 + a_3$	0.15	a_6	$A_6 = a_1 + a_2 + a_3 + a_4 + a_5 + a_6$

注　其中0.6mm为控制粒径，它使任一砂样只能处于某一级配区内，不会同时属于2个级配区。

（1）砂的粗细程度。砂的粗细程度用细度模数（M_x）表示。

细度模数（M_x）通过累计筛余百分率（Cumulative percentage retained）计算而得。

$$M_x = \frac{(A_2 + A_3 + A_4 + A_5 + A_6) - 5A_1}{100 - A_1}$$

按 M_x 将砂分为：

粗砂：$M_x = 3.7 \sim 3.1$；中砂：$M_x = 3.0 \sim 2.3$；

细砂：$M_x = 2.2 \sim 1.6$；特细砂：$M_x = 1.5 \sim 0.7$；

普通混凝土用砂的细度模数：$M_x = 3.7 \sim 1.6$。

（2）砂的颗粒级配。砂的颗粒级配：骨料各级粒径颗粒的分布情况，以级配区或筛分曲线判定砂级配的合格性。

1）级配区。砂按0.6mm孔径筛的累计筛余百分率，划分成3个级配区即Ⅰ区、Ⅱ区、Ⅲ区，见表2.3.6。普通混凝土用砂的颗粒级配应处于任何一个区内，否则不合格。

表2.3.6　　砂的颗粒级配区

级配区累计筛余方孔筛径（mm）	Ⅰ区	Ⅱ区	Ⅲ区	级配区累计筛余方孔筛径（mm）	Ⅰ区	Ⅱ区	Ⅲ区
9.50	0	0	0	0.6	85 ~ 71	70 ~ 41	40 ~ 16
4.75	10 ~ 0	10 ~ 0	10 ~ 0	0.3	95 ~ 80	92 ~ 70	85 ~ 55
2.36	35 ~ 5	25 ~ 0	15 ~ 0	0.15	100 ~ 90	100 ~ 90	100 ~ 90
1.18	65 ~ 35	50 ~ 10	25 ~ 0				

2）筛分曲线。以累计筛余百分率为纵坐标，以筛孔尺寸为横坐标，作出3个级配区的筛分曲线。观察所计算的砂的筛分曲线是否完全落在3个级配区的任一区内，即可判断该砂级配的合格性。筛分曲线如图2.3.10所示。

4. *砂的选用原则*

（1）一般配制混凝土时，宜优先选用Ⅱ区砂。

（2）若选用Ⅰ区砂，应该适当提高砂率，保证水泥用量。

（3）若选用Ⅲ区砂，应该适当降低砂率，保证强度。

（4）若某一地区砂料过细，可采用人工级配。

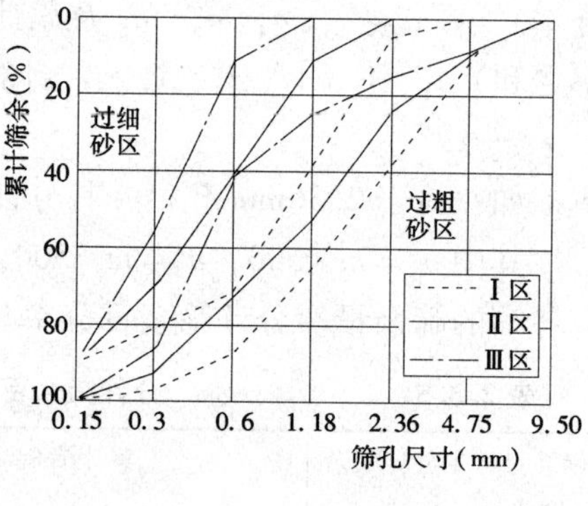

图2.3.10　筛分曲线

3.4.2.2　粗骨料

粗骨料为粒径大于4.75mm的岩石颗粒，分为卵石和碎石两类。

卵石（砾石）包括河卵石、海卵石和山卵石等，其中河卵石应用较多。碎石大多由天然岩石经破碎筛分而成。碎石和卵石按技术要求分为Ⅰ类、Ⅱ类、Ⅲ类3种类别。Ⅰ类宜用于强度等级大于C60的混凝土；Ⅱ类宜用于强度等级为C30 ~ C60及抗冻、抗渗或其他要求的混凝土；Ⅲ类宜用于强度等级小于C30的混凝土。

1. *质量及技术要求*

（1）含泥量及泥块含量，其含量应分别符合表2.3.7的规定。

（2）有害物质含量，其含量应分别符合表2.3.8的规定。

表 2.3.7　　卵石、碎石含泥量和泥块含量

项　目	指　标		
	Ⅰ类	Ⅱ类	Ⅲ类
含泥量（按质量计）（%）	<0.5	<1.0	<1.5
泥块含量（按质量计）（%）	0	<0.5	<0.7

表 2.3.8　　卵石、碎石中有害物质含量

项　目	指　标		
	Ⅰ类	Ⅱ类	Ⅲ类
有机物	合格	合格	合格
硫化物及硫酸盐（按 SO_3 质量计）（%）	<0.5	<1.0	<1.0

2. 强度

碎石强度采用岩石立方体抗压强度和碎石的压碎指标两种方法检验。

（1）岩石立方体抗压强度检验，是将碎石的母岩制成直径余高均为 50mm 的圆柱体或边长为 50mm 的立方体，在水饱和状态下，测定其极限抗压强度值。一般要求碎石母岩岩石的抗压强度不小于混凝土抗压强度的 1.5 倍，还要考虑母岩的风化程度。

（2）压碎指标是指将一定质量气干状态的 10～20mm 的石子，按一定的方法装入压碎指标值测定仪内，上面加压头后放在试验机上，均匀加荷到 200kN，卸荷后称取试样质量（G_0），再用孔径为 2.36mm 的筛进行筛分，称取试样的筛余量（G_1），压碎指标 Q_c 计算公式为

$$Q_c = \frac{G_0 - G_1}{G_0} \times 100\%$$

压碎指标应符合表 2.3.9 及表 2.3.10 要求。

表 2.3.9　　碎石的压碎指标值

岩石品种	混凝土强度等级	碎石压碎值指标（%）
沉积岩	C60～C40	≤C10
	≤C35	≤C16
变质岩或深成的火成岩	C60～C40	≤C12
	≤C35	≤C20
喷出的火成岩	C60～C40	≤C13
	≤C35	≤C30

表 2.3.10　　卵石的压碎指标值

混凝土强度等级	C60～C40	≤C35
压碎值指标（%）	≤C12	≤C16

3. 颗粒形状及表面特征

粗骨料比较理想的颗粒形状为三维长度相等或相近的立方体或球形颗粒而三维长度相差较大的针、片状颗粒粒形较差。颗粒长度大于平均粒径 2.4 倍为针状颗粒，颗粒厚度小于平均粒径 0.4 倍的为片状颗粒。平均粒径为一个粒级的骨料其上、下限粒径的算术平均值。

骨料表面的粗糙程度及孔隙特征影响混凝土的强度。

（1）卵石。光滑少棱角，孔隙率及总表面积小，工作性好，水泥用量少，但黏结力差，强度低。

（2）碎石。多棱角，孔隙率及总表面积大，工作性差，水泥用量多，但黏结力强，强度高。在相同条件下，碎石混凝土比卵石混凝土的强度高 10% 左右。

4. 最大粒径和颗粒级配

（1）最大粒径。粗骨料公称粒级的上限称该粒级的最大粒径。

最大粒径的选用原则：质量相同的石子，粒径越大，总表面积越小，越节约水泥，故尽量选用大粒径石子。同时应综合考虑以下几点：

1）结构上考虑建筑构件的截面尺寸及配筋疏密的要求，例如，钢筋混凝土：粗骨料最大粒径小于 1/4 结构截面最小尺寸且小于 3/4 钢筋间最小净距，混凝土实心板：粗骨料最大粒径不宜超过 1/2 板厚且不超过 50mm。

2）从施工方面考虑要求根据搅拌、运输、振捣方式，选择合适的粒径。对泵送混凝土，碎石最大粒径与输送管内径之比，宜小于或等于 1∶3，卵石宜小于或等于 1∶2.5。

3）从经济上考虑，粒径越大，水泥用量越小。

当最大粒径小于 80mm 时，节约效果显著，粒径再大，节约效果不明显。故一般取粒径小于 80mm。

（2）颗粒级配 。良好的级配可减小孔隙率，节约水泥，提高密实度及良好的工作性。粗骨料的级配也是通过筛分试验来确定，其方孔标准筛为孔径 2.36mm、4.75mm、9.50mm、16mm、19mm、26.5mm、31.5mm、37.5mm、53.0mm、63.0mm、75.0mm 及 90mm 共 12 个筛孔，分计筛余百分量和累计筛余百分量计算均与砂相同。

粗骨料的级配有连续级配和间断级配两种。

1）连续级配：石子颗粒尺寸由小到大连续分级，每级骨料都占有一定比例，如天然卵石。通常工程中多采用连续级配的石子。

2）间断级配：人为剔除某些中间粒级颗粒，用小颗粒的粒级直接和大颗粒的粒级相配，颗粒级差大，空隙率的降低比连续继配快得多，可最大限度地发挥骨料的骨架作用，减少水泥用量。但混凝土拌和物易产生离析现象，工程应用较少。

3.5 混凝土的配合比设计

混凝土配合比：是指混凝土各组成材料数量间的关系。这种关系常用两种方法表示：

（1）单位用量表示法。以每 $1m^3$ 混凝土种各种材料的用量表示（例如水泥：水：砂：石子 = 330kg：150kg：706kg：1264kg）。

（2）相对用量表示。以水泥的质量为 1，并按“水泥：砂：石子：水灰比（水）”的顺序排列表示（例如 1：2.14：3.82；W/C = 0.45）。

混凝土配合比设计：确定这种数量比例关系的工作叫混凝土配合比设计。

3.5.1　混凝土配合比设计的基本要求

配合比设计的任务：根据原材料的技术性能及施工条件，确定出能满足工程所要求的技术经济指标的各项组成材料的用量。基本要求：满足结构物设计强度的要求；满足施工工作性的要求；满足环境耐久性的要求；满足经济的要求。

3.5.2　混凝土配合比设计的资料准备

（1）了解工程设计要求的混凝土强度等级，以便确定混凝土配制强度。

（2）了解工程所处环境对混凝土耐久性的要求，以便确定所配制混凝土的最大水灰比和最小水泥用量。

（3）了解结构构件断面尺寸及钢筋配置情况，以便确定混凝土骨料的最大粒径。

（4）了解混凝土施工方法及管理水平，以便选择混凝土拌和物坍落度及骨料最大粒径。

（5）掌握原材料的性能指标，包括：水泥的品种、标号、密度；砂、石骨料的种类、表观密度、级配、石子、最大粒径；拌和用水的水质情况；外加剂的品种、性能、适宜掺量。

3.5.3　混凝土配合比设计的方法与原理

1. 体积法

假定混凝土拌和物的体积等于各组成材料绝对体积和混凝土拌和物中所含空气体积之和

$$\frac{m_{c0}}{\rho_c}+\frac{m_{g0}}{\rho_g}+\frac{m_{s0}}{\rho_s}+\frac{m_{w0}}{\rho_w}+0.01\alpha=1$$

$$\beta_s=\frac{m_{s0}}{m_{s0}+m_{g0}}\times 100\%$$

式中　m_{c0}——每 $1m^3$ 混凝土的水泥用量，kg；

m_{g0}——每 $1m^3$ 混凝土的粗骨料用量，kg；

m_{s0}——每 $1m^3$ 混凝土的细骨料用量，kg；

m_{w0}——每 $1m^3$ 混凝土的用水量，kg；

β_s——砂率，%；

ρ_c——水泥密度，kg/m^3，可取 2900 ~ 3100，kg/m^3；

ρ_s——细骨料的表观密度，kg/m^3；

ρ_g——粗骨料的表观密度，kg/m^3；

ρ_w——水的密度，kg/m^3，可取 $1000kg/m^3$；

α——混凝土的含气百分数，%，在不使用引气型外加剂时，可取1。

2. 质量法（假定表观密度法）

该法假定混凝土拌和物的表观密度为一固定值，混凝土拌和物各组成材料的单位用量之和即为其表观密度。因此可列出以下两式

$$m_{c0}+m_{g0}+m_{s0}+m_{w0}=m_{cp}$$

$$\beta_s=\frac{m_{s0}}{m_{s0}+m_{g0}}\times 100\%$$

式中 m_{c0}——每1m^{3}混凝土的水泥用量，kg；

m_{g0}——每1m^{3}混凝土的粗骨料用量，kg；

m_{s0}——每1m^{3}混凝土的细骨料用量，kg；

m_{w0}——每1m^{3}混凝土的用水量，kg；

β_s——砂率，%；

m_{cp}——每1m^{3}混凝土拌和物的假定重量，kg，其值可取2400～2450kg。

3.5.4 混凝土配合比设计的依据

1. 混凝土配合比设计基本参数的确定

混凝土包括4个基本变量（材料参数）：水泥、水、砂子、石子。它们之间的关系为：

（1）水和水泥的关系（水灰比）。

（2）砂和石子的关系（砂率）。

（3）水泥浆与骨料的关系（单位用水量）。

基本原则是：

（1）在满足混凝土强度和耐久性的基础上，确定混凝土的水灰比。

（2）在满足混凝土施工要求的和易性基础上，根据粗骨料的种类和规格，确定混凝土的单位用水量。

（3）砂在细骨料中的数量应以填充石子空隙后略有富余的原则来确定。

2. 混凝土配合比设计的算料基准

1m^{3}混凝土中各材料用量为基准；计算时骨料以干燥状态为基准。

3.5.5 配合比设计的计算步骤

1. 确定混凝土配制强度（$f_{cu,0}$）

混凝土配制强度为

$$f_{cu,0}=f_{cu,k}+1.645\sigma$$

式中 $f_{cu,0}$——混凝土配制强度，MPa；

$f_{cu,k}$——混凝土立方体抗压强度标准值，MPa；

σ——混凝土强度标准差，MPa。

混凝土σ可按表2.3.11取值。

表 2.3.11 **混凝土σ取值**

混凝土强度等级	<C20	C20~C35	>C35
σ（MPa）	4.0	5.0	6.0

2. 确定水灰比（W/C）

（1）混凝土水灰比计算。混凝土水灰比计算公式为

$$\frac{W}{C}=\frac{\alpha_a f_{ce}}{f_{cu,0}+\alpha_a \cdot \alpha_b \cdot f_{ce}}$$

式中 α_a、α_b——回归系数；

f_{ce}——水泥28d抗压强度实测值，N/mm^2。

无水泥实际强度数据时，f_{ce}值可按下式确定

$$f_{ce}=\gamma_c f_{ce,g}$$

式中 $f_{ce,g}$——水泥强度等级值；

γ_c——水泥强度等级标准值的富余系数，该值应按实际统计资料确定。

（2）回归系数的确定。回归系数 α_a 和 α_b 宜按下列规定确定。

1）回归系数 α_a 和 α_b 应根据工程所使用的水泥、骨料和通过试验建立水灰比与混凝土强度关系式确定。

2）当不具备上述试验统计资料时其回归系数，对碎石混凝土 α_a 可取0.46，α_b 可取0.07；对卵石混凝土 α_a 可取0.48，α_b 可取0.33。

为了保证混凝土的耐久性，如计算所得的水灰比大于规定的最大水灰比值时，应取规定的最大水灰比值。

3. 选定混凝土单位拌和用水量（m_{w0}）

（1）干硬性和塑性混凝土用水量的确定。根据所用骨料的种类、最大粒径及施工所要求的坍落度值，查表2.3.12、表2.3.13，选取$1m^3$混凝土的用水量。

（2）流动性和大流动性混凝土的用水量计算。

1）以上表中坍落度90mm的用水量为基础，按坍落度每增大20mm，用水量增加5kg，计算出未掺外加剂时混凝土的用水量。

表 2.3.12 **干硬性混凝土的用水量**

拌和物稠度		卵石最大粒径（mm）			碎石最大粒径（mm）		
项目	指标	10	20	40	16	20	40
维勃稠度（s）	16~20	175	160	145	180	170	155
	11~15	180	165	150	185	175	160
	5~10	185	170	155	190	180	165

表 2.3.13　塑性混凝土的用水量

拌和物稠度		卵石最大粒径（mm）				碎石最大粒径（mm）			
项目	指标	10	20	31.5	40	16	20	31.5	40
坍落度（mm）	10～30	190	170	160	150	200	185	175	165
	35～50	200	180	170	160	210	195	185	175
	55～70	210	190	180	170	220	205	195	185
	75～90	215	195	185	175	230	215	205	195

2）掺外加剂时的混凝土用水量计算公式为

$$m_{wa}=m_{w0}(1-\beta)$$

式中　m_{wa}——掺外加剂时，每 $1m^3$ 混凝土的用水量，kg；

m_{w0}——未掺外加剂时，每 $1m^3$ 混凝土的用水量，kg；

β——外加剂的减水率,%；应经试验确定。

4. 确定单位水泥用量（m_{c0}）计算公式为

$$m_{c0}=\frac{m_{w0}}{W/C}$$

为保证混凝土的耐久性，由上式计算求得的 m_{c0} 还应满足规定的最小水泥用量，如计算所得的水泥用量小于规定的最小水泥用量时，应取规定的最小水泥用量值。

5. 确定砂率（β_s）

（1）查表法。根据骨料的种类、最大粒径、水灰比按表 2.3.14 选用。

表 2.3.14　混凝土的砂率（%）

水灰比	卵石最大粒径（mm）			碎石最大粒径（mm）		
	10	20	40	16	20	40
0.40	26～32	25～31	24～30	30～35	29～34	27～32
0.50	30～35	29～34	28～33	33～38	32～37	30～35
0.60	33～38	32～37	31～36	36～41	35～40	33～38
0.70	36～41	35～40	34～39	39～44	38～43	36～41

（2）计算法。砂率即混凝土中砂的用量占骨料总量的百分率，计算公式为

$$\beta_s=\frac{m_{s0}}{m_{s0}+m_{g0}}\times 100\%$$

根据以上公式可计算出单位砂、石用量 m_{g0}、m_{s0}。

6. 写出混凝土计算配合比

$1m^3$ 混凝土材料用量：水泥：砂：石：水＝1：x：y：z，$W/C=z$。

3.5.6　试配及基准配合比的确定

由于混凝土性能具有极大波动性，受原材料及施工方法的影响较大，通过计算得到

的初步配合比不能直接用于实际工程，必须在试验室经过试配检验，实测并调整拌和物的和易性，使之满足设计要求，确定出和易性满足要求的基准配合比。

为了检验和易性，至少试拌 15L 混凝土，按照计算得到的初步配合比称量各材料量分别为 $C_{拌}$、$W_{拌}$、$S_{拌}$、$G_{拌}$，按标准方法搅拌均匀，测定该拌和物的坍落度或维勃稠度，并目测观察黏聚性和保水性。如果坍落度或维勃稠度不满足要求，或黏聚性和保水性不良，则要保持水灰比不变适当调整用水量和砂率。调整的原则是，当拌和物过于黏稠，流动性指标过小（坍落度值小或维勃稠度值大）时，保持水灰比不变增加水泥和水各 5% ~10%；如果流动性指标过大，或者保水性不好，泌水量较大，则适当增加粗骨料和细骨料各 5% ~10%。调整直到和易性满足要求为止，并记录各材料的调整量 ΔC、ΔW、ΔS、ΔG，然后测定拌和物的表观密度 $\rho_{c,t}$。根据这些数据可计算出混凝土的基准配合比，即经实际测量和易性满足要求的配合比。计算过程及公式如下。

1. 计算试配的混凝土拌和物中各材料的用量

试配的混凝土拌和物中各材料的用量，等于初始用量加上调整量，按下式计算

水泥：　$C' = C_{拌} + \Delta C$

水：　$W' = W_{拌} + \Delta W$

细骨料：　$S' = S_{拌} + \Delta S$

粗骨料：　$G' = G_{拌} + \Delta G$

2. 计算和易性调整合格后拌和物的总质量

和易性调整合格后拌和物的总质量 M 为

$$M = C' + W' + S' + G'$$

3. 计算基准配合比为

计算基准配合比的公式为

$$m_{cj} = \frac{C'}{M} \times \rho_{c,t} \qquad m_{wj} = \frac{W'}{M} \times \rho_{c,t}$$

$$m_{sj} = \frac{S'}{M} \times \rho_{c,t} \qquad m_{gj} = \frac{G'}{M} \times \rho_{c,t}$$

$$M = C' + W' + S' + G'$$

式中　m_{cj}、m_{wj}、m_{sj}、m_{gj}——经试配调整和易性满足要求的 1m³ 混凝土中水泥、水、细骨料、粗骨料等各材料的用量，kg，即混凝土的基准配合比；

C'、W'、S'、G'——试拌的拌和物中各材料的用量，kg；

M——和易性调整后拌和物的总质量，kg；

$\rho_{c,t}$——混凝土拌和物表观密度实测值，kg/m³。

4. 计算校正系数

按下式计算校正系数 δ，并根据校正系数的大小判断是否修正基准配合比

$$\delta = \frac{\rho_{c,t}}{\rho_{c,c}}$$

$$\rho_{c,c} = m_{cj} + m_{wj} + m_{sj} + m_{gj}$$

式中　$\rho_{c,c}$——混凝土拌和物表观密度计算值，kg/m^3；

$\rho_{c,t}$——混凝土拌和物表观密度实测值，kg/m^3。

当混凝土的表观密度实测值与计算值之差的绝对值不超过计算值的2%时，上述确定的基准配合比可以不用校正；当二者之差超过2%时，应将基准配合比中各项材料的用量均乘以校正系数δ，即为最后确定的基准配合比。

3.5.7　强度试验及设计配合比的确定

1. 强度试验

经试拌调整和易性满足要求的基准配合比，其强度是否满足要求还需要制作试件并在标准条件下养护至28d龄期，实际测定其强度才能最后确定。为此，基准配合比确定之后，需要在试验室内按标准规定的方法制作试件，并进行强度试验。

为了保证强度试验在一个周期内（28d）完成，强度试验至少采用3个不同的配合比同时进行，其中一个是基准配合比，另外两个配合比的水灰比分别较基准配合比增加和减少0.05，用水量与基准配合比相同，砂率可分别增加或减少1%。同时制作的混凝土试件（每个配合比至少制作一组，3个试块）在标准条件下养护至28d试压，测定各个配合比的混凝土强度标准值。

2. 设计配合比的确定

根据强度试验结果，以灰水比（C/W）为横坐标，以混凝土试块28d抗压强度标准值为纵坐标，用作图法画出两者的对应关系图线，在图线上找到强度值等于配制强度的点所对应的灰水比，作为最终确定的混凝土配合比中的水灰比，用水量、粗细骨料的用量均以基准配合比为准，并根据用水量和最终确定的灰水比计算出水泥用量，由此可提供混凝土的设计配合比。或者根据3个配合比的强度试验结果，直接取28d抗压强度标准值满足配制强度的水灰比值最大的配合比作为最终确定的混凝土设计配合比，即$1m^3$混凝土水泥、水、细骨料、粗骨料的用量分别用m_c、m_w、m_s、m_g表示，单位是kg。

3.5.8　计算施工配合比

经试配、调整，和易性和强度均满足要求后得到的设计配合比可以在工程中实际使用，但是如果骨料是露天堆放的，在拌制混凝土之前，要测定粗、细骨料的含水率，在称量骨料时多称量这部分水，而在量水时应扣除这部分水量，即将设计配合比换算成施工配合比。

计算方法为

$$m_s' = m_s(1 + a\%)$$
$$m_g' = m_g(1 + b\%)$$
$$m_w' = m_w - m_s a\% - m_g b\%$$
$$m_c' = m_c$$

式中　a、b——细骨料和粗骨料的含水率百分数；

m_c'、m_w'、m_s'、m_g'——施工时$1m^3$混凝土水泥、水、细骨料、粗骨料等各材料的实际称量数量，kg，即施工配合比。

3.5.9 掺外加剂混凝土的配合比设计

1. 掺入膨胀剂的计算

由于膨胀剂掺量较大，一般掺量为 8% ~12%，因此采用内掺方法计算膨胀剂的掺量。即以 $1m^3$ 混凝土中水泥用量和膨胀剂用量之和作为胶凝材料的总量，按照确定的掺量百分比计算膨胀剂的量，计算公式为

$$E = m_c x$$

掺膨胀剂后水泥用量的计算公式为

$$m_{c,1} = m_c - E$$

式中　E——$1m^3$ 混凝土中膨胀剂的掺量，kg；

x——膨胀剂的掺量百分数，%；

m_c——设计配合比中 $1m^3$ 混凝土中水泥用量，kg；

$m_{c,1}$——掺膨胀剂后 $1m^3$ 混凝土中水泥用量，kg。

2. 不考虑掺入减水剂、其他外加剂的计算

如果掺入减水剂、引气剂等外加剂，以提高流动性或增加含气量等性能为目的，掺量小于5% 的条件下，以确定的设计配合比中的水泥用量为基数，按照确定的掺量百分比计算外加剂的掺量，而不考虑外加剂的用量和体积，即混凝土原配合比保持不变，外加剂掺量按下式计算：

$$A_j = m_c x\%$$

式中　A_j——$1m^3$ 中外加剂的用量，kg。

3. 掺入减水剂的计算

当掺入减水剂以减少拌和水量为目的时，在原有设计配合比的基础上，按下式重新计算混凝土的用水量，并重新调整配合比

$$m_{w,a} = m_w(1 - \beta)$$

式中　$m_{w,a}$——掺减水剂后混凝土的单位用水量，kg；

m_w——设计配合比中混凝土的单位用水量，kg；

β——减水剂的减水率，%，通过试验测定或由减水剂生产厂家给定。

如果不需要提高强度，则保持水灰比不变，按照相同比例减少水泥用量，然后再用重量法或体积法重新计算细骨料和粗骨料的用量；如果不减少水泥，减水后水灰比减小，可提高混凝土的强度，同时也需要用重量法或体积法重新计算骨料的用量。

3.5.10 矿物掺合料混凝土的配合比设计

先按不掺矿物掺合料计算出混凝土的初步配合比，然后分两种情况计算掺矿物掺合料后混凝土的配合比。

1. 等量取代法

等量取代法又称内掺法，即以水泥和矿物掺合料的质量之和作为胶凝材料总量，矿物掺合料等量取代部分水泥。等量取代法适用于混凝土强度等级要求不高、矿物掺合料

的掺量较少，以及矿物掺合料的活性较高等情况。

矿物掺合料量为

$$m_{ad} = m_c y$$

计算掺矿物掺合料后的水泥用量公式为

$$m_{c,ad} = m_c - m_{ad}$$

式中 m_{ad}——1m^3 中矿物掺合料的掺量，kg；

m_c——设计配合比中 1m^3 混凝土中的水泥用量，kg；

$m_{c,ad}$——掺矿物掺合料后 1m^3 混凝土中水泥用量，kg；

y——矿物掺合料的掺量百分比，%。

其他组分用量不变，这时水灰比即为水胶比，即水与胶凝材料质量之比。

2. 超量取代法

先按基本组成材料计算初步配合比，以一定量的矿物掺合料取代少于掺合料质量的水泥，叫做超量取代法。这时要先确定超量系数和取代量。下面以粉煤灰为例，以基准配比（W_j、C_j、S_j、G_j）为基础，按等和易性、等强度原则计算。

（1）选择粉煤灰取代水泥率（f），例如，取代率 $f = 20\%$。

（2）计算掺粉煤灰后混凝土的水泥用量 C

$$C = C_j(1 - f)$$

（3）确定超量系数 k。

粉煤灰等级越高，质量越好，超量系数越小：

一级灰：$k = 1.0 \sim 1.4$；

二级灰：$k = 1.2 \sim 1.7$；

三级灰：$k = 1.5 \sim 2.0$。

（4）计算粉煤灰掺量 F

$$F = k(C_j - C)$$

（5）求出粉煤灰超量部分的体积 V_k

$$V_k = \frac{F}{\rho_F} - \frac{(C_j - C)}{\rho_C}$$

（6）从基准配比的细骨料用量（S_j）中扣除与粉煤灰超量部分同体积（V_k）的细骨料用量，求出掺粉煤灰后混凝土中的细骨料量 S

$$S = S_j - V_k \rho_0$$

（7）用水量、粗骨料用量不变。

（8）求出配比后在实验室内进行试配。

3.6 混凝土的施工质量控制

3.6.1 混凝土原材料的选择及质量控制

1. 混凝土原材料的选择

在混凝土施工过程中，原材料的选择是确保混凝土施工质量的重要环节，对混凝土质量及施工工艺有很大影响。水泥的质量将直接影响混凝土的强度；各种集料的颗粒级配、强度、含水量，也直接影响混凝土的强度和混凝土的和易性。所以为了保证混凝土的施工质量，在生产过程中，一定要对混凝土的原材料进行质量检验，只有全部符合技术性能指标方可应用。骨料中含有的有害物质，超过规定的范围，则会妨碍水泥水化降低混凝土强度，并与水泥的水化产物产生化学反应，产生有害的膨胀的物质。

2. 混凝土原材料的质量控制

对原材料的质量控制，除经常性的检测外，还要求质量控制人员随时掌握其含量的变化规律，并拟定相应的对策措施。如砂石的杂质含量超出标准要求时，应及时的筛选及清洗，采取保证混凝土质量的有效措施。砂、石的含水率应及时测定，并根据测完的含水率及时调整混凝土的配合比中的实际用水量和集料用量。对于相同标号之间水泥活性的变异，通过胶砂强度试验及时测定，根据水泥活性及相对调整混凝土的配合比。水泥、砂、石子各性能指标必须达到规范要求。

3.6.2 模板加固及混凝土的机械振捣

1. 模板加固

模板是混凝土施工中的第一道工序，水利水电工程施工中大多采用钢模板，钢模板的正确安装及模板加固的强度是保证混凝土施工中的平面位置及混凝土强度的重要环节。钢模板在安装之前应先熟悉施工图纸，按图纸的要求正确计算钢模配件和支撑件的用量，并对已进入工地的模板质量进行严格的检查，确定模板安装的位置，在模板接缝处旋转胶条，防止混凝土浇筑时跑浆、漏浆；模板表面要光滑、平整，脱模剂要均匀，厚度在2～3mm左右，U形卡安插位置要交错，纵楞按设计位置用钩头螺栓与板块连接，要用支撑和水平拉开组成空间的构件、框架、支撑时必须有直顶柱配合。只有这样才能保证混凝土浇筑时，模板不发生位移，不漏浆、不胀模。

2. 混凝土的机械振捣

混凝土施工中振捣是形成混凝土实体质量的主要环节，机械振捣时应注意以下两点：

（1）垂直插入。用振捣棒在混凝土表面垂直插入，快插慢拔，要插入下层混凝土5mm左右。防止触及模板、钢筋及预埋件等，每次插入振捣工作时间为20～25s。

（2）振捣方法。振捣时插入点位置要均匀，施工中尽量采用交错排列式振捣方法，振捣间距以40cm为宜，如果混凝土表面停止沉陷，出现一层薄水泥浆，振捣器周围气泡不再显著发生，混凝土振捣基本完成。

3.6.3 降低水灰比，加强养护工作，确保混凝土标号

如何确保混凝土标号达到设计标准，直接影响水工建筑物的使用寿命。施工中应优先采用早期强度快、稳定性好的水泥。严格控制水灰比是混凝土达到设计标号的重要环节。制备混凝土时的水灰比、搅拌方法、振动方式都对混凝土强度有较大影响。在保证工作性的前提下，尽量降低水灰比，可提高混凝土强度。对于干硬性混凝土宜用强制式搅拌机，塑性混凝土则应采用自落式搅拌机。采用振动方法捣实混凝土可使强度提高，

对于干硬性混凝土则可使早期强度提高20% ~30%，如采用真空吸水、碾压、加压振动、离心等操作，均能使混凝土更加密实，从而提高强度。

加强混凝土浇筑完成后的养护，一般情况下在混凝土浇筑完毕后，应在12h以内加以覆盖和浇水，硅酸盐水泥、普通硅酸水泥和矿渣硅酸盐水泥拌制的混凝土养生不得小于7d，掺用缓凝型外加剂或有抗渗性要求的混凝土，不得小于14d；浇水次数应能保持混凝土具有足够的润湿状态为准；养护初期，水泥水化作用较快，需水也较多，浇水次数要多；气温高时，也应增加浇水次数；养护用水的水质与拌制用水相同。

3.6.4 常见混凝土质量缺陷和处理方法

1. 混凝土蜂窝、麻面、孔洞

（1）产生蜂窝、麻面、孔洞的原因是模板表面不光滑，混凝土浇筑前湿润不够或模板缝没有堵严。混凝土搅拌时间短，如水量不准、混凝土和易性差、混凝土没有分层浇注，下料高度过大造成离析，混凝土入仓后振捣质量差或漏振。

（2）处理方法：将麻面部分湿润后用水泥浆或水泥浆砂浆抹干；如果是小蜂窝，先用水洗干净后，用1：2或2：5水泥砂浆修补；如果是大蜂窝，则先将松动石子剔除，用水冲刷干净并充分润湿，再用高一级标号的细石混凝土并掺加铝粉（水泥用量的0.01%），分层捣实，并加强养护；如果是孔洞，应制定补强方案，方可处理。

2. 露筋

（1）产生的原因是混凝土振捣时垫块移位或垫块太少，钢筋紧贴模板混凝土钢筋过密；遇大石子卡在钢筋上水泥浆不能充满钢筋周围混凝土振捣时，振捣棒撞击钢筋，将钢筋振散发生位移。

（2）处理方法。将外露钢筋上的混凝土渣子和铁锈清理干净，用水冲洗并保持湿润，然后用1：2或1：2.5水泥砂浆抹平。如露筋较深应将薄弱混凝土全部凿除，冲刷干净湿润，用高一级标号的细石混凝土分层捣实，认真养护。

3. 混凝土裂缝

（1）产生的原因。混凝土在施工过程中由于温度、湿度变化、地基不均匀沉降、早期受震动等因素影响都有可能引起混凝土裂缝产生。

（2）处理方法。当裂缝较细、数量不多时，将裂缝用水冲洗后，用水泥浆抹补；如裂缝开裂较大较深时，应凿去薄弱部分，并用水冲洗干净，用1：2.5水泥砂浆抹平。此外，加压灌入不同稠度的环氧树脂溶液补缝效果也较好。

3.7 混凝土的变形性质

混凝土的变形包括非荷载作用下的变形和荷载作用下的变形。非荷载下的变形，分为混凝土的化学收缩、干湿变形及温度变形；荷载作用下的变形，分为短期荷载作用下的变形及长期荷载作用下的变形——徐变。

3.7.1 非荷载作用下的变形

3.7.1.1 化学收缩（自生体积变形）

在混凝土硬化过程中，由于水泥水化物的固体体积，比反应前物质的总体积小，从而引起混凝土的收缩，称为化学收缩。其特点是不能恢复，收缩值较小，对混凝土结构没有破坏作用，但在混凝土内部可能产生微细裂缝而影响承载状态和耐久性。

3.7.1.2 干湿变形（物理收缩）

干湿变形是指由于混凝土周围环境湿度的变化，会引起混凝土的干湿变形，表现为干缩湿胀。

1. 产生原因

混凝土在干燥过程中，由于毛细孔水的蒸发，使毛细孔中形成负压，随着空气湿度的降低，负压逐渐增大，产生收缩力，导致混凝土收缩。同时，水泥凝胶体颗粒的吸附水也发生部分蒸发，凝胶体因失水而产生紧缩。当混凝土在水中硬化时，体积产生轻微膨胀，这是由于凝胶体中胶体粒子的吸附水膜增厚，胶体粒子间的距离增大所致。

2. 危害性

混凝土的干湿变形量很小，一般无破坏作用。但干缩变形对混凝土危害较大，干缩能使混凝土表面产生较大的拉应力而导致开裂，降低混凝土的抗渗、抗冻、抗侵蚀等耐久性能。

3. 影响因素

（1）水泥的用量、细度及品种。水灰比不变：水泥用量愈多，混凝土干缩率越大；水泥颗粒愈细，干缩率越大。

（2）水灰比的影响。水泥用量不变：水灰比越大，干缩率越大。

（3）施工质量的影响。延长养护时间能推迟干缩变形的发生和发展，但影响甚微；采用湿热法处理养护混凝土，可有效减小混凝土的干缩率。

（4）骨料的影响。骨料含量多的混凝土，干缩率较小。

3.7.1.3 温度变形

温度变形是指混凝土随着温度的变化而产生热胀冷缩变形。混凝土的温度变形系数 α 为（1～1.5）$\times 10^{-5}$/℃。温度变形对大体积混凝土、纵长的混凝土结构、大面积混凝土工程极为不利，易使这些混凝土造成温度裂缝。可采取的措施为：采用低热水泥，减少水泥用量，掺加缓凝剂，采用人工降温，设温度伸缩缝，以及在结构内配置温度钢筋等，以减少因温度变形而引起的混凝土质量问题。

3.7.2 荷载作用下的变形

1. 混凝土在短期作用下的变形

混凝土是一种由水泥、砂、石、游离水、气泡等组成的不匀质的多组分三相复合材料，为弹塑性体。受力时既产生弹性变形，又产生塑性变形，其应力应变关系呈曲线。卸荷后能恢复的应变 $\varepsilon_{弹}$ 是由混凝土的弹性应变引起的，称为弹性应变；剩余的不能恢复的应变 $\varepsilon_{塑}$，则是由混凝土的塑性应变引起的，称为塑性应变。

混凝土的弹性模量：在应力—应变曲线上任一点的应力 σ 与其应变 ε 的比值，称为混凝土在该应力下的变形模量。影响混凝土弹性模量的主要因素有混凝土的强度、骨料的含量及其弹性模量以及养护条件等。

2. 混凝土在长期荷载作用下的变形（徐变）

混凝土在持续荷载作用下，除产生瞬间的弹性变形和塑性变形外，还会产生随时间增长的变形，称为徐变，如图 2.3.11 所示。

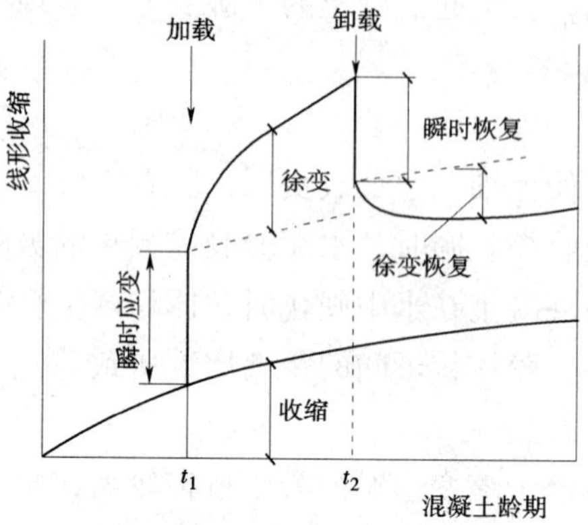

图 2.3.11　徐变变形与徐变恢复

（1）徐变特点。在加荷瞬间产生瞬时变形，随着时间的延长，又产生徐变变形。荷载初期，徐变变形增长较快，以后逐渐变慢并温度下来。卸荷后，一部分变形瞬时恢复，其值小于在加荷瞬间产生的瞬时变形。在卸荷后的一段时间内变形还会继续恢复，称为徐变恢复。最后残存的不能恢复的变形，称为残余变形。

（2）徐变对结构物的影响。

1）有利影响：可消除钢筋混凝土内的应力集中，使应力重新分配，从而使混凝土构件中局部应力得到缓和。对大体积混凝土则能消除一部分由于温度变形所产生的破坏应力。

2）不利影响：使钢筋的预加应力受到损失（预应力减小），使构件强度减小。

（3）影响徐变因素。混凝土的徐变是由于在长期荷载作用下，水泥石中的凝胶体产生黏性流动，向毛细孔内迁移所致。影响混凝土徐变的因素有水灰比、水泥用量、骨料种类、应力等。混凝土内毛细孔数量越多，徐变越大；加荷龄期越长，徐变越小；水泥用量和水灰比越小，徐变越小；所用骨料弹性模量越大，徐变越小；所受应力越大，徐变越大。

本章习题

2.3.1　试述混凝土的定义与分类。

2.3.2　混凝土的各组成材料及其在混凝土中的作用是什么？

2.3.3　普通混凝土的主要优点有哪些？存在哪些主要缺点？

2.3.4　对普通混凝土用的砂、石有什么要求？有害杂质对混凝土质量有何影响？

2.3.5　影响混凝土拌和物和易性的主要因素是什么？怎样影响？

2.3.6　改善混凝土拌和物和易性的主要措施有哪些？哪种措施效果最好？

2.3.7　混凝土的流动性（坍落度）的选择原则有哪些？

2.3.8　如何测定混凝土的立方体抗压强度？影响混凝土强度的主要因素有哪些？怎么影响？

2.3.9　对混凝土用砂为何要提出级配和细度要求？两种砂的细度模数相同，其级配是否相同？反之，如果级配相同，其细度是否相同？

2.3.10　根据混凝土强度理论叙述混凝土的强度与水灰比、水泥标号的关系？

2.3.11　解释关于混凝土抗压强度的几个名词：

(1) 立方体抗压强度；

(2) 标准立方体抗压强度；

(3) 抗压强度代表值；

(4) 轴心抗压强度；

(5) 强度等级；

(6) 设计强度。

2.3.12 提高混凝土强度的主要措施有哪些？哪种措施效果最好？

2.3.13 如何解决混凝土的和易性与强度对用水量要求相反的矛盾？

2.3.14 混凝土的配合比设计步骤如何？混凝土配合比设计时，为什么要控制最大水灰比和最小水泥用量？又如何控制的？采取什么措施才可设计出最优化的混凝土配合比？

2.3.15 当混凝土拌和物出现下列情况，应如何调整？

(1) 黏聚性好、无泌水现象，但坍落度太小；

(2) 黏聚性尚好，有少量泌水，坍落度太大；

(3) 插捣难，有粗集料堆叠现象，黏聚性差，有泌水现象，产生崩坍现象；

(4) 拌和物色淡，有跑浆现象，黏聚性差，产生崩坍现象。

2.3.16 某工地施工人员拟采用下列几个方案提高混凝土拌和物的流动性，试问哪个方案可行？哪个不可行？并简要说明理由。

(1) 单独增加用水量；

(2) 保持水灰比不变，适当增加水泥浆用量；

(3) 加入减水剂；

(4) 增加砂率；

(5) 适当加强机械振捣；

(6) 增大粗骨料最大粒径。

2.3.17 下列几组混凝土试件，养护28d后进行抗压强度试验，测得的破坏荷载(kN)如下，试计算各组的抗压强度，并评定其强度等级。

(1) 100mm×100mm×100mm：320、360、322；

(2) 150mm×150mm×150mm：525、580、600；

(3) 150mm×150mm×150mm：980、820、1100；

(4) 150mm×150mm×150mm：460、545、635。

2.3.18 已知混凝土的水灰比为0.60，每立方米混凝土拌和用水量为180kg，采用砂率为33%，水泥的密度为3100kg/m^3，砂和石子的表观密度分别为2620kg/m^3及2700kg/m^3。试用体积法求1m^3混凝土中各材料的用量。

2.3.19 某实验室试拌混凝土，经调整后各材料用量为：矿渣水泥4.5kg，自来水2.7kg，河砂9.9kg，碎石18.9kg，又测得拌和物的湿体积密度为2380kg/m^3。试求：

(1) 每 1m^3 混凝土的各材料用量；

(2) 当施工现场砂的含水率为 3.5%，石子的含水率为 1% 时，求施工配合比；

(3) 如果把试验室配合比直接用于现场施工，则现场混凝土的实际配合比将如何变化？对混凝土强度将产生多大影响？

2.3.20 某混凝土初步配合比为 1∶2.13∶4.31∶0.58，在试拌调整时，增加了 10% 的水泥浆用量。试求：

(1) 该混凝土的理论配合比；

(2) 若已知以理论配合比配制的混凝土，每 1m^3 需用水泥 320kg，求拌制 0.4m^3 混凝土时各材料的用量。

2.3.21 某工地混凝土施工时，每立方米混凝土各材料用量为：水泥 308kg，水 128kg，河砂 700kg，碎石 1260kg，其中砂的含水率为 5%。求该混凝土的实验室配合比。

第4章 砂 浆

教学要求：了解砂浆的分类、组成、用途以及适用范围；熟悉砌筑砂浆拌和物以及硬化后的性质；掌握砌筑砂浆配合比选择；理解砂浆的和易性、强度、黏结力、变形性能以及凝结时间等概念。

砂浆由胶结料、细骨料、掺加料和水配制而成的工程材料，在水利水电工程中起黏结、衬垫和传递力的作用。

按胶凝材料可分为：水泥砂浆、石灰砂浆和混合砂浆等。

按用途可分为：砌筑砂浆、抹灰（面）砂浆和防水砂浆。

按堆积密度可分为：重质砂浆和轻质砂浆等。

按生产工艺可分为：传统砂浆、预拌砂浆和干粉砂浆等。

4.1 砌筑砂浆的组成与技术性质

将砖、石、砌块等黏结成为砌体的砂浆称为砌筑砂浆。砌筑砂浆起着胶结块材和传递荷载的作用，是砌体的重要组成部分。砌筑砂浆宜用水泥砂浆或水泥混合砂浆。

4.1.1 砌筑砂浆的组成材料

1. 胶结料及掺加料

砌筑砂浆常用的胶凝材料有水泥、石灰膏等。

砌筑砂浆用水泥的强度等级应根据设计要求进行选择。水泥砂浆采用的水泥，其强度等级不宜大于32.5级；水泥混合砂浆采用的水泥，其强度等级不宜大于42.5级。为改善砂浆和易性，降低水泥用量，往往在水泥砂浆中掺入部分石灰膏、黏土膏或粉煤灰等，这样配制的砂浆称水泥混合砂浆。这些材料不得含有影响砂浆性能的有害物质，含有颗粒或结块时应用3mm的方孔筛过滤。消石灰粉不得直接用于砌筑砂浆中。

2. 细集料

砌筑砂浆用砂宜选用中砂，其中毛石砌体宜选用粗砂，砂的含泥量不应超过5%。强度等级为M2.5的水泥混合砂浆，砂的含泥量不应超过10%。

3. 外加剂

与混凝土中掺加外加剂一样，为改善砂浆的某些性能，也可加入塑化、早强、防冻、缓凝等作用的外加剂。一般应使用无机外加剂，其品种和掺量应经试验确定。

4. 砂浆用水

与前述混凝土用水的要求相同。

4.1.2 砌筑砂浆拌和物的技术性质

砂浆应满足砂浆品种和强度等级要求的和易性，并应具有足够的黏结力。

4.1.2.1 和易性

砂浆的和易性包括稠度和保水性两方面。

1. 稠度

稠度又称流动性，是指新拌砂浆在自重或外力作用下流动的性能。用沉入度表示。

砂浆稠度的大小是以砂浆稠度测定仪的标准圆锥沉入砂浆内深度的“mm /mm”数表示。圆锥沉入的深度越深，表明砂浆的流动性越大。砂浆的流动性不能过大，否则强度会下降，并且会出现分层、析水的现象；流动性过小，砂浆偏干，不便于施工操作，灰缝不易填充。

影响砂浆流动性的主要因素有：所有胶凝材料的品种与数量、掺合料的品种与数量、砂子的粗细与级配状况、用水量及搅拌时间等。当砂浆的原材料确定后，流动性的大小主要取决于用水量，因此，施工中常以用水量的多少来调整砂浆的稠度。砌筑砂浆的稠度见表 2.4.1。

表 2.4.1　砌筑砂浆的稠度

砌　体　种　类	砂浆稠度（mm）
烧结普通砖砌体	70 ~ 90
轻骨料混凝土小型空心砌块砌体	60 ~ 90
烧结多孔砖、空心砖砌体	60 ~ 80
烧结普通砖平拱式过梁、空斗、筒拱、普通混凝土小型空心砌块、加气混凝土砌块砌体	50 ~ 70
石砌体	30 ~ 50

2. 保水性

砂浆的保水性系指砂浆能保存水分的能力。用“分层度”来表示。

砂浆拌和物中的骨料因自重下沉时，水分相对要离析而上升，造成上下层稠度的差别，这种差别称为分层度，它是表示砂浆保水性好坏的技术指标，可用砂浆分层度测筒进行测定。

《砌筑砂浆配合比设计规程》（JGJ 98—2000）规定，砌筑砂浆的分层度应控制在 30mm 以内。分层度大于 30mm，砂浆容易产生泌水、分层或水分流失过快等现象而不便于施工操作；但分层度过小砂浆过于干稠，也影响操作和工程质量。

砌筑砂浆的保水性要求随基底材料的种类（多孔的，或密实的）、施工条件和气候条件而变。提高砂浆的保水性常采取掺入适量的有机塑化剂或微沫剂的方法，不采取提高水泥用量的方法。

搅拌好的砂浆在运输、停放和使用过程中，阻止水分与固体料之间、细浆体与集料之间相互分离，保持水分的能力为砂浆的保水性。加入适量的微沫剂或塑化剂，能明显改善砂浆的保水性和流动性。

砂浆的保水性用砂浆分层度仪测定，以分层度（mm）表示。分层度过大，表示砂浆易产生分层离析不利于施工及水泥硬化，砌筑砂浆分层度不宜大于 30mm。分层度过小，容易发生干缩裂缝，故通常砂浆分层度不宜小于 10mm。

4.1.2.2 强度

硬化后的砂浆应具有足够的抗压强度，砂浆的强度等级就是根据其抗压极限强度来划分的。它以边长为 70.7mm 的立方体试件，一组 6 个，按规定的方法成型并经标准养护 28d 后，测得的抗压强度平均值来表示。根据《砌筑砂浆配合比设计规程》（JGJ 98—2000）的规定，砌筑砂浆的强度可分为 M20、M15、M10、M7.5、M5.0 和 M2.5 共 6 个强度等级，例如，M7.5 表示砂浆 28d 的抗压强度不低于 7.5MPa。

影响砌筑砂浆强度的因素很多，如水泥的强度、水泥用量、水灰比、砂子质量等，但最主要的影响因素是所砌筑的基层材料的吸水性。

4.1.2.3 黏结力

砂浆与砌筑材料黏结力的大小，会直接影响到砌体的强度、耐久性和抗震性能。通常情况下，砂浆的抗压强度越高，与砌筑材料的黏结力也越大。砂浆与砌筑材料的黏结状况也与砌筑材料表面的状态、洁净程度、湿润状况、砌筑操作水平以及养护条件等因素有着直接关系。

4.1.2.4 变形性能

砂浆在承受荷载或温度变化时，容易变形。变形过大或变形不均匀，都会引起砌体沉陷或出现裂缝。

4.1.2.5 凝结时间

建筑砂浆凝结时间，以贯入阻力达到 0.5MPa 为评定依据。水泥砂浆不宜超过 8h，水泥混合砂浆不宜超过 10h，加入外加剂后应满足设计和施工的要求。

4.1.3 砌筑砂浆硬化后的技术性质

砂浆的强度除受砂浆本身的组成材料及配比影响外，还与基层的吸水性能有关。

对于水泥砂浆，可采用下列强度公式估算。

1. 不吸水基层时的砂浆强度计算

影响砂浆强度的主要因素与混凝土基本相同，即主要决定于水泥强度和水灰比。计算公式为

$$f_m = 0.29 f_{ce}(C/W - 0.40)$$

式中 f_m——砂浆 28d 抗压强度，MPa；

f_{ce}——水泥的实测强度，MPa；

C/W——灰水比。

2. 吸水基层时砂浆的强度计算

由于基层能吸水，当其吸水后，砂浆中保留水分的多少取决于其本身的保水性，而

与水灰比关系不大。此时砂浆强度主要决定于水泥强度及水泥用量。计算公式为

$$f_m = Af_{ce}Q_C/1000 + B$$

式中　Q_C——每 $1m^3$ 砂浆中水泥用量，kg；

A、B——砂浆的特征系数，$A=3.03$，$B=-15.09$。各地区也可用本地区试验资料确定 A、B 值，统计用的试验组数不得少于30组。

4.2　砌筑砂浆的配合比选择

砌筑砂浆的配合比应满足施工和易性（稠度）的要求，保证设计强度，还应尽可能节约水泥，降低成本。

4.2.1　砌筑砂浆配合比计算

（1）砌筑砂浆配制强度（$f_{m,0}$）为

$$f_{m,0} = f_2 + 0.645\sigma$$

式中　$f_{m,0}$——砂浆的试配强度，精确至0.1MPa；

f_2——砂浆设计强度等级（即砂浆抗压强度平均值），精确至0.1MPa；

σ——砂浆现场强度标准差，精确至0.01MPa。

砌筑砂浆现场强度标准差 σ 为

$$\sigma = \sqrt{\frac{\sum_{i=1}^{n} f_{m,i}^2 - N\mu_{fm}^2}{N-1}}$$

式中　$f_{m,i}$——统计周期内同一品种砂浆第 i 组试件的强度，MPa；

μ_{fm}——统计周期内同一品种砂浆 N 组试件强度的平均值，MPa；

N——统计周期内同一品种砂浆试件的总组数，$N \geqslant 25$。

（2）每 $1m^3$ 砂浆中水泥用量 Q_C（kg/m^3）。每 $1m^3$ 砂浆中水泥用量为

$$Q_C = \frac{1000(f_{m,0} - B)}{Af_{ce}}$$

式中　Q_C——每 $1m^3$ 砂浆中水泥用量，kg/m^3；

$f_{m,0}$——砂浆的配制强度，MPa；

A、B——砂浆的特征系数，$A=3.03$，$B=15.09$；各地区也可用本地区试验资料确定 A、B 值，统计用的试验组数不得少于30组。

（3）水泥商品强度等级对应强度值的计算。在无法取得水泥的实测强度值时，可按下式计算 f_{ce}

$$f_{ce} = \gamma_c f_{ce,k}$$

式中　$f_{ce,k}$——水泥商品强度等级对应的强度值；

γ_c——水泥强度等级值的富余系数，该值应按实际统计资料确定。无统计资料时取1.0。

（4）按水泥用量计算掺加料用量。水泥混合砂浆的掺加料用量计算式为

$$Q_D = Q_A - Q_C$$

式中 Q_D——每 $1m^3$ 砂浆的掺加料用量，kg/m^3；

Q_C——每 $1m^3$ 砂浆的水泥用量，kg/m^3；

Q_A——每 $1m^3$ 砂浆中水泥和掺加料的总量，kg/m^3；宜为 $300 \sim 350kg/m^3$。

对于不同稠度的石灰膏，可按表 2.4.2 进行换算。

表 2.4.2　　石灰膏不同稠度时的换算系数

石灰膏稠度（mm）	120	110	100	90	80	70	60	50	40	30
换算系数	1.00	0.99	0.97	0.95	0.93	0.92	0.90	0.88	0.87	0.86

（5）每 $1m^3$ 砂浆中的砂子用量计算。

每 $1m^3$ 砂浆中的砂子用量，应以干燥状态（含水率小于 0.5%）的堆积密度值作为计算值，单位以 kg/m^3 计。

（6）每 $1m^3$ 砂浆中的用水量 Q_W（kg/m^3）。

可根据经验或按表 2.4.3 选用。

表 2.4.3　　每 $1m^3$ 砂浆中用水量选用值

砂浆品种	混合砂浆	水泥砂浆
用水量（kg/m^3）	260 ~ 300	270 ~ 330

注　混合砂浆中的用水量，不包括石灰膏或黏土膏中的水。

4.2.2　砌筑砂浆配合比试配、调整与确定

（1）试配时应采用工程中实际使用的材料；搅拌方法应与生产时使用的方法相同。

（2）按计算配合比进行试拌，测定其拌和物的稠度和分层度，若不能满足要求，则应调整用水量或掺加料，直到符合要求为止。然后确定为试配时的砂浆基准配合比。

（3）试配时至少应采用三个不同的配合比，其中一个为按上述（2）得出的基准配合比，另外两个配合比的水泥用量按基准配合比分别增加及减少 10%，在保证稠度、分层度合格的条件下，可将用水量和掺加料用量作相应调整。

（4）3 个不同的配合比，经调整后，应按国家现行标准《建筑砂浆基本性能试验方法》（JGJ/T 70—2009）的规定成型试件，测定砂浆强度等级；并选定符合强度要求的，且水泥用量较少的砂浆配合比。

（5）砂浆配合比确定后，当原材料有变更时，其配合比必须重新通过试验确定。

4.3　其他几种常用砂浆

4.3.1　抹面砂浆

抹面砂浆又可以分为：一般抹面砂浆和装饰抹面砂浆。

抹面砂浆又称抹灰砂浆，主要是以薄层抹于建筑物的墙体、顶棚等部位的底层、中

层或面层，对建筑物起到保护、增强耐久性和表面装饰的作用。为便于施工和保证抹灰质量，要求抹灰砂浆有较好的和易性和黏结能力。因此，抹灰砂浆胶凝材料（包括掺合料）的用量要比砌筑砂浆胶凝材料的用量多。为保证抹灰质量表面平整，避免干缩裂缝、脱落，施工时一般分2层或3层抹灰，根据各层抹灰要求的不同，所用砂浆和材料也不相同。

1. 抹面砂浆材料组成及用途

一般抹面砂浆的功能是保护建筑物不受风、雨、雪和大气中有害气体的侵蚀，提高砌体的耐久性，并使建筑物保持光洁，增加美观。

一般抹灰砂浆所用材料主要有水泥、石灰、石膏、黏土及砂等。

水泥多为普通硅酸盐及矿渣硅酸盐水泥。石灰为熟石灰，不得含有未熟化颗粒。通常是将生石灰熟化15d后过筛而得。石膏应为磨细石膏，且应满足建筑石膏的凝结时间要求。黏土应为砂黏土，砂最好为中砂，其细度模数为3.0~2.3，也可用中砂、粗砂混合物及膨胀珍珠岩砂等。

抹灰砂浆中有时还掺入麻丝，其长度为2~3cm。

各层抹灰砂浆的组成材料及用途见表2.4.4。

表2.4.4　各层抹灰砂浆的材料组成及用途

层次名称	使用砂浆种类	用途	备注
底层（3mm）	砖墙基层：石灰或水泥砂浆； 混凝土基层：混合或水泥砂浆； 板条、苇箔基层：麻刀灰或纸筋灰； 金属网基层：麻刀灰（适加水泥）	起黏结作用	有防水、防潮要求时，应采用水泥砂浆打底
中层（5~13mm）	与底层相同	起找平作用	分层或一次抹成
面层（2mm）	室内：麻刀灰、纸筋灰； 室外：各种水泥砂浆，水泥拉毛灰和各种假石	起装饰作用	面层镶嵌材料有大理石、预制水磨石、瓷板、瓷砖等

2. 抹面砂浆性能要求

抹面（灰）砂浆的稠度和细骨料的最大粒径，根据抹灰层次不同有如下要求：

底层抹灰稠度为100~120mm，砂的最大粒径为2.6mm；中层抹灰的稠度为70~90mm，砂的最大粒径为2.6mm；面层抹灰的稠度为70~80mm，砂的最大粒径为1.2mm。

3. 抹面砂浆配合比

一般抹面砂浆的配合比与砌筑砂浆不同之处在于抹灰砂浆的主要要求不是抗压强度，而是与基层材料的黏结强度，因而胶凝材料及掺合料的用量要比砌筑砂浆多。

抹面砂浆有外墙使用和内墙使用两种。为保证抹灰层表面平整，避免开裂与脱落，施抹时通常分底层、中层和面层三个层次涂抹。各层砂浆的稠度和砂子的最大粒径见表2.4.5。

表 2.4.5　　　　　　　　　抹面砂浆材料稠度及砂的最大粒径

抹面砂浆层次	沉入度（mm）	砂的最大粒径（mm）
底层	100～120	2.5
中层	70～90	2.5
面层	70～80	1.2

抹面砂浆的配合比一般采取体积比，抹灰工程中常用的配合比见表 2.4.6。

表 2.4.6　　　　　　　　　各种抹面砂浆配合比参考表

材　料	配合比（体积比）	应　用　范　围
石灰：砂	1：3	用于砖石墙面打底找平（干燥环境）
石灰：砂	1：1	墙面石灰砂浆面层
石灰：黏土：砂	1：1：（4～8）	干燥环境墙表面
石灰：石膏：砂	1：0.4：2～1：1：3	用于非潮湿房间的墙面
石灰：石膏：砂	1：2：（2～4）	用于非潮湿房间的线脚及其他装饰
石灰膏：麻刀	100：2.5（质量比）	木板条顶棚底层
石灰膏：麻刀	100：1.3（质量比）	木板条顶棚面层
石灰膏：纸筋	100：3.8（质量比）	木板条顶棚面层
石灰膏：纸筋	$1m^3$ 石灰膏掺 3.6kg 纸筋	较高级墙面及顶棚
水泥：砂	1：（2.5～3）	用于浴室、潮湿车间等墙裙、勒脚或地面基层
水泥：砂	1：（1.5～2）	用于地面、天棚或墙面面层
水泥：砂	1：（0.5～1）	用于混凝土地面随时压光
水泥：石灰：砂	1：1：6	内外墙面混合砂浆打底层
水泥：石灰：砂	1：0.3：3	墙面混合砂浆面层
水泥：石膏：砂：锯末	1：1：3：5	用于吸声粉刷
水泥：白石子	1：（1～2）	用于水磨石（打底用 1：2.5 水泥砂浆）
水泥：白石子	1：1.5	用于剁假石［打底用 1：（2～2.5）水泥砂浆］

4.3.2　防水砂浆

制作防水层的砂浆称为防水砂浆，它具有防潮、防渗作用，是一种刚性防水层。适用于地下室、水池、管道、坝堤、隧道、沟渠及屋面以及具有一定刚度的砖石或混凝土工程的施工部位。对于变形较大或可能发生不均匀沉降的建筑物不宜采用。

1. 防水砂浆材料配制要求

（1）采用级配良好的砂子和提高水泥用量，一般采用 1：2～1：3 的灰砂比。

（2）采用具有特殊性能的膨胀水泥和微膨胀水泥。

（3）施工时采用较为先进快速的喷浆法，利用每秒 100m 高压空气的高速、高压喷射速度，将砂浆喷射到建筑物表面。

（4）掺加各种防水和防渗外加剂，以提高砂浆强度和抗渗防水性能。

使用防水砂浆做刚性防水层时，一般要抹两道防水砂浆和一道防水净浆。

2. 防水砂浆的配合比

常用防水砂浆、防水净浆的配合比见表2.4.7。

表2.4.7　　常用防水砂浆、防水净浆配合比

种类	材料	配合比
氯化物金属盐类防水剂砂浆	防水剂∶水∶水泥∶砂	1∶6∶8∶3（体积比）
氯化物金属盐类防水剂净浆	防水剂∶水∶水泥	1∶6∶8（体积比）
金属皂类防水剂砂浆	水泥∶砂	1∶2（体积比） 防水剂用量为水泥重量的1.5%～5%
氯化铁防水剂砂浆（用于底层）	水泥∶砂∶防水剂	1∶2∶0.03（重量比）
氯化铁防水剂砂浆（用于面层）	水泥∶砂∶防水剂	1∶2.5∶0.03（重量比）
氯化铁防水剂净浆	水泥∶砂∶防水剂	0.6∶1∶0.03（重量比）

3. 防水砂浆适用范围

防水砂浆适用于埋置深度不大、不受振动和具有一定刚度的地上及地下防水工程。

目前，国内已采用在普通砂浆内掺入聚合物配制聚合物防水砂浆，在地下工程防渗、防潮及某些有特殊气密性要求的工程中已取得成效。

4.3.3　粉煤灰砂浆

1. 煤灰砂浆种类及适用范围

粉煤灰砂浆是指掺入一定量粉煤灰的砂浆。粉煤灰砂浆按其组成可分为：

（1）粉煤灰水泥砂浆。适用于内外墙抹面、踢脚、窗口、勒脚、磨石地面底层、墙体勾缝装修工程和各种墙体砌体工程。

（2）粉煤灰石灰砂浆。适用于地面以上内墙的抹灰工程。

（3）粉煤灰水泥石灰砂浆。适用于地面以上墙体的砌筑和抹灰工程。

2. 粉煤灰的合理掺量

粉煤灰的掺量与其性质、品质和种类有关。砂浆中粉煤灰掺入量以取代水泥率（砂浆中的水泥被粉煤灰取代的百分率）和超量系数的乘积来表示。粉煤灰掺入量应通过试验确定，取代水泥率最大不超过40%；取代石膏率最大不超过50%。

粉煤灰密度小，搅拌时应采用砂浆搅拌机或强制搅拌机。投料时，粉煤灰与水泥砂子同时加入，总搅拌时间不得小于2min。施工时，基层应浇水浸润，施工后应加强养护。

本章习题

2.4.1　砂浆在组成及性质上与普通混凝土相比，有哪些不同？

2.4.2　测定砌筑砂浆强度等级的试件尺寸为多少？砌筑砂浆强度等级如何表示？

2.4.3 新拌砌筑砂浆的和易性包括哪些含义？各用什么指标表示？砂浆的保水性不良对其质量有何影响？

2.4.4 如何测定砂浆的强度？砂浆的强度等级有哪些？

2.4.5 叙述砌筑砂浆配合比的设计方法。

2.4.6 对抹面砂浆、防水砂浆有哪些技术要求？

第5章　建　筑　钢　材

教学要求：了解建筑钢材的生产、组成与分类，熟悉建筑钢材的力学性能、工艺性能，钢筋、钢丝与钢绞线的品种和规格，钢材的选用、检验、储运、防护以及防锈蚀等要求。掌握钢材的拉伸性能、塑性、冲击韧性、耐疲劳性、硬度、冷弯性能、焊接性能、冷加工性能以及时效等概念。

5.1　钢材的生产、组成与分类

建筑钢材是主要的建筑材料之一，它包括钢结构用钢材（如钢板、型钢、钢管等）和钢筋混凝土结构用钢材（如钢筋、钢丝等）。钢材是在严格的工艺控制条件下生产的材料，与非金属材料相比，具有品质均匀稳定、强度高、塑性韧性好、可焊接和铆接等优异性能。钢材主要的缺点是易锈蚀、维护费用大、耐火性差、生产能耗大。

5.1.1　钢的冶炼

钢是由生铁冶炼而成。生铁的冶炼过程是：将铁矿石、熔剂（石灰石）、燃料（焦炭）置于高炉中，约在1750℃高温下，石灰石与铁矿石中的硅、锰、硫、磷等经过化学反应，生成铁渣，浮于铁水表面，铁渣和铁水分别从出渣口和出铁口放出，铁渣排出时用水急冷得水淬矿渣；排出的生铁中含有碳、硫、磷、锰等杂质。生铁又分为炼钢生铁（白口铁）和铸造生铁（灰口铁）。生铁硬而脆、无塑性和韧性、不能焊接、锻造、轧制。

炼钢的过程就是将生铁进行精练，使碳的含量降低到一定的限度，同时把其他杂质的含量也降低到允许范围内。所以，在理论上凡含碳量在2%以下，含有害杂质较少的Fe—C合金可称为钢。

根据炼钢设备的不同，常用的炼钢方法有空气转炉法、氧气转炉法、平炉法、电炉法。

空气转炉法是以熔融状态的铁水为原料，在转炉底部或侧面吹入高压热空气，使杂质在空气中氧化而被除去。在吹炼过程中，易混入空气中的氮、氢等有害气体，且熔炼时间短，化学成分难以精确控制，这种钢质量较差，但成本较低。

氧气转炉法是以熔融铁水为原料，用纯氧代替空气，由炉顶向转炉内吹入高压氧气，能有效地除去磷、硫等杂质，使钢的质量显著提高，而成本较低。常用来炼制优质碳素钢和合金钢。

平炉法是以固体或液体生铁、铁矿石或废钢做原料，用煤气或重油为燃料进行冶炼。由于熔炼时间长，化学成分可以精确控制，杂质含量少，成品质量高。但能耗大、成本高、冶炼周期长。

电炉法是以生铁或废钢原料，利用电能迅速加热，进行高温冶炼。其熔炼温度高，而且温度可以自由调节，清除杂质容易。因此，电炉钢的质量最好，但成本高。主要用于冶炼优质碳素钢及特殊合金钢。

5.1.2 钢的分类

钢的品种繁多，分类方法很多，通常有按化学成分、质量、用途等几种分类方法。钢的分类见表 2.5.1。

表 2.5.1　钢 的 分 类

分类方法	类别		特　性
按化学成分分类	碳素钢	低碳钢	含碳量不大于 0.25%
		中碳钢	含碳量 0.25% ~0.60%
		高碳钢	含碳量不小于 0.60%
	合金钢	低合金钢	合金元素总含量不大于 5%
		中合金钢	合金元素总含量 5% ~10%
		高合金钢	合金元素总含量大于 10%
按脱氧程度分类	沸腾钢		脱氧不完全，硫、磷等杂质偏析较严重，代号为“F”
	镇静钢		脱氧完全，同时去硫，代号为“Z”
	半镇静钢		脱氧程度介于沸腾钢和镇静钢之间，代号为“B”
	特殊镇静钢		比镇静钢脱氧程度还要充分彻底，代号为“TZ”
按质量分类	普通钢		含硫量不大于 0.055%，含磷量不大于 0.045%
	优质钢		含硫量不大于 0.04%，含磷量不大于 0.04%
	高级优质钢		含硫量不大于 0.03%，含磷量不大于 0.035%
按用途分类	结构钢		工程结构构件用钢、机械制造用钢
	工具钢		各种刀具、量具及模具用钢
	特殊钢		具有特殊物理、化学或机械性能的钢，如不锈钢、耐热钢、耐酸钢、耐磨钢、磁性钢等

目前，建筑工程用钢有钢结构用钢和钢筋混凝土结构用钢两类，前者主要应用型钢和钢板，后者主要采用钢筋和钢丝。

钢结构用钢主要有碳素结构钢和低合金结构钢两种。

5.1.2.1 碳素结构钢

1. 碳素结构钢的牌号及其表示方法

碳素结构钢的牌号由 4 个部分组成：屈服点的字母（Q）、屈服点数值（N/mm^2）、质量等级符号（A、B、C、D）、脱氧程度符号（F、B、Z、TZ）。碳素结构钢的质量等级是按钢中硫、磷含量由多至少划分的，随 A、B、C、D 的顺序质量等级逐级提高。当为镇静钢或特殊镇静钢时，则牌号表示“Z”与“TZ”符号可予以省略。

按标准规定，我国碳素结构钢分5个牌号，即Q195、Q215、Q235、Q255和Q275。例如Q235—A·F，它表示：屈服点为235N/mm^{2}的平炉或氧气转炉冶炼的A级沸腾碳素结构钢。

2. 碳素结构钢的技术要求

按照国家标准GB/T 700—2006规定，碳素结构钢的技术要求包括化学成分、力学性能、冶炼方法、交货状态、表面质量等5个方面。

3. 碳素结构钢各类牌号的特性与用途

建筑工程中常用的碳素结构钢牌号为Q235，由于该牌号钢既具有较高的强度，又具有较好的塑性和韧性，可焊性也好，故能较好地满足一般钢结构和钢筋混凝土结构的用钢要求。而用Q195和Q215号钢，虽塑性很好，但强度太低；Q255和Q275号钢，其强度很高，但塑性较差，可焊性亦差，所以一般不适用。

Q235号钢冶炼方便，成本较低，故在建筑中应用广泛。由于塑性好，在结构中能保证在超载、冲击、焊接、温度应力等不利条件下的安全性；并适于各种加工，大量被用作轧制各种型钢、钢板及钢筋。其力学性能稳定，对轧制、加热、急剧冷却时的敏感性较小。其中Q235—A级钢，一般仅适用于承受静荷载作用的结构，Q235—C和D级钢可用于重要焊接的结构。另外，由于Q235—D级钢含有足够的形成细晶粒结构的元素，同时对硫、磷有害元素控制严格，故其冲击韧性很好，具有较强的抗冲击、振动荷载的能力，尤其适宜在较低温度下使用。

Q195和Q215号钢常用作生产一般使用的钢钉、铆钉、螺栓及铁丝等；Q255及Q275号钢多用于生产机械零件和工具等。

5.1.2.2 低合金高强度结构钢

低合金高强度结构钢是在碳素钢结构钢的基础上，添加少量的一种或多种合金元素（总含量小于5%）的结构钢。其目的是提高钢的屈服强度、抗拉强度、耐磨性、耐蚀性与耐低温性等。因而，它是综合性较为理想的建筑钢材，在大跨度、承重动荷载和冲击荷载的结构中更适用。此外，与使用碳素钢相比，可以节约钢材20%~30%。

1. 低合金结构钢的牌号及其表示方法

根据国家标准GB 1591—94中规定，我国低合金结构钢共有5个牌号，所加元素主要有锰、硅、钒、钛、铌、铬、镍及稀土元素。其牌号的表示由屈服点字母Q、屈服点数值、质量等级（A、B、C、D、E 5级）3部分组成。

2. 低合金结构钢的应用

低合金结构钢主要用于轧制各种型钢（角钢、槽钢、工字钢）、钢板、钢管及钢筋，广泛用于钢结构和钢筋混凝土结构中，特别适用于各种重型结构、大跨度结构、高层结构及桥梁工程等，尤其对用于大跨度和大柱网的结构，其技术经济效果更为显著。

钢材的选用一般遵循下面原则：

（1）荷载性质。对于经常承受动力或振动荷载的结构，容易产生应力集中，从而引起疲劳破坏，需要选用材质高的钢材。

（2）使用温度。对于经常处于低温状态的结构，钢材容易发生冷脆断裂，特别是焊接结构更甚，因而要求钢材具有良好的塑性和低温冲击韧性。

（3）连接方式。对于焊接结构，当温度变化和受力性质改变时，焊缝附近的母体金属容易出现冷、热裂纹，导致结构早期破坏，所以焊接结构对钢材化学成分和机械性能要求应较严。

（4）钢材厚度。钢材力学性能一般随厚度增大而降低，钢材经多次轧制后、钢的内部结晶组织更为紧密，强度更高，质量更好。故一般结构用的钢材厚度不宜超过40mm。

（5）结构重要性。选择钢材要考虑结构使用的重要性，如大跨度结构、重要的建筑物结构，应选用质量更好的钢材。

5.2 建筑钢材的性能

钢材的技术性质主要包括力学性能（抗拉性能、冲击韧性、耐疲劳和硬度等）和工艺性能（冷弯和焊接）两个方面。

5.2.1 钢材的力学性能

5.2.1.1 抗拉性能

拉伸是建筑钢材的主要受力形式，所以抗拉性能是表示钢材性能和选用钢材的重要指标。

将低碳钢（软钢）制成一定规格的试件，放在材料试验机上进行拉伸试验，可以绘出如图2.5.1所示的应力—应变关系曲线。从图中可以看出，低碳钢受拉至拉断，经历了4个阶段：弹性阶段（*O*— *A*）、屈服阶段（*A*—*B*）、强化阶段（*B*— *C*）和颈缩阶段（*C*—*D*）。

1. 弹性阶段

曲线中*OA*段是一条直线，应力与应变成正比。如卸去外力，试件能恢复原来的形状，这种性质即为弹性，此阶段的变形为弹性变形。与*A*点对应的应力称为弹性极限，以σ_p表示。应力与应变的比值为常数，即弹性模量$E=\sigma/\varepsilon$。弹性模量反映钢材抵抗弹性变形的能力，是钢材在受力条件下计算结构变形的重要指标。

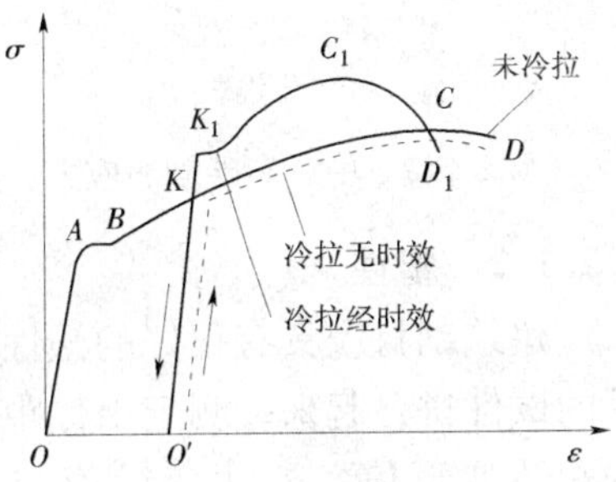

图2.5.1 低碳钢受拉的应力—应变图

2. 屈服阶段

应力超过*A*点后，应力、应变不再成正比关系，开始出现塑性变形。应力的增长滞后于应变的增长，当应力达*B*上点后（上屈服点），瞬时下降至*B*下点（下屈服点），变形迅速增加，而此时外力则大致在恒定的位置上波动，直到*B*点，这就是所谓的“屈服现象”，似乎钢材不能承受外力而屈服，所以*AB*段称为屈服阶段。与*B*下点（此点较稳定、易测定）对应的应力称为屈服点（屈服强度），用σ_s表示。

钢材受力大于屈服点后，会出现较大的塑性变形，已不能满足使用要求，因此屈服强度是设计中钢材强度取值的依据，是工程结构计算中非常重要的一个参数。

3. 强化阶段

当应力超过屈服强度后，由于钢材内部组织中的晶格发生了畸变，阻止了晶格进一步滑移，钢材得到强化，所以钢材抵抗塑性变形的能力又重新提高，*B*—*C* 呈上升曲线，称为强化阶段。对应于最高点 *C* 的应力值（σ_b）称为极限抗拉强度，简称抗拉强度。

显然，σ_b 是钢材受拉时所能承受的最大应力值。屈服强度和抗拉强度之比（即屈强比 $=\sigma_s/\sigma_b$）能反映钢材的利用率和结构安全可靠程度。屈强比越小，其结构的安全可靠程度越高，但屈强比过小，又说明钢材强度的利用率偏低，造成钢材浪费。

4. 颈缩阶段

试件受力达到最高点 *C* 点后，其抵抗变形的能力明显降低，变形迅速发展，应力逐渐下降，试件被拉长，在有杂质或缺陷处，断面急剧缩小，直到断裂。故 *CD* 段称为颈缩阶段。

中碳钢与高碳钢（硬钢）的拉伸曲线与低碳钢不同，屈服现象不明显，难以测定屈服点，则规定产生残余变形为原标距长度的 0.2% 时所对应的应力值，作为硬钢的屈服强度，也称条件屈服点，用 $\sigma_{0.2}$ 表示。如图 2.5.2 所示。

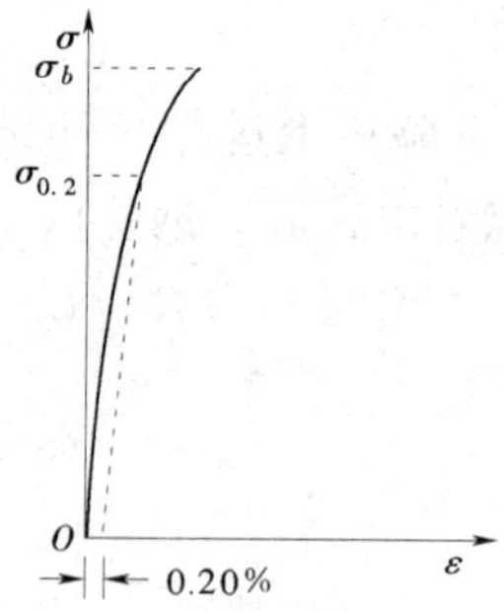

图 2.5.2　中、高碳钢的应力—应变图

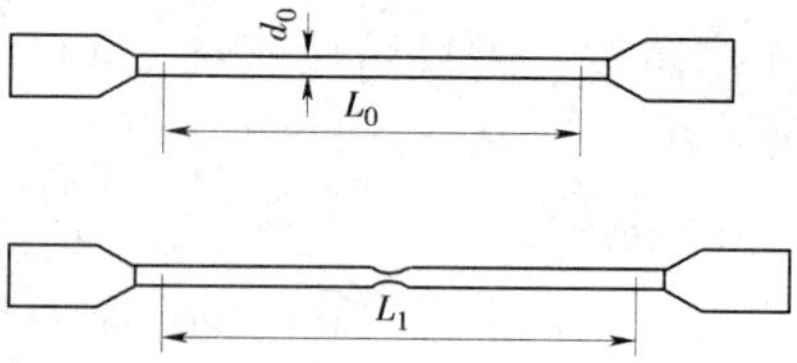

图 2.5.3　钢材的伸长率

5.2.1.2　塑性

建筑钢材应具有很好的塑性。钢材的塑性通常用伸长率和断面收缩率表示。将拉断后的试件拼合起来，测定出标距范围内的长度 L_1(mm)，其与试件原标距 L_0(mm) 之差为塑性变形值，塑性变形值与 L_0 之比称为伸长率（δ），如图 2.5.3 所示。伸长率（δ）为

$$\delta = \frac{L_1 - L_0}{L_0} \times 100\%$$

伸长率是衡量钢材塑性的一个重要指标，δ 越大说明钢材的塑性越好。而一定的塑性变形能力，可保证应力重新分布，避免应力集中，从而钢材用于结构的安全性越大。塑性变形在试件标距内的分布是不均匀的，颈缩处的变形最大，离颈缩部位越远其变形越小。所以原标距与直径之比越小，则颈缩处伸长值在整个伸长值中的比重越大，计算出来的 δ 值就大。一般热轧钢筋通常以 δ_5 和 δ_{10} 分别表示 $L_0=5d_0$ 和 $L_0=10\ d_0$ 时的伸

长率。

5.2.1.3 冲击韧性

冲击韧性是指钢材抵抗冲击荷载而不被破坏的能力。钢材的冲击韧性是用有刻槽的标准试件，在冲击试验机的一次摆锤冲击下，以破坏后缺口处单位面积上所消耗的功（J/cm^2）来表示，其符号为 α_k。试验时将试件放置在固定支座上，然后以摆锤冲击试件刻槽的背面，使试件承受冲击弯曲而断裂。α_k 值越大，冲击韧性越好。对于经常受较大冲击荷载作用的结构，要选用 α_k 值大的钢材。

影响钢材冲击韧性的因素很多，如化学成分、冶炼质量、冷加工及时效、环境温度等。

5.2.1.4 耐疲劳性

钢材在交变荷载的反复作用下，往往在最大应力远小于其抗拉强度时就发生破坏，这种现象称为钢材的疲劳性。疲劳破坏的危险应力用疲劳强度（或称疲劳极限）来表示，它是指疲劳试验时试件在交变应力作用下，于规定的周期基数内不发生断裂所能承受的最大应力。一般把钢材承受交变荷载 106 ~ 107 次时不发生破坏的最大应力作为疲劳强度。设计承受反复荷载且需进行疲劳验算的结构时，应了解所用钢材的疲劳极限。

研究证明，钢材的疲劳破坏是拉应力引起的，首先在局部开始形成微细裂纹，其后由于裂纹尖端处产生应力集中而使裂纹迅速扩展直至钢材断裂。因此，钢材的内部成分的偏析、夹杂物的多少以及最大应力处的表面光洁程度、加工损伤等，都是影响钢材疲劳强度的因素。疲劳破坏经常是突然发生的，因而具有很大的危险性，往往造成严重事故。

5.2.1.5 硬度

硬度是指金属材料在表面局部体积内，抵抗硬物压入表面的能力。亦即材料表面抵抗塑性变形的能力。测定钢材硬度采用压入法，即以一定的静荷载（压力），把一定的压头压在金属表面，然后测定压痕的面积或深度来确定硬度。按压头或压力不同，有布氏法、洛氏法等，相应的硬度试验指标称布氏硬度（HB）和洛氏硬度（HR）。较常用的方法是布氏法，其硬度指标是布氏硬度值。

各类钢材的 HB 值与抗拉强度之间有一定的相关关系。材料的强度越高，塑性变形抵抗力越强，硬度值也就越大。由试验得出，其抗拉强度与布氏硬度的经验关系式如下：

当 $HB < 175$ 时，$\sigma_b \approx 0.36HB$；

当 $HB > 175$ 时，$\sigma_b \approx 0.35HB$。

根据这一关系，可以直接在钢结构上测出钢材的 HB 值，并估算该钢材的 σ_b。

5.2.2 钢材的工艺性能

良好的工艺性能，可以保证钢材顺利通过各种加工，而使钢材制品的质量不受影响。冷弯、冷拉、冷拔及焊接性能均是建筑钢材的重要工艺性能。

1. 冷弯性能

冷弯性能是指钢材在常温下承受弯曲变形的能力。钢材的冷弯性能指标常用试件弯曲的角度（α）以及弯心直径（d）对试件厚度（或直径）的比值来表示。

钢材的冷弯试验是通过直径（或厚度）为 a 的试件，采用标准规定的弯心直径 d（$d = na$），弯曲到规定的弯曲角（180°或 90°）时，试件的弯曲处不发生裂缝、裂断或起层，即认为冷弯性能合格。钢材弯曲时的弯曲角度愈大，弯心直径愈小，则表示其冷弯性能愈好。图 2.5.4 为弯曲时不同弯心直径的钢材冷弯试验。

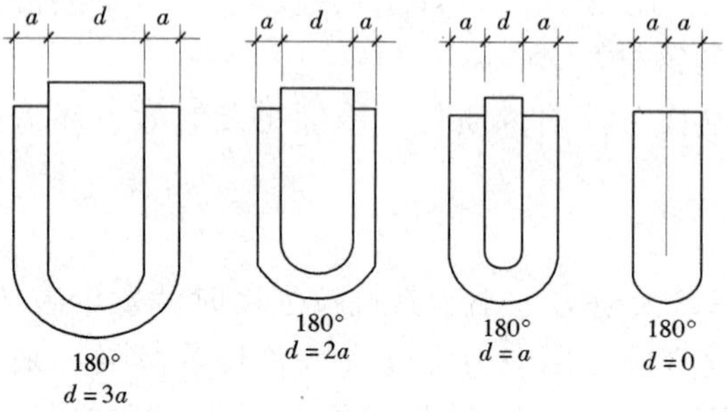

图 2.5.4　钢材的冷弯试验

通过冷弯试验更有助于暴露钢材的某些内在缺陷。相对于伸长率而言，冷弯是对钢材塑性更严格的检验，它能揭示钢材是否存在内部组织不均匀、内应力和夹杂物等缺陷，冷弯试验对焊接质量也是一种严格的检验，能揭示焊件在受弯表面存在未熔合、微裂纹及夹杂物等缺陷。

2. 焊接性能

在建筑工程中，各种型钢、钢板、钢筋及预埋件等需用焊接加工。钢结构有 90% 以上是焊接结构。焊接的质量取决于焊接工艺、焊接材料及钢的焊接性能。

钢材的可焊性是指钢材是否适应通常的焊接方法与工艺的性能。可焊性好的钢材指易于用一般焊接方法和工艺施焊，焊口处不易形成裂纹、气孔、夹渣等缺陷；焊接后钢材的力学性能，特别是强度不低于原有钢材，硬脆倾向小。钢材可焊性能的好坏，主要取决于钢的化学成分。含碳量高将增加焊接接头的硬脆性，含碳量小于 0.25% 的碳素钢具有良好的可焊性。

钢筋焊接应注意的问题是：冷拉钢筋的焊接应在冷拉之前进行；钢筋焊接之前，焊接部位应清除铁锈、熔渣、油污等；应尽量避免不同国家的进口钢筋之间或进口钢与国产钢筋之间的焊接。

3. 冷加工性能及时效处理

（1）冷加工强化处理。将钢材在常温下进行冷加工（如冷拉、冷拔或冷轧），使之产生塑性变形，从而提高屈服强度，但钢材的塑性、韧性及弹性模量则会降低，这个过程称为冷加工强化处理。建筑工地或预制构件厂常用的方法是冷拉和冷拔。

冷拉是将热轧钢筋用冷拉设备加力进行张拉，使之伸长。钢材经冷拉后屈服强度可提高 20% ~30%，可节约钢材 10% ~20%，钢材经冷拉后屈服阶段缩短，伸长率降低，材质变硬。

冷拔是将光面圆钢筋通过硬质合金拔丝模孔强行拉拔，每次拉拔断面缩小应在 10% 以下。钢筋在冷拔过程中，不仅受拉，同时还受到挤压作用，因而冷拔的作用比纯冷拉作用强烈。经过一次或多次冷拔后的钢筋，表面光洁度高，屈服强度提高 40% ~60%，但塑性大大降低，具有硬钢的性质。

（2）时效。钢材经冷加工后，在常温下存放 15 ~20d 或加热至 100 ~200℃，保持

2h 左右，其屈服强度、抗拉强度及硬度进一步提高，而塑性及韧性继续降低，这种现象称为时效。前者称为自然时效，后者称为人工时效。

钢材经冷加工及时效处理后，其性质变化的规律，可明显地在应力—应变图上得到反映，如图2.5.5 所示。图中 *OABCD* 为未经冷拉和时效试件的 $\sigma—\varepsilon$ 曲线。当试件冷拉至超过屈服强度的任意一点 *K*，卸去荷载，此时由于试件已产生塑性变形，则曲线沿 KO'下降，KO'大致与 *AO* 平行。如立即再拉伸，则 $\sigma—\varepsilon$ 曲线将成为 $O'KCD$（虚线），屈服强度由 *B* 点提高到 *K* 点。但如在 *K* 点卸荷后进行时效处理，然后再拉伸，则 $\sigma—\varepsilon$ 曲线将成为 $O'K_1C_1D_1$，这表明冷拉时效以后，屈服强度和抗拉强度均得到提高，但塑性和韧性则相应降低。

4. 钢材的热处理

钢材的热处理通常有以下几种基本方法。

（1）淬火。将钢材加热至 723℃以上某一温度，并保持一定时间后，迅速置于水中或机油中冷却，这个过程称钢材的淬火处理。钢材经淬火后，强度和硬度提高，脆性增大，塑性和韧性明显降低。

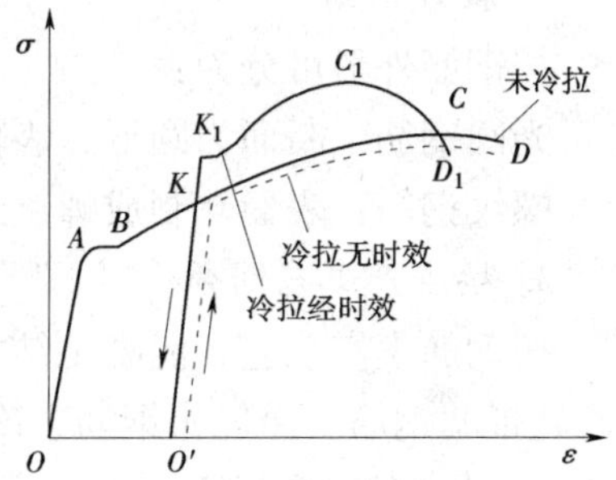

图 2.5.5　钢筋冷拉时效后应力—应变图的变化

（2）回火。将淬火后的钢材重新加热到 723℃以下某一温度范围、保温一定时间后再缓慢地或较快地冷却至室温，这一过程称为回火处理。回火可消除钢材淬火时产生的内应力，使其硬度降低，恢复塑性和韧性。按回火温度不同，又可分为高温回火（500～650℃）、中温回火（300～500℃）和低温回火（150～300℃）3 种。回火温度愈高，钢材硬度下降愈多，塑性和韧性恢复愈好，若钢材淬火后随即进行高温回火处理，则称调质处理，其目的是使钢材的强度、塑性、韧性等性能均得以改善。

（3）退火。退火是指将钢材加热至 723℃以上某一温度，保持相当时间后，就在退火炉中缓慢冷却。退火能消除钢材中的内应力，细化晶粒、均匀组织，使钢材硬度降低，塑性和韧性提高，从而达到改善性能。

（4）正火。正火是将钢材加热到 723℃以上某一温度，并保持相当长时间，然后在空气中缓慢冷却，则可得到均匀细小的显微组织。钢材正火后强度和硬度提高，塑性较退火为小。

（5）化学热处理。化学热处理是对钢材表面进行的热处理，它是利用某些化学元素向钢表层内进行扩散，以改变钢材表面上的化学成分和性能。常用的方法有渗碳法、氮化法、氰化法等。

5.3　钢筋

5.3.1　钢筋的分类

钢筋抗拉能力强，通常与混凝土黏结成整体，构成钢筋混凝土构件。

1. 按屈服强度划分

按屈服强度可分为HPB235级、HRB335级、HRB400级及HRB500级钢筋、RRB400级钢筋，其中HPB235级至HRB500级为热轧钢筋，RRB400级钢筋为余热处理钢筋，它们的屈服强度分别为：

HPB235级，屈服点为235MPa，抗拉强度为370MPa；

HRB335级，屈服点为335MPa，抗拉强度为490MPa；

HRB400级，屈服点为400MPa，抗拉强度为570MPa；

HRB500级，屈服点为500MPa，抗拉强度为630MPa；

RRB400级，屈服点为440MPa，抗拉强度为600MPa。

2. 按外形划分

按钢筋外形可分为：

光圆钢筋：断面为圆形，表面无刻纹，使用时需加弯钩；

螺纹钢筋：表面轧制成螺旋纹、人字纹，以增大与混凝土的黏结力。

3. 按生产工艺划分

按钢筋生产工艺，混凝土结构用的普通钢筋，可分为两类：热轧钢筋和冷加工钢筋（冷轧带肋钢筋、冷轧扭钢筋、冷拔螺旋钢筋）。

4. 按供货方式划分

按钢筋供货方式可分为盘圆钢筋（直径不大于10mm）和直条钢筋。

5. 按在结构中的作用划分

（1）受拉钢筋。这类钢筋配置在钢筋混凝土构件中的受拉区，主要承受拉力。工程上常见的简支梁、简支板等构件的受拉区都在构件的下部，受拉钢筋也就配置在构件的下部。但有些构件，受力正好相反，受拉区在构件的上部，受拉钢筋也就配置在构件的上部，如挑檐梁、雨篷等。

（2）弯起钢筋。它是受拉钢筋的一种变化形式。在简支梁中，为抵抗支座附件由于受弯和受剪而产生的斜向拉力，就将受拉钢筋的两端弯起来，承受这部分斜拉力，称为弯起钢筋。但在连续梁和连续板中，受拉区是变化的：跨中受拉区的连续梁、板的下部；到接近支座的部位，受拉区便移到梁、板的上部。为了适应这种受力情况，则受拉钢筋到一定位置就需弯起。

（3）受压钢筋。受压钢筋是通过计算用以承受压力的钢筋，一般配置在受压构件中，例如各种柱子、桩或屋架的受压腹杆内，还有受弯构件的受压区内也需配置受压钢筋。虽然混凝土的抗压强度较大，然而钢筋的抗压强度远大于混凝土的抗压强度，在构件的受压区配置受压钢筋，帮助混凝土承受压力，就可以减小受压构件或受压区的截面尺寸。

（4）分布钢筋。这些钢筋常用在墙、板或环形构件中。分布钢筋的作用有3个：首先，将荷载均匀地分布给受力钢筋；其次，在浇捣混凝土时可固定受力钢筋的位置；第三，还可抵抗混凝土凝固收缩时及温度变化时产生的拉力作用。

（5）箍筋。箍筋的主要作用是固定受力钢筋在构件中的位置，并使钢筋形成坚固的骨架，同时箍筋还可以承担部分拉力和剪力等。

箍筋的形式主要有开口式和闭口式两种。闭口式箍筋有圆形和矩形等形式。

单个矩形闭口式箍筋也称双肢箍；两个双肢箍拼在一起称为四肢箍。在截面较小的梁中可使用单肢箍；在圆形或有些矩形的长条构件中也有使用螺旋形箍筋的。

（6）架立钢筋。架立钢筋的作用是使受力钢筋和箍筋保持正确位置，以形成骨架。架立钢筋的直径一般为 8 ~ 12mm。

5.3.2 钢筋的品种和规格

1. 热轧钢筋

钢筋混凝土用热轧钢筋，根据其表面状态特征、工艺与供应方式可分为热轧光圆钢筋、热轧带肋钢筋与热轧热处理钢筋等，热轧带肋钢筋通常为圆形横截面，且表面通常带有两条纵肋和沿长度方向均匀分布的横肋。按肋纹的形状分为月牙肋和等高肋，如图 2.5.6 所示；热轧钢筋按其力学性能，分为Ⅰ级、Ⅱ级、Ⅲ级、Ⅳ级，其强度等级代号分别为 R235、RL335、RL400、RL540。其中Ⅰ级钢筋由碳素结构钢轧制，其余均由低合金钢轧制而成。

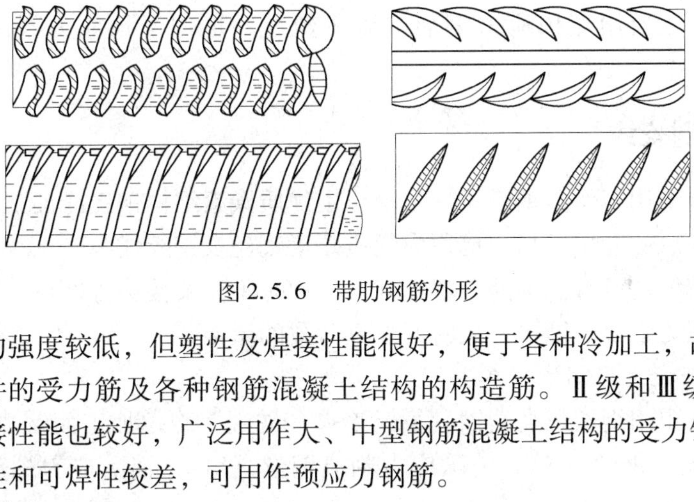

图 2.5.6　带肋钢筋外形

Ⅰ级钢筋的强度较低，但塑性及焊接性能很好，便于各种冷加工，故广泛用于普通钢筋混凝土构件的受力筋及各种钢筋混凝土结构的构造筋。Ⅱ级和Ⅲ级钢筋的强度较高，塑性和焊接性能也较好，广泛用作大、中型钢筋混凝土结构的受力钢筋。Ⅳ级钢筋强度高，但塑性和可焊性较差，可用作预应力钢筋。

2. 冷轧带肋钢筋

冷轧带肋钢筋是采用普通低碳钢或低合金钢热轧圆盘条为母材，经冷轧或冷拔减径后在其表面冷轧成具有 3 面（或两面）有肋的钢筋。它的生产和使用应符合《冷轧带肋钢筋》（GB 13788—2000）和《冷轧带肋钢筋混凝土结构技术规程》（JGJ 95—2003）规定。

冷轧带肋钢筋按抗拉强度分为 5 级：CRB550、CRB650、CRB800、CRB970、CRB1170。C、R、B 分别为冷轧、带肋、钢筋 3 个词的英文首位字母，数值为抗拉强度的最小值。与冷拔低碳钢丝相比，冷轧带肋钢筋具有强度高、塑性好，与钢筋黏结牢固，节约钢材，质量稳定等优点。

CRB550 钢筋的公称直径范围为 4 ~ 12mm，CRB650 及以上牌号钢筋的公称直径为 4mm、5mm、6mm。

3. 冷轧扭钢筋

冷轧扭钢筋，又称冷轧变形钢筋，是以Q235、Q215热轧圆盘条钢筋为原料，通过冷轧专用设备进行调直、轧扁、扭曲、定尺切断等工序，一次加工成形，达到一定的工业标准，供水利水电工程现浇结构或预制构件直接使用的钢筋混凝土所用新型钢筋。

该新型钢筋外观呈连续均匀的螺旋状，表面光滑无裂痕，性能与其母材相比，极限抗拉强度与混凝土的握裹力分别提高了1.67倍和1.59倍。

冷轧扭钢筋比采用普通热轧圆盘条钢筋节省钢材36%～40%，节省工时，节省运费1/3，降低施工直接费用15%左右，经济效益明显。

4. 预应力混凝土钢筋

预应力混凝土用热处理钢筋是用热轧带肋钢筋经淬火和回火调质处理后的钢筋。有直径为6mm、8.2mm、10mm 3种规格。热处理钢筋成盘供应，每盘长约100～120m，开盘后钢筋自然伸直，按要求的长度切断。

预应力混凝土用热处理钢筋的优点是：强度高，可代替高强钢丝使用；配筋根数少，节约钢材；锚固性好，不易打滑，预应力值稳定；施工简便，开盘后钢筋自然伸直，不需调直。主要用作预应力钢筋混凝土轨枕，也用于预应力梁、板结构及吊车梁等。

5.4 钢丝与钢绞线

预应力混凝土用钢丝及钢绞线，是钢厂用优质碳素结构钢经冷加工、再回火、冷轧或绞捻等加工而成的专用产品，也称为优质碳素钢丝及钢绞线。

钢丝和钢绞线均具有强度高、塑性好，使用时不需要接头等优点，尤其适用于需要曲线配筋的预应力混凝土结构、大跨度或重荷载的屋架等。

1. 预应力混凝土用钢丝

预应力混凝土用钢丝是高碳钢盘条经淬火、酸洗、冷拉加工而制成的高强度钢丝。分为消除应力光圆钢丝（S）、消除应力刻痕钢丝（SI）、消除应力螺旋肋钢丝（SH）和冷拉钢丝（RCD）4种。

预应力钢丝具有强度高、柔性好、松弛率低、耐蚀等特点，适用于各种特殊要求的预应力结构，主要用于大跨度屋架及薄腹梁、大跨度吊车梁、桥梁、电杆、轨枕等的预应力钢筋。其技术性能应符合《预应力混凝土用钢丝》（GB/T 5223—2002）的要求。

2. 预应力混凝土用钢绞线

预应力混凝土用钢绞线一般是由2根、3根或7根直径为2.5～5.0mm的高强度钢丝，绞捻后经一定热处理清除内应力而制成。一般以一根钢丝为中心，其余钢丝围绕着进行螺旋状绞合，再经低温回火制成。预应力混凝土用钢绞线按其应力松弛性能分为两级：Ⅰ级松弛（普通松弛）、Ⅱ级松弛（低松弛）。

钢绞线具有强度高、与混凝土黏结性好、断面面积大，使用根数少，在结构中布置方便，易于锚固等优点。主要用于大跨度、重荷载的预应力屋架、桥梁和薄腹梁等结构。其技术性能应该符合《预应力混凝土用钢绞线》（GB/T 5224—2003）的规定。

5.5 建筑钢材的验收、储运及防护

5.5.1 钢材的选用

工程结构对钢材各有要求。选用时要根据钢材的强度、塑性、韧性、耐疲劳性能、焊接性能、耐锈性能等进行全面考虑。对厚钢板结构、焊接结构、低温结构和采用含碳量高的钢材制作的结构，还应防止脆性破坏。

1. 钢材选用原则

对工程结构钢材选择时，应符合设计要求的规定，表 2.5.2 为一般选择原则。

表 2.5.2 结构钢材的选择

序号	结构类型			计算温度	选用牌号
1	焊接结构	直接承受动力荷载的结构	重级工作制吊车梁或类似结构	—	Q235 镇静钢或 Q345 钢
2			轻、中级工作制吊车梁或类似结构	等于或低于 $-20℃$	同 1 项
3				高于 $-20℃$	Q235 沸腾钢
4		承受静力荷载或间接承受动力荷载的结构		等于或低于 $-20℃$	同 1 项
5				高于 $-20℃$	同 3 项
6	非焊接结构	直接承受动力荷载的结构	重级工作制吊车梁或类似结构	等于或低于 $-20℃$	同 1 项
7				高于 $-20℃$	同 3 项
8			轻、中级工作制吊车梁或类似结构	—	同 3 项
9		承受静力荷载或间接承受动力荷载的结构		—	同 3 项

表中的计算温度应按现行《采暖通风和空气调节设计规范》（GB 50019—2003）中的冬季空气调节室外计算温度确定。低温地区的露天或类似露天的焊接结构用沸腾钢时，钢材板厚不宜过大。

2. 钢材性能要求

承重结构的钢材，应保证抗拉强度（σ_b）、伸长率（δ_5）、屈服点（σ_s）和硫（S）、磷（P）的极限含量。焊接结构应保证碳（C）的极限含量。必要时还应有冷弯试验的合格证。

对于重级工作制以及吊车起重量不小于 50t 的中级工作制吊车梁或类似结构的钢材，应有常温冲击韧性的保证。计算温度等于或低于 $-20℃$ 时，Q235 钢应具有 $-20℃$ 下冲击韧性的保证。Q345 钢应具有 $-40℃$ 下冲击韧性的保证。

重级工作制的非焊接吊车梁，必要时其钢材也应具有冲击韧性的保证。

根据《钢结构设计规范》（GB 50017—2003）的规定，承重结构的钢材一般应保证抗拉强度、伸长率、屈服点、冷弯试验、冲击韧性合格和硫、磷含量的极限值，对焊接结构尚应保证碳含量的极限值。对构件节点约束较强以及板厚等于或大于 50mm，并承

受沿板厚方向拉力作用的焊接结构，应对板厚方向的断面收缩率加以控制。

3. 钢材的代用与变通

钢结构应按照上述规定，选用钢材的钢号和提出对钢材的性能要求，施工单位不宜随意更改或代用。钢结构工程所采用的钢材必须附有钢材的质量证明书，各项指标应符合设计文件的要求和国家现行有关标准的规定。钢材代用一般须与设计单位共同研究确定，同时应注意以下几点：

（1）钢号虽然满足设计要求，但生产厂提供的材质保证书中缺少设计部门提出的部分性能要求时，应做补充试验。如 Q235 钢缺少冲击、低温冲击试验的保证条件时，应作补充试验，合格后才能应用。补充试验的试件数量，每炉钢材、每种型号规格一般不宜少于 3 个。

（2）钢材性能虽然能满足设计要求，但钢号的质量优于设计提出的要求时，应注意节约。如在普碳钢中以镇静钢代沸腾钢，优质碳素钢代普碳钢等都要注意节约，不要任意以优代劣，不要使质量差距过大。如采用其他专业用钢代替建筑结构钢时，最好查阅这类钢材生产的技术条件，并与《碳素结构钢》（GB/T 700—2006）相对照，以保证钢材代用的安全性和经济合理性。

普通低合金钢的相互代用，如用 Q390 代 Q345 等，要更加谨慎，除机械性能满足设计要求外，在化学成分方面还应注意可焊性。重要的结构要有可靠的试验依据。

（3）如钢材性能满足设计要求，而钢号质量低于设计要求时，一般不允许代用。如结构性质和使用条件允许，在材质相差不大的情况下，经设计单位同意亦可代用。

（4）钢材的钢号和性能都与设计提出的要求不符时，首先应检查是否合理，然后按钢材的设计强度重新计算，根据计算结果改变结构的截面、焊缝尺寸和节点构造。

（5）对于成批混合的钢材，如用于主要承重结构时，必须逐根按现行标准对其化学成分和机械性能分别进行试验，如检验不符合要求时，可根据实际情况用于非承重结构构件。

（6）钢材机械性能所需的保证项目仅有一项不合格者，可按以下原则处理。

1）当冷弯合格时，抗拉强度之上限值可以不限。

2）伸长率比设计的数值低 1% 时，允许使用，但不宜用于考虑塑性变形的构件。

3）冲击功值按一组 3 个试样单值的算术平均值计算，允许其中一个试样单值低于规定值，但不得低于规定值的 70%。

（7）采用进口钢材时，应验证其化学成分和机械性能是否满足相应钢号的标准。

（8）钢材的规格尺寸与设计要求不同时，不能随意以大代小，须经计算后才能代用。

（9）如钢材供应不全，可根据钢材选择的原则灵活调整。

工程结构对材质的要求是：受拉构件高于受压构件；焊接结构高于螺栓或铆钉连接

的结构；厚钢板结构高于薄钢板结构；低温结构高于常温结构；受动力荷载的结构高于受静力荷载的结构。如桁架中上、下弦可用不同的钢材。遇含碳量高或焊接困难的钢材，可改用螺栓连接，但须与设计单位商定。

5.5.2 钢材的检验

建立钢材检验制度是保证钢结构工程质量的重要环节。因此，钢材在正式入库前必须严格执行检验制度，经检验合格的钢材方可办理入库手续。

1. 钢材检验的内容

钢材检验的主要内容包括以下几方面。

（1）钢材的数量和品种应与订货合同相符。

（2）钢材的质量保证书应与钢材上打印的记号符合。每批钢材必须具备生产厂提供的材质证明书，写明钢材的炉号、钢号、化学成分和机械性能。对钢材的各项指标可根据国标的规定进行核验。

（3）核对钢材的规格尺寸。各类钢材尺寸的容许偏差，可参照有关国标或行标中的规定进行核对。

（4）钢材表面质量检验。不论扁钢、钢板和型钢，其表面均不允许有结疤、裂纹、折叠和分层等缺陷。有上述缺陷的应另行堆放，以便研究处理。钢材表面的锈蚀深度，不得超过其厚度负偏差值的1/2。锈蚀等级的划分和除锈等级见《涂装前钢材表面锈蚀等级和除锈等级》（GB 8923—1988）。

经检验发现“钢材质量保证书”上数据不清、不全，材质标记模糊，表面质量、表观尺寸不符合有关标准要求时，应视具体情况重新进行复核和鉴定。

经复验鉴定合格的钢材方准予正式入库，不合格钢材应另作处理。

2. 钢材检验的类型

根据钢材信息和保证资料的具体情况，其质量检验类型分免检、抽检和全部检验3种。

（1）免检。免去质量检验过程。对有足够质量保证的一般材料，以及实践证明质量长期稳定、且质量保证资料齐全的材料，可予免检。

（2）抽检。按随机抽样的方法对材料进行抽样检验。当对材料的性能不清楚，或对质量保证有怀疑，或对成批生产的构配件，均应按一定比例进行抽样检验。

（3）全部检验。凡对进口的材料、重要工程部位的材料，以及贵重的材料，应进行全部检验，以确保材料和工程质量。

3. 钢材检验的方法

钢材的质量检验方法有书面检验、外观检验、理化检验和无损检验等4种。

（1）书面检验。通过对提供的材料质量保证资料、试验报告等进行审核，取得认可后方能使用。

（2）外观检验。对材料从品种、规格、标志、外形尺寸等进行直观检查，看其有无质量问题。

（3）理化检验。借助试验设备和仪器对材料样品的化学成分、机械性能等进行科学的鉴定。

（4）无损检验。在不破坏材料样品的前提下，利用超声波、X射线、表面探伤仪等进行检测。

钢材的质量检验项目要求如表2.5.3所示。

表2.5.3　　钢材的质量检验项目要求

序号	材料名称	书面检验	外观检验	理化检验	无损检验
1	钢板	必须	必须	必要时	必要时
2	型钢	必须	必须	必要时	必要时

4. 钢材检验的要求

（1）钢结构所用的钢材品种、规格、性能等应符合现行国家产品标准和设计要求。进口钢材产品的质量应符合设计和合同规定的标准要求。所有钢材进场后，首先要进行书面检查。

检查数量：钢材的书面检查要求做到全数检查。

检验方法：主要检查钢材质量合格证明文件、中文标准及检验报告等。不论钢材的品种、规格、性能如何都要求3证齐全。为防止假冒伪劣钢材进入钢结构市场，在进行书面检查时，一定要注意仔细辨别钢材质量合格证明、中文标志及检验报告的真伪，最好要求厂家提供书面资料原件，并加盖生产厂家及销售单位的公章。

（2）对属于下列情况之一的钢材，应进行抽样复验，其复验结果应符合国家标准和设计要求。

1）国外进口的钢材。

2）钢材混批。

3）板厚大于或等于40mm，且设计有双向性能要求的厚板。

4）工程结构安全等级为一级，大跨度钢结构中主要受力构件所采用的钢材。

5）设计有复检要求的钢材。

6）业主或监理人员对质量有疑义时，或当合同有特殊要求需作跟踪追溯的材料。

检查数量：全数检查。

检验方法：检查复验报告。

（3）钢板的厚度及截面尺寸偏差直接影响结构的承载能力、整体稳定性和局部稳定性，直接关系结构的安全度和可靠性，必须对钢板的截面尺寸的检查高度重视。设计文件对构件所用的钢板的厚度有明确的表示，国家钢结构有关规范对钢板的厚度允许偏差也有明确的规定，钢结构所用的钢板的厚度和允许偏差都要满足国家标准和设计文件的要求。

检查数量：每一品种、规格的钢板随机抽查5处。

检验方法：用游标卡尺进行量测。

（4）型钢的截面尺寸及允许偏差均要满足国家标准和设计文件要求的规定。

检查数量：每一品种、规格的钢板随机抽查5处。

检验方法：用游标卡尺进行量测。

（5）钢材的表面外观质量除应符合国家现行有关标准的规定外，还应符合以下规定。

1）当钢材的表面有锈蚀、麻点或划痕等缺陷时，其深度不得大于该钢材厚度正负允许偏差值的1/2。

2）钢材表面的锈蚀等级应符合现行国家标准《涂装前钢材表面锈蚀等级和除锈等级》（GB 8923—1988）规定的C级及C级以上。

3）钢材端边或断口处不应有分层、夹渣等缺陷。

检查数量：钢材进场后，要对钢材的表面外观质量进行全数检查。

检验方法：用小锤敲击，观察检查。

5.5.3 钢材的储运

钢材的储运要注意以下方面。

（1）钢材运输前必须了解所运钢材的长度和单捆重量，以便安排运输车辆和吊车。

（2）钢材应按不同的品种、规格分别堆放。在条件允许的情况下，钢材应尽可能存放在库房或料棚内（特别是有精度要求的冷拉、冷拔等钢材），若采用露天存放，则料场应选择地势较高而又平坦的地面，经平整、夯实、预设排水沟道、安排好垛底后方能使用。为避免因潮湿环境而引起的钢材表面锈蚀现象，雨雪季节钢材要用防雨材料覆盖。

（3）施工现场堆放的钢材应注明“合格”、“不合格”、“在检”、“待检”等产品质量状态，注明钢材生产企业名称、品种规格、进场日期及数量等内容，并以醒目标识标明，工地应由专人负责钢材收货和发料。

5.5.4 钢材的防护

5.5.4.1 钢材的锈蚀

钢材的锈蚀是指其表面与周围介质发生化学反应而遭到的破坏过程。根据锈蚀作用的机理，钢材的锈蚀可分为化学锈蚀和电化学锈蚀2种。

1. 化学锈蚀

化学锈蚀是指钢材直接与周围介质发生化学反应而产生的锈蚀。这种锈蚀多数是氧化作用，使钢材表面形成疏松的氧化物。在常温下，钢材表面能形成一薄层起保护作用的氧化膜 FeO，可以防止钢材进一步锈蚀。因而在干燥环境下，钢材锈蚀进展缓慢，但在温度和湿度较高的环境中，这种锈蚀进展加快。

2. 电化学锈蚀

电化学锈蚀是建筑钢材在存放和使用中发生锈蚀的主要形式。它是指钢材与电解质溶液接触而产生电流，形成微电池而引起的锈蚀。潮湿环境中的钢材表面会被一层电解质水膜所覆盖，而钢材含有铁、碳等多种成分，由于这些成分的电极电位不同，从而钢的表面层在电解质溶液中构成以铁素体为阳极，以渗碳体为阴极的微电池。在阳极，铁

失去电子成为 Fe^{2+} 进入水膜；在阴极，溶于水膜中的氧被还原生成 OH^-，随后两者结合生成不溶于水的 $Fe(OH)_2$，并进一步氧化成为疏松易剥落的红棕色铁锈 $Fe(OH)_3$。由于铁素体基体的逐渐锈蚀，钢组织中的渗碳体等暴露出来的越来越多，于是形成的微电池数目也越来越多，钢材的锈蚀速度也就愈益加速。

影响钢材锈蚀的主要因素是水、氧及介质中所含的酸、碱、盐等。同时，钢材本身的组织成分对锈蚀影响也很大。埋于混凝土中的钢筋，由于普通混凝土的 pH 值为 12 左右，处于碱性环境，使之表面形成一层碱性保护膜，它有较强的阻止锈蚀继续发展的能力，故混凝土中的钢筋一般不易锈蚀。

钢材在大气中的腐蚀，实际上是化学腐蚀和电化学腐蚀共同作用所致，但以电化学腐蚀为主。

钢材的腐蚀既有内因（材质），又有外因（环境介质的作用），因此要防止或减少钢材的腐蚀可以从改变钢材本身的易腐蚀性，隔离环境中的侵蚀性介质或改变钢材表面的电化学过程 3 个方面入手。

5.5.4.2 钢材防锈蚀措施

1. *保护层法*

通常的方法是采用在表面施加保护层，使钢材与周围介质隔离。保护层可分为金属保护层和非金属保护层两类。

非金属保护层常用的是在钢材表面刷漆，常用底漆有红丹、环氧富锌漆、铁红环氧底漆等，面漆有调和漆、醇酸磁漆、酚醛磁漆等，该方法简单易行，但不耐久。此外，还可以采用塑料保护层、沥青保护层、搪瓷保护层等。

金属保护层是用耐蚀性较好的金属，以电镀或喷镀的方法覆盖在钢材表面，如镀锌、镀锡、镀铬等。薄壁钢材可采用热浸镀锌或镀锌后加涂塑料涂层等措施。

混凝土中钢筋的防锈措施，根据结构的性质和所处环境条件等考虑混凝土的质量要求，主要是保证混凝土的密实度（控制最大水比和最小水泥用量、加强振捣）、保证足够的保护层厚度、限制氯盐外加剂的掺和量和保证混凝土一定的碱度等；还可掺用阻锈剂（如亚硝酸钠等）。国外有采用钢筋镀锌、镀镍等方法。对于预应力钢筋，一般含碳量较高，又多系经过变形加工或冷加工，因而对锈蚀破坏较敏感，特别是高强度热处理钢筋，容易产生应力锈蚀现象。故重要的预应力承重结构，除禁止掺用氯盐外，应对原材料进行严格检验。

2. *制成合金钢*

钢材的组织及化学成分是引起锈蚀的内因。通过调整钢的基本组织或加入某些合金元素、可有效地提高钢材的抗腐蚀能力。例如，在钢中加入一定量的合金元素铬、镍、钛等，制成不锈钢，可以提高耐锈蚀能力。

3. *钢材防火*

钢是不燃性材料，但这并不表明钢材能够抵抗火灾。耐火试验与火灾案例调查表明：以失去支持能力为标准，无保护层时钢柱和钢屋架的耐火极限只有 0.25h. 而裸露钢梁的耐火极限仅为 0.15h。温度在 200℃ 以内，可以认为钢材的性能基本不变；超过

300℃以后，弹性模量、屈服点和极限强度均开始显著下降，应变急剧增大；到达600℃时已失去承载能力。

钢结构防火保护的基本原理是采用绝热或吸热材料，阻隔火焰和热量，推迟钢结构的升温速度。防火方法以包覆法为主，即以防火涂料、不燃性板材或混凝土和砂浆将钢构件包裹起来。

本章习题

2.5.1 钢材的拉伸试验图划分为哪几个阶段？各阶段有哪些特点？

2.5.2 既然沸腾钢的质量较镇静钢差，但为什么还要生产和采用沸腾钢？

2.5.3 试解释下列4个符号所代表的意义及相互间区别：

σ_s　　$\sigma_{0.2}$　　δ_5　　δ_{10}

2.5.4 钢材的屈强比的大小对钢结构有何实用意义？

2.5.5 化学成分对钢材性能有何影响？

2.5.6 冷弯与冲击韧性试验在选用钢材上有何实际意义？

2.5.7 普通碳素钢、低合金高强度钢各分为多少牌号？各有什么特点？

2.5.8 热轧带肋钢筋分几个级别，其强度等级代号如何表示？

2.5.9 钢材是如何锈蚀的？怎样防止锈蚀？

第6章　天然土石料

教学要求：了解天然土料的组成、工程分类以及石料的定义、应用；熟悉土的物理性能指标、渗透性、工程特性、土样的采集、运输与保管，石料的技术性质与选用原则；掌握土的密度、重度、含水量、孔隙比、孔隙率、饱和度等指标概念。

6.1　天然土料

6.1.1　土的组成

自然界中的土是岩石经风化、搬运、堆积而成的，风化成土的岩石称为母岩，母岩成分、风化性质、搬运过程和堆积环境是决定土的组成的主要因素。土的组成又是决定地基土工程性质的内因。土是由固体颗粒、水和气体三部分组成的，通常称为土的三相组成，三相物质的质量和体积比例不同，土的性质也就不同。

1. 土的固相

土的固相物质包括无机矿物颗粒和有机质，它们组成了土的骨架。土中的矿物成分可以分为原生矿物和次生矿物两大类。原生矿物是指岩浆在冷凝过程中形成的矿物，如石英、长石、云母等。次生矿物是由原生矿物经过风化作用后形成的新矿物，如三氧化二铝。风化过程中，在微生物作用下，土中产生复杂的腐殖质矿物，还会有动植物残体等有机物，如泥炭等。有机颗粒紧紧地吸附在矿物颗粒的表面形成了颗粒间的连接，但是这种连接的稳定性较差。

从外表看到的土的颜色，在很大程度上反映了土的固相成分及其含量。红色、黄色和棕色一般表示土中含有较多的三氧化二铁，并说明氧化程度较高。黑色表示土中含有较多的有机质或锰的化合物；灰蓝色和灰绿色的土一般含有亚铁化合物，是在缺氧条件下形成的；白色或灰白色表示土中有机质较少，主要含石英或高岭土等黏土矿物。当然，湿度会影响土的颜色深浅，风干的土颜色比较浅，一般描述的是土在潮湿状态的颜色。

2. 土的液相

土的液相是指孔隙中存在的水。通常认为水是中性的，在0℃时冻结，但实际上土中的水是成分十分复杂的电解质水溶液，它和亲水性矿物颗粒表面有着复杂的物理化学作用。按照水与土相互作用程度的强弱，可将土中的水分为结合水和自由水两大类。

结合水是指土颗粒表面水膜中的水。强结合水在最靠近土颗粒表面处，水分子和水化离子排列得非常紧密，以致其密度大于 $1g/cm^3$，并有过冷现象，即温度降到冰点不发生冻结现象。在距土粒表面较远的地方，由于引力降低，水分子的排列不如强结合水紧密，水分子可能在渗附压力作用下从较厚水膜或浓度较低处缓慢地迁移到较薄的水膜或浓度较高处，亦即可从一个土粒迁移到另一个土粒，这种运动与重力无关，这层不能传递静水压力的水称为弱结合水。

自由水包括毛细水和重力水。毛细水不仅受到重力的作用，还受到表面张力的支配，能沿着土的细孔隙从潜水面上升到一定的高度。这种毛细上升现象是公路路基冻胀翻浆及建筑物返潮的主要原因。重力水在重力或压力差作用下能在土中渗流，对于土颗粒和结构物都有浮力作用，当水头差较大时，在渗流流出处发生渗透破坏。在土力学计算中应当考虑这种渗流及浮力的作用，在工程施工时充分注意水的影响。

3. 土的气相

土的气相是指充填在土的孔隙中的气体，包括与大气连通的和不连通的两类。与大气连通的气体对土的工程性质没有太大的影响，它的成分与空气相似，土力学中通常研究饱和土的物理力学性质及其计算，常忽略气体的影响。

6.1.2 土的工程分类

1. 碎石土的分类

按照《岩土工程勘察规范》（GB 50021—2001）和《建筑地基基础设计规范》（GB 50007—2002）的规定，碎石土定义为“粒径大于 2mm 的颗粒含量超过全重 50% 的土”。碎石土按照粒径范围分为 3 个亚类。每个亚类中按照颗粒形状又分为两类，共有 6 种土。即粒径大于 200mm 的颗粒含量超过全重 50% 的碎石土称为漂石（圆形及亚圆形为主）或块石（棱角形为主）；粒径大于 20mm 的颗粒含量超过全重 50% 的碎石土称为卵石或碎石；粒径大于 2mm 的颗粒含量超过全重 50% 的碎石土称为圆砾或角砾。《土的分类标准》（GBJ 145—90）中则规定按照某一粒组的颗粒含量超过全重的 50%，将土划分为巨粒、粗粒和细粒 3 种。

2. 砂土的分类

所谓砂土是指粒径大于 2mm 的颗粒质量不超过全重的 50%、且粒径大于 0.075mm 的颗粒质量超过全重 50% 的土。砂土还可再区分为砾砂、粗砂、中砂、细砂和粉砂 5 个亚类。

3. 细粒土的分类

细粒土是指粒径大于 0.075mm 的颗粒不超过全重的 50% 的土，包括粉土和黏土两大类。对细粒土的分类也存在两个分类体系，我国长期习惯采用的分类方法是按塑性指数分类；另一种分类方法是借鉴美国 ASTM 的统一分类法的塑性图分类法。

塑性指数是反映土的粒度成分和矿物成分的综合性指标，组成土的颗粒越细，次生矿物的含量越多，土的塑性指数就越高。塑性指数越高的土，其黏聚力越高，内摩擦角就越低，其他的工程性质也随之而变化，是一个比较敏感的指标，因此在土力学中将塑性指数作为土的特征指标。

《岩土工程勘察规范》（GB 50021—2001）和《建筑地基基础设计规范》（GB

50007—2002）中规定的塑性指数分类法的内容如下：

（1）在砂土和黏性土之间划分出一个过渡性的土类，定名为粉土。

（2）粉土与砂土的分类界限采用粒度成分指标，将粒径大于0.075mm的颗粒占全重50%作为界限，超过50%的土属于粗粒土，少于50%的土属于细粒土，细粒土包括粉土和黏性土两大类。

（3）黏性土分为粉质黏土和黏土两个亚类，粉土和粉质黏土的分类界限为塑性指数等于10，粉质黏土和黏土的分类界限为塑性指数等于17。

这种分类方法的优点在于：按土的不同特点采用不同的分类指标，能反映其变化规律；划分出过渡性的土类，定名为粉土，有利于积累粉土的工程经验；分类方法简单，有利于与以往工程经验衔接。

6.1.3 土的物理性能指标

按照土的三相比例，土的性能指标可分为两种：一种是试验指标；另一种是换算指标。

1. 试验指标

通过试验测定的指标有土的密度、土粒密度和含水量。

（1）土的密度。土的密度，即单位体积土的质量。令土的体积为 V，质量为 M，则土的密度为

$$\rho = M/V$$

式中 ρ——土的密度，g/cm^3；

M——土的质量，g；

V——土的体积，cm^3。

在天然状态下，土的密度范围一般介于 $1.80 \sim 2.20 g/cm^3$ 之间。

（2）重度。当采用国际单位制计算重力 W 时，由土的质量产生的单位体积的重力密度，简称为重度。重力等于质量乘以重力加速度，则重度由密度乘以重力加速度求得，其单位为 kN/m^3。

（3）土粒密度。土粒密度，即干土粒的质量 G_S，与其体积 V_S 之比，其计算公式为

$$\rho_S = G_S/V_S$$

（4）含水量。土的含水量 W，即土中水的质量 M_W 与固体质量 M_S 之比。

含水量通常以质量分数表示。含水量常用烘干法测定，是描述土的干湿程度的重要指标。土的天然含水量变化范围很大，干砂的含水量接近于零，蒙脱土的含水量可达百分之几百。

2. 换算指标

除了上述试验指标之外，还有6个可以计算求得的指标，称为换算指标，包括土的干密度、饱和密度、有效重度、孔隙比、孔隙率和饱和度。这几个指标分别定义如下。

（1）干密度。指土粒质量与土的总体积之比。

（2）饱和密度。指当土的孔隙中全部被水所充满时的密度，即水的质量与固相质量之和与土的总体积之比。

（3）有效重度。指当土浸没在水中时，土的固相受到水的浮力作用，土体的重力应扣除浮力。扣除浮力以后的固相重力与土的总体积之比为有效重度。

（4）孔隙比。指土中孔隙的体积与土粒体积之比。

（5）孔隙率。指土中孔隙的体积与土的总体积之比。

（6）饱和度。指孔隙中水的体积与孔隙体积之比。

6.1.4 土的渗透性与冻胀性

6.1.4.1 土的渗透性

土是具有连续孔隙的介质，当它用作水工建筑物的材料（如土坝）时，水就会在水位差作用下，从水位较高的一侧透过土体的孔隙流向水位较低的一侧。

在水位差的作用下，水透过土体孔隙的现象称为渗透。土体被渗流水透过的性能称为土的渗透性。

影响土的渗透性的因素见表2.6.1。

表2.6.1　　土的渗透性影响因素

土的类别	影响因素
砂土	影响砂性土渗透性的主要因素是颗粒大小、级配、密度以及土中封闭气泡。土颗粒愈粗，愈浑圆、愈均匀、渗透性愈大；级配良好土，细颗粒填充粗颗粒孔隙，土体孔隙减小，渗透性变小；渗透性随相对密实度增加而减小；土中封闭气体不仅减小了土体断面上的过水通道面积，而且堵塞某些通道，使土体渗透性减小
黏性土	（1）影响黏性土渗透性的因素比砂性土复杂。黏性土中含有亲水性矿物质（如蒙脱石）或有机质时，由于它们具有很大的膨胀性，就会大大降低土的渗透性，含有大量有机质的淤泥几乎是不透水的。黏性土中若土粒的结合水膜厚度较厚时，会阻塞土的孔隙，降低土的渗透性； （2）黏土颗粒的形状是扁平的，有定向排列作用，在沉积过程中，是在竖向应力和水平向应力不相等的条件下固结的，土体各向异性和应力各向异性造成了土体渗透性的各向异性。特别对层状黏土，由于水平粉细砂层的存在，使水平方向渗透系数远远大于竖直方向渗透系数；西北地区的黄土，具有竖直方向的大孔隙，竖直方向的渗透性要比水平方向的大得多； （3）土的矿物成分、结合水膜厚度、土的结构构造以及土中气体等都影响黏性土的渗透性

6.1.4.2 土的冻胀性

地面下一定深度的水温，随大气温度的改变而改变。当大气负温传入土中时，土中的自由水首先冻结成冰晶体，随着气温继续下降，弱结合水的最外层也开始冻结，使冰晶体逐渐扩大。这样使冰晶体周围土粒的结合水膜减薄，土粒就产生剩余的分子引力；另外，由于结合水膜的减薄，使得水膜中的离子浓度增加，产生了渗透压力，即当两种水溶液的浓度不同时，会在它们之间产生一种压力差，使浓度较小溶液中的水向浓度较大的溶液渗入，在这两种引力作用下，下卧层未冻结区水膜较厚处的弱结合水，被吸引到水膜较薄的冻结区，并参与冻结，使冰晶体增大，而不平衡引力却继续存在。假使下卧层未冻结区存在着水源（如地下水距冻结区很近）及适当的水源补给通道（如毛细通道），水能够源源不断地补充到冻结区来，那么，未冻结区的水分（包括弱结合水和自由水）就会不断地向冻结区迁移和积聚，使冰晶体不断扩大，在土层中形成冰夹层，土体随之发生隆起，即冻胀现象。

影响土的冻胀性因素见表2.6.2。

表2.6.2　土的冻胀性影响因素

因素类别	影　响　因　素
土的因素	冻胀现象通常发生在细粒土中，特别是粉砂、粉土、粉质黏土等，冻结时水分迁移积聚最为强烈，冻胀现象严重。这是因为这类土具有较显著的毛细现象，毛细水上升高度大，上升速度快，具有较通畅的水源补给通道，同时，这类土的颗粒较细，表面能大，土粒矿物成分亲水性强，能持有较多结合水，从而土的因素能使大量结合水迁移和积聚。相反，黏土虽有较厚的结合水膜，但毛细孔隙很小，对水分迁移的阻力很大，没有通畅的水源补给通道，所以其冻胀性较上述土类为小。砂砾等粗颗粒土，没有或具有很少量的结合水，孔隙中自由水冻结后，不会发生水分的迁移积聚，同时由于砂砾无毛细现象，因而不会发生冻胀
水的因素	土层发生冻胀是水分的迁移和积聚所致。当冻结区附近地下水位较高，毛细水上升高度能够达到或接近冻结线，使冻结区能得到外部水源的补给时，将发生比较强烈的冻胀现象。这样，可以区分开敞型冻胀和封闭型冻胀两种水的因素冻胀类型。前者是在冻结过程中有外来水源补给的；后者是冻结过程中没有外来水分补给。开敞型冻胀往往在土层中形成很厚的冰夹层，产生强烈冻胀，而封闭型冻胀，土中冰夹层薄，冻胀量也小
温度因素	当气温骤降且冷却强度很大时，土的冻结面迅速向下推移，即冻结速度很快。这时，土中弱结合水及毛细水还来不及向冻结区迁移就在原地冻结成冰，毛细通道也被冰晶体所堵塞。这样，水分的迁移和积聚不会发生，在土层中看不到冰夹层，只有散布于土孔隙中的冰晶体，这时形成的冻土一般无明显的冻胀。如气温缓慢下降，冷却强度小，但负温持续的时间较长，就能促使未冻结区水分不断地向冻结区迁移积聚，在土中形成冰夹层，出现明显的冻胀现象

6.1.4.3　潜蚀和流沙的危害及防治

1. 潜蚀

（1）潜蚀现象。在渗流情况下，地下水对岩土的矿物、化学成分产生溶蚀、溶滤后这些成分被带走以及水流将细小颗粒从较大颗粒的孔隙中直接带走，这种作用称为潜蚀，前者称为化学潜蚀，后者称为机械潜蚀。潜蚀的作用久而久之，在岩土内部形成管状流水孔道直到渗流出口处形成孔穴、洞穴等，严重时造成岩土体的塌陷变形或滑动，这些作用过程及其结果称为潜蚀破坏。潜蚀是岩体内部的水土流失，在渗流出口处表现为管状涌水并带出细小颗粒，所以潜蚀也称管涌。

（2）潜蚀的危害。

1）边坡及堤坝的塌陷及滑动。潜蚀的形成和长期存在，使土（石）体的孔隙比增大，质地疏松，内部出现管孔、洞穴，在渗流压力及渗流冲刷作用下，造成明显的内部水土流失，在渗流出口处形成管涌现象。在浮力、静水压力和渗流的共同作用下，严重地恶化了土的物理、力学指标，降低了主体强度，破坏了土体的整体性，容易造成边坡及堤坝的塌陷变形和滑动破坏或整体溃决。

2）溶洞、土洞的形成及破坏。水在岩体裂隙中的渗流形成的潜蚀作用（包括机械潜蚀和化学潜蚀，也是化学风化）可以使岩石的矿物、化学成分流失，使裂隙扩展、连通。久而久之形成一些岩体中的洞穴和溶洞。岩体中形成洞穴，特别是形成溶洞之后，改变了岩体的受力条件，在一定条件下，有的出现了塌陷，有的则保存了下来。

3）潜蚀在土体中能形成土洞。土洞的发育比岩体中的溶洞快得多，其破坏作用很明显。如在地基中有土洞未查明或在建筑物完成之后形成了土洞，对地基的稳定性危害极大。在地下工程周围如有潜蚀作用形成的土洞，则会明显地改变地下工程土洞周围的受力条件。在地下工程土洞周围岩土出现塌落和滑塌，对地下工程的稳定极为不利，严重时可造成地下工程上方的岩土体塌陷直至影响到地表。

（3）潜蚀的防治。

1）改变渗流条件，如降低水头差，延长渗流路径，在地基中及地下工程洞周围进行灌浆固结处理。

2）控制排水及在出水口处设置反（倒）滤层如控制抽、排水速度和时间，在渗流的边坡、堤岸坡脚处采取防冲刷、防淘空的措施（包括造型设计和材料选择），在渗流出口处设置反滤层对防止细小颗粒被水流带走是很有效的。

3）对地基中由于潜蚀形成的土洞进行堵塞。

2. 流沙

（1）流沙现象。当动水压力大于水下土的浮重度时，土颗粒完全失重，随渗流水一起悬浮和上涌，也完全失去了抗剪强度。这时的表土层就变得完全像液体一样，即地层遭到破坏，产生流荡、大规模涌水、涌土，于是工程场地受到严重破坏。这种破坏现象称为流土，因为流土现象比较容易在粉细砂、粉土地层中发生，所以工程上常称为流沙。

（2）流沙的防治。

1）如果在勘察工作中已发现存在流沙地层，应采用特殊的施工方案或特殊的施工措施，或在基坑开挖时通过设计计算，防止流沙出现。例如采用冻结法施工就是从施工方案上防止流沙破坏。

2）如果基坑底下有相对不透水层，其下有承压含水层时，为防止基坑发生流沙破坏，应使基坑底面到承压含水层顶面这个范围内各层土的自重应力大于水压力，表示为

$$\sum \gamma_i h_i > \gamma_w H$$

式中　γ_i、h_i——自基坑底面至承压含水层顶面各层土的重度和厚度，在水下的土层采用浮重度 γ'；

γ_w——水的重度；

H——承压水的压力水头高度。

3）采用特殊的施工技术措施，改变渗流条件。通常采用的施工技术措施，如降低地下水位，减少水头差；打钢板桩或设防渗墙，改变或延长渗流路径，上述措施都可以降低水力梯度，是防止流沙的有效措施。

4）在工程现场防治、控制流沙。在工程现场开挖基坑中，一旦突然出现了流沙现象，应采取紧急措施。这时不能采用抽排水措施，否则只会加剧破坏。应向流沙出现地点抛填粗砂、碎石、砖及砌块等。这样，一方面以抛填料的自重作为压重以平衡动水压力；另一方面也可以造成类似倒滤层的抛填顺序以防止土颗粒被带走，基坑内造成一定的积水（清水），在一定程度上也降低了水头差。

6.1.5 土的工程特性

1. 碎石土的工程特性

(1) 碎石土的土粒粗大，其工程特性主要取决于土的密实度，而与水的关系不大。

(2) 土粒本身的风化程度对其强度有影响，风化易碎的颗粒组成的土的强度与压缩性比有坚实颗粒的土降低。

(3) 孔隙中有黏性土填充物时多对强度有不良影响，因为黏性土填充物可降低土粒间的摩擦力，增加对水的亲和性。

(4) 一般碎石土在静载下抗压缩性较高，产生的沉降不大，通常可视作低压缩性土。但在动荷载（地震，机械振动等）下，中等密度以下的碎石土的压缩性提高，可能产生有害的震陷。

2. 砂土的工程特性

(1) 砂土成分中缺乏黏土矿物，与水的亲和力不大，不具有黏性与可塑性。

(2) 砂土的结构是单粒结构。松砂的孔隙多，结构不稳定。在荷载下，特别是动荷载作用下能产生较大沉降。中密与密实的砂土则是较好的地基，强度高而且压缩性小。

(3) 砂土的饱和度对砂土的工程特性也有影响。

砂土的颗粒越细，受湿度的影响越大，因为水分起的润滑作用使土的抗剪强度降低，因此饱和的粉细砂强度比干燥时要低。但在砂土的含水量相当小时（$\omega=4\%\sim8\%$），由于毛细压力的作用却能使砂土具有微小的毛细内聚力，使土不易振捣密实，对砂土的填土压实不利。当土饱和时，毛细现象消失，毛细内聚力不复存在。

(4) 砂土的透水性远比黏性土高，因而是很好的含水层，如果抽取地下水，则应在砂、卵石层中抽取。

(5) 饱和松砂土在振动或地震作用下，土中孔隙水压易上升，甚至使土的自重压力抵消，土粒处于失重状态，随水流动，即为液化，是地震区的一大震害因素。

3. 黏性土的工程特性

(1) 黏性土中含有较多的黏粒、胶粒和黏土矿物，这些颗粒有比表面积大、表面的离子交换能力强、表面活性强、亲水性很强等特点。对黏性土的活性，即活动度，应该给出一个定量的指标来表达。英国土力学家斯肯普顿 1953 年提出用活动度的概念来表达，活动度的表达式为

$$A=\frac{I_P}{m}$$

式中 m——黏土中胶粒（$d<0.002$mm）含量的百分率；

I_P——塑性指数。

根据黏土的活动度 A，可分类如下。

不活动黏土：$A<0.75$；

一般黏土：$A=0.75\sim1.25$；

活动黏土：$A=1.25\sim2.00$；

强活动黏土：$A>2.00$；

高岭土：$A=0.5$；

伊利土：$A=1.0$；

蒙脱土：$A>6.0$。

（2）土的灵敏度就是在不排水条件下，原状土的无侧限抗压强度（本质上是抗剪强度）与重塑土（完全扰动，即土的原结构完全破坏但土体含水量不变）的无侧限抗压强度之比，用 S_t 表示

$$S_t=\frac{q_u}{q_u'}$$

式中 q_u、q_u'——原状土、重塑土样在不排水条件下的无侧限抗压强度。

灵敏度的概念在工程上主要用于饱和、近饱和的黏性土。饱和软黏土，灵敏度很高。沿海新近沉积的淤泥、淤泥质土，灵敏度极高，S_t 值可达几十甚至更大。

（3）与灵敏度密切相关的另一特性称触变性。饱和及近饱和的黏性土、粉土，本来处于可塑状态，当受到扰动如振动、打桩等，土的结构受到破坏，强度显著降低，物理状态会变成流动状态。其中的自由水产生流动，部分弱结合水在振动作用下也会脱离土颗粒而成为自由水析出。但在扰动作用停止后，经过一段时间，土颗粒和水分子及离子会重新组合排列，形成新的结构，又可以逐步恢复原来的强度和物理状态。黏性土的水—土系统在含水量和密度不变的条件下，上述的状态变化及可逆性属胶体化学特性，在工程上称为触变性。

6.1.6 特殊土的工程特性

6.1.6.1 软土的工程特性

（1）高含水量和高孔隙性。软土的天然含水量一般为50%～70%，山区软土有时高达200%。天然孔隙比为1～2，最大达3～4。其饱和度一般大于95%。

（2）渗透性低。软土的渗透系数为 $1\times10^{-8}\sim1\times10^{-4}$cm/s，水平方向的渗透系数较垂直方向要大。土体的固结过程非常缓慢，其强度增长的过程也非常缓慢。

（3）压缩性高。软土的压缩系数 $a_{1-2}>0.5\text{MPa}^{-1}$，随着土的液限和天然含水量的增大，其压缩系数也进一步增高。具有变形大而不均匀，变形稳定历时长的特点。

（4）抗剪强度低。软土的抗剪强度很小，同时与加荷速度及排水固结条件密切相关。要提高软土地基的强度，必须控制施工和使用时的加荷速度。

（5）触变性和蠕变性强。触变性是软土的一个突出的性质，软土的灵敏度一般为3～6。

软土的蠕变性也是比较明显的。在长期恒定应力作用下，软土将产生缓慢的剪切变形，并导致抗剪强度的衰减；在同结沉降完成之后，软土还可能继续产生可观的次固结沉降。

6.1.6.2 黄土的工程特性

（1）黄土的含水量小，一般为8%～20%，孔隙比大，一般在1.0左右，具有垂直节理，常呈现直立的天然边坡。

（2）黄土在天然含水量时一般呈坚硬或硬塑状态，具有较高的强度和较低的压缩性，遇水浸湿后，强度迅速降低，在其自重作用下也会发生大量的沉陷，称为湿陷性。凡具有湿陷性特征的黄土称为湿陷性黄土，否则，称为非湿陷性黄土。

6.1.6.3 红黏土的工程特性

（1）天然含水量高，一般为40%~60%，高的可达90%。

（2）密度小，天然孔隙比一般为1.4~1.7，最高2.0，具有大孔性。

（3）高塑性，液限一般为60%~80%；塑限一般为40%~60%；塑性指数一般为20~50。

（4）由于塑限很高，所以尽管天然含水量高，一般仍处于坚硬或硬可塑状态。液性指数一般小于0.25，但是其饱和度一般在90%以上，因此，即使是坚硬黏土也处于饱水状态。

（5）一般呈现较高的强度和较低的压缩性。

（6）不具有湿陷性，原状土浸水后膨胀量很小（<2%），但失水后收缩剧烈，原状土体积收缩率为25%，而扰动土可达40%~50%。

6.1.6.4 膨胀土的工程特性

1. 膨胀土的物理、力学及胀缩性指标

（1）黏粒含量高达35%~85%，液限一般为40%~50%，塑性指数多在22~35。

（2）天然含水量接近或略小于塑限，不同季节变化幅度为3%~6%。故一般呈坚硬或硬塑状态。

（3）天然孔隙比小，常随土体含水量的增减而变化，即增湿膨胀，孔隙比变大；失水收缩，孔隙比变小，一般在0.5~0.8之间。

（4）自由膨胀量一般超过40%，也有超过100%的。

2. 膨胀土的强度和压缩性

膨胀土在天然条件下一般处于硬塑或坚硬状态，强度较高，压缩性较低，但往往由于干缩而导致裂隙发育，使其整体性不好，从而承载力降低，并可能丧失稳定性。

当膨胀土的含水量剧烈增大或土的原状结构被扰动时，土体强度会骤然降低，压缩性增高。

3. 膨胀土地基上的建筑物

（1）建筑物破坏一般是在同一地貌单元的相同土层地段成群出现。

（2）层次低、重量轻的房屋更容易破坏，4层以上的建筑物则基本不会受影响。

（3）建筑物裂缝具有随季节变化而往复伸缩的性质。

（4）山墙和内墙多出现呈“倒八字”的对称或不对称裂缝及垂直裂缝，外纵墙下端多出现水平裂缝，房屋角端裂缝严重，地坪多出现平行于外纵墙的通长裂缝，其特点是，靠近外墙者宽，离外墙较远的变窄。

6.1.6.5 填土的工程特性

1. 素填土

把利用素土进行回填的填方地段作为建筑场地，可以节约用地，降低工程造价。

2. 杂填土

以生活垃圾和腐蚀性及易变性工业废料为主要成分的杂填土，一般不宜作为建筑物地基；对以建筑垃圾或一般工业废料为主要成分的杂填土，采用适当的措施进行处理后可作为一般建筑物地基；当其均匀性和密实度较好能满足建筑物对地基承载力要求时，可不做处理直接利用。

3. 冲填土

（1）冲填土的颗粒组成和分布规律与所冲填泥砂的来源及冲填时的水力条件有着密切的关系。在冲填的入口处，沉积的土粒较粗，顺出口处方向则逐渐变细。

（2）冲填土的含水量大，透水性弱，排水固结差，一般呈软塑或流塑状态。冲填土多属未完成自重固结的高压缩性的软土。而在愈近于外围方向，组成土粒愈细，排水固结愈差。

（3）冲填土一般比成分相同的自然沉积饱和土的强度低，压缩性高。冲填土的工程性质与其颗粒组成、均匀性、排水固结条件以及冲填形成的时间均有密切关系。对于含砂量较多的冲填土，它的固结情况和力学性质较好；对于含黏土颗粒较多的冲填土，评估其地基的变形和承载力时，应考虑欠固结的影响，对于桩基则应考虑桩侧负摩擦力的影响。

6.1.7 土样的采集、运输与保管

1. 土样要求

（1）采取原状土或扰动土视工程对象而定。凡属桥梁、涵洞、隧道、挡土墙、房屋建筑物的天然地基以及挖方边坡、渠道等，应采取原状土样；如为填土路基、堤坝、取土坑（场）或只要求土的分类试验者，可采取扰动土样。冻土采取原状土样时，应保持原土样温度，保持土样结构和含水率不变。

（2）土样可在试坑、平洞、竖井、天然地面及钻孔中采取。取原状土样时，必须保持土样的原状结构及天然含水量，并使土样不受扰动。用钻机取土时，土样直径不得小于10cm，并使用专门的薄壁取土器；在试坑中或天然地面下挖取原状土时，可用有上、下盖的铁壁取土筒，打开下盖，扣在欲取的土层上，边挖筒周围土，边压土筒至筒内装满土样，然后挖断筒底土层（或左、右摆动即断），取出土筒，翻转削平筒内土样。若周围有空隙，可用原土填满，盖好下盖，密封取土筒；采取扰动土时，应先清除表层土，然后分层用四分法取样。对于盐渍土，一般应分别在0～0.05m、0.05～0.25m、0.25～0.50m、0.50～0.75m、0.75～1.0m垂直深度处，分层取样。同时，应测记采样季节、时间和气温。

（3）土样数量按相应试验项目规定采取。

（4）取土记录和编号。无论采用什么方法取样，均应用《取样记录簿》记录并撕下其一半作为标签，贴在取土筒上（原状土）或折叠后放入取土袋内。《取样记录簿》宜用韧质纸并必须用铅笔填写各项记录。取样记录簿记录内容应包含工程名称、地点、记录开始日期、记录完毕日期、取样单位、采取土样的特征、试坑号、取样深度、土样号、取土袋号、土样名、用途、要求试验项目或取样说明、取样者、取样日期等。对取样方法、扰动或原状、取样方向以及取土过程中出现的现象等，应记入取样说明栏内。

2. 土样包装和运输

（1）原状土或需要保持天然含水量的扰动土，在取样之后，应立即密封取土筒。即先用胶布贴封取土筒上的所有缝隙，在两端盖上用红油漆写明“上、下”字，以示土样层位。在筒壁贴上《取样记录簿》中撕下的标签，然后用纱布包裹，再浇注融蜡，以防水分散失。原状土样应保持土样结构不变；对于冻土，原状土样还应保持温度不变。

（2）密封后的原状土在装箱之前应放于阴凉处，不需保持天然含水量的扰动土，最好风干稍加粉碎后装入袋中。

（3）土样装箱时，应与《取样记录簿》对照清点，无误后再装入，并在记录簿存根上注明装入箱号。对原状土应按上、下部位将筒立放，木箱中筒间空隙宜以稻草或软物填紧，以免在运输过程中受振、受冻。木箱上应编号并写明“小心轻放”、“切勿倒置”、“上”、“下”等字样。对已取好的扰动土样的土袋，在对照清点后可以装入麻袋内，扎紧袋口，麻袋上写明编号并拴上标签（如同行李签），签上注明麻袋号数、袋内共装的土袋数和土袋号。

（4）盐渍土的扰动土样宜用塑料袋装。为防取样记录标签在袋内湿烂，可用另一小塑料袋装标签，再放入土袋中；或将标签折叠后放在盛土的塑料袋口，并将塑料袋折叠收口，用橡皮圈绕扎袋口标签以下，再将放标签的袋口向下折叠，然后再以未绕完的橡皮圈绕扎系紧。每一盐渍土剖面所取的 5 个塑料袋土，可以合装于一个稍大的布袋内。同样在装人布袋前要与记录簿存根清点对照，并将布袋号补记在原始记录簿中。

3. 土样的验收与管理

（1）土样运到试验单位，应主动附送《试验委托书》，委托书内各栏根据《取样记录簿》的存根填写清楚，若还有其他试验要求，可在委托书内注明。土样试验委托书应包括试验室名称、委托日期、土样编号、试验室编号、土样编号（野外鉴别）、取样地点或里程桩号、孔（坑）号、取样深度、试验目的、试验项目以及责任人等。

（2）试验单位在接到土样之后，即按照《试验委托书》清点土样，核对编号并检查所送土样是否满足试验项目的需要等。同时，每清点一个土样，即在委托书中的试验室编号栏内进行统一编号，并将此编号记入原标签上，以免与其他工程所送土样编号相重而发生错误。

（3）土样清点验收后，即根据《试验委托书》登记于《土样收发登记簿》内，并将土样交负责试验人员妥善保存，按要求逐项进行试验。土样试验完毕，将余土仍装入原袋内，待试验结果发出，并在委托单位收到报告书一个月后，仍无人查询，即可将土样处理。若有疑问，尚可用余土复试。试验结果报告书发出时，即可在原来《土样收发登记簿》内注明发出日期。

6.2 天然石料

6.2.1 石材的定义

建筑石材是指具有一定的物理、化学性能，可用作建筑材料的岩石。它有天然形成的和人工制造两大类。

由天然岩石开采的，经过或不经过加工而制得的材料，称为天然石材。人造石材是用无机或有机胶结料、矿物质原料及各种外加剂配制而成，例如人造大理石、花岗石等。从广义而言，各种混凝土也属这一类。由于人造石材可以人为控制其性能、形状、花色图案等，因此也得到广泛应用。

由于天然石材具有抗压强度高，耐久性和耐磨性良好，资源分布广，便于就地取材等优点，至今仍被广泛应用。此处，主要介绍天然石材。

6.2.2 岩石的分类

岩石是由各种不同地质作用所形成的天然固态矿物组成的集合体。矿物是在地壳中受各种不同地质作用，所形成的具有一定化学组成和物理性质的单质（如石英、方解石等）或化合物（如云母、角闪石等）。组成岩石的矿物称为造岩矿物。目前，已发现的矿物有3300多种，绝大多数是固态无机物。主要的造岩矿物有30多种。由单一矿物组成的岩石叫单矿岩；由两种或更多种矿物组成的岩石叫多矿岩。例如：石灰岩是主要由方解石矿物组成的单矿岩；花岗岩是由长石、石英、云母等几种矿物组成的多矿岩。

根据岩石的成因，按地质分类法，天然岩石可以分为岩浆岩、沉积岩、变质岩3大类。

6.2.2.1 岩浆岩

1. *岩浆岩的形成和种类*

岩浆岩又称火成岩，是地壳内的熔融岩浆在地下或喷出地面后冷凝而成的岩石。根据不同的形成条件，岩浆岩可分为以下3种：

（1）深成岩。是地壳深处的岩浆，在受上部覆盖层压力的作用下，经缓慢冷凝而形成的岩石。建筑上常用的深成岩有花岗岩、正长岩、橄榄岩、闪长岩和辉长岩等。

（2）喷出岩。是岩浆冲破覆盖层喷出地表时，在压力降低和冷却较快的条件下而形成的岩石。建筑上常用的喷出岩有玄武岩、安山岩等。

（3）火山碎屑岩。是火山爆发时，岩浆被喷到空中而急速冷却后形成的岩石。

2. *建筑中常用的岩浆岩*

（1）花岗岩。是岩浆岩中分布较广的一种岩石，主要由长石、石英和少量云母（或角闪石等）组成，具有致密的结晶结构和块状构造。在建筑中花岗岩常用于基础、闸坝、桥墩、台阶、路面、墙石和勒脚及纪念性建筑物等。但在高温作用下，由于花岗岩内的石英膨胀而引起破坏，因此其耐火性不好。

（2）玄武岩。是喷出岩中最普通的一种，颜色一般为黑色或棕黑色，常呈玻璃质或隐晶质结构，有时也呈多孔状或斑状构造。常用作高强混凝土的骨料，也用其铺筑道路路面等。

（3）辉绿岩。具有深灰、墨绿等色，致密块状构造，有时有气孔或杏仁状构造。可用作建筑材料，铺砌道路，它具有较高的耐酸性，可作耐酸混凝土骨料。

（4）火山灰。颗粒粒径小于2mm，具有火山灰活性，磨细后在常温和有水的情况下，可与石灰反应生成具有水硬性胶凝能力的水化物。因此，可作水泥的混合材料及混凝土的掺合料。

（5）浮石。是粒径大于5mm并具有多孔构造（海绵状或泡沫状火山玻璃）的火山碎屑岩，其表观密度小，可作轻质混凝土的骨料。

（6）凝灰岩。是凝聚并胶结成大块的火山碎屑岩，具有多孔构造，表观密度小，抗压强度为5～20MPa，可作砌墙材料和轻混凝土的骨料。

6.2.2.2 沉积岩

1. 沉积岩的形成和种类

沉积岩又称水成岩，是由沉积物固结而形成的岩石。根据沉积岩的生成条件，可分为以下3种：

（1）机械沉积岩。由自然风化而逐渐破碎松散的岩石及砂等，经风、雨、冰川、沉积等机械力的作用而重新压实或胶结而成的岩石，如砂岩、页岩等。

（2）化学沉积岩。由溶解于水中的矿物质经聚积、反应、重结晶等并沉积而形成的岩石。如石膏、白云岩等。

（3）有机沉积岩。由各种有机体的残骸沉积而成的岩石。如生物碎屑灰岩、硅藻土等。

2. 建筑中常用的沉积岩

（1）石灰岩。俗称灰石或青石，主要化学成分为$CaCO_3$。主要矿物成分为方解石。石灰岩来源广，硬度低，易劈裂，便于开采，具有一定的强度和耐久性，因而广泛用于建筑工程中。其块石可作基础、墙身、阶石及路面等，其碎石是常用的混凝土骨料。此外，它也是生产水泥和石灰的主要原料。

（2）砂岩。主要是由石英砂或石灰岩等的细小碎屑经沉积并重新胶结而成的岩石。它的性质决定于胶结物的种类及胶结的致密程度。致密的硅质砂岩性能接近于花岗岩，密度大、强度高、硬度大、加工较困难，可用于纪念性建筑及耐酸工程等；钙质砂岩的性质类似于石灰岩，较易加工，应用较广，可作基础、踏步、人行道等，但不耐酸的侵蚀；铁质砂岩的性能比钙质砂岩差，其中密实者可用于一般建筑工程；黏土质砂岩侵水易软化，建筑中一般不用。

6.2.2.3 变质岩

1. 变质岩的形成及种类

变质岩是由原有岩石经变质后形成的岩石。即地壳中原有的各类岩石，在地层的压力或温度作用下，在固体状态下发生再结晶作用，而使其矿物成分、结构构造以至化学成分发生部分或全部改变而形成的新岩石，如大理岩、石英岩等。

2. 建筑中常用的变质岩

（1）大理岩。又称大理石，是一种碳酸盐矿物大于50%的变质岩。大理石构造致密，密度大，但硬度不大，易于分割。锯切、雕刻性能好，磨光后非常美观，可用于高级建筑物的装饰和饰面工程。

（2）石英岩。是由硅质砂岩变质而成，晶体结构。岩体均匀致密，抗压强度高，耐久性好。但硬度大，加工困难。常用作重要建筑物的贴面石，耐磨耐酸的贴面材料，其碎块可用于道路或作混凝土的骨料。

（3）片麻岩。是由花岗岩变质而成，其矿物成分与花岗岩相似，呈片状构造，因而各个方向的物理力学性质不同。常用作碎石、块石及人行道石板等。

6.2.3 天然石材的技术性质

天然石材的技术性质，可分为物理性质、力学性质和工艺性质。

6.2.3.1 物理性质

1. 表观密度

天然石材根据表观密度大小可分为：轻质石材，表观密度不大于1800kg/m^3；重质石材，表观密度大于1800kg/m^3。

表观密度的大小常间接反映石材的致密程度与孔隙多少。在通常情况下，同种石材的表观密度愈大，则抗压强度愈高，吸水率愈小，耐久性好，导热性好。

2. 吸水性

吸水率低于1.5%的岩石称为低吸水性岩石，介于1.5%～3.0%的称为中吸水性岩石，吸水率高于3.0%的称高吸水性岩石。

岩浆深成沉积岩以及许多变质岩，它们的孔隙率都很小，故而吸水率也很小，例如花岗岩的吸水率通常小于0.5%。沉积岩由于形成条件、密实程度与胶结情况有所不同，因而孔隙率与孔隙特征的变动很大，这导致石材吸水率的波动也很大，例如致密的石灰岩，它的吸水率可小于1%，而多孔的贝壳石灰岩吸水率可高达15%。

石材的吸水性对其强度与耐水性有很大影响。石材吸水后，会降低颗粒之间的黏结力，从而使强度降低。有些岩石还容易被水溶蚀，因此，吸水性强与易溶的岩石，其耐水性较差。

3. 耐水性

石材的耐水性以软化系数表示。岩石中含有较多的黏土或易溶物质时，软化系数则较小，其耐水性较差。根据软化系数大小，可将石材分为高、中、低3个等级。软化系数大于0.90为高耐水性，软化系数在0.75～0.90之间的为中耐水性，软化系数在0.60～0.75之间为低耐水性，软化系数小于0.60者，则不允许用于重要建筑物中。

4. 抗冻性

石材的抗冻性，是指其抵抗冻融破坏的能力。其值是根据石材在水饱和状态下按规范要求所能经受的冻融循环次数表示。能经受的冻融循环次数越多，则抗冻性越好。石材抗冻性与吸水性有密切的关系，吸水率大的石材其抗冻性也差。根据经验，吸水率小于0.5%的石材，则认为是抗冻的。

5. 耐热性

石材的耐热性与其化学成分及矿物组成有关。石材经高温后，由于热胀冷缩、体积变化而产生内应力或因组成矿物发生分解和变异等导致结构破坏。如含有石膏的石材，在100℃以上时就开始破坏；含有碳酸镁的石材，温度高于725℃会发生破坏；含有碳酸钙的石材，温度达827℃时开始破坏。由石英与其他矿物所组成的结晶石材，如花岗岩等，当温度达到700℃以上时，由于石英受热发生膨胀，强度迅速下降。

6.2.3.2　力学性质

天然石材的力学性质主要包括：抗压强度、冲击韧性、硬度及耐磨性等。

1. 抗压强度

石材的抗压强度，是以3个边长为70mm的立方体试块的抗压破坏强度的平均值表示。根据抗压强度值的大小，石材共分9个强度等级：MU100、MU80、MU60、MU50、MU40、MU30、MU20、MU15和MU10。抗压试件也可采用表2.6.3所列各种边长尺寸的立方体，但应对其试验结果乘以相应的换算系数。

表2.6.3　石材强度等级的换算系数

立方体边（mm）	200	150	100	70	50
换算系数	1.43	1.28	1.14	1	0.86

2. 冲击韧性

石材的冲击韧性决定于岩石的矿物组成与构造。石英岩、硅质砂岩脆性较大。含暗色矿物较多的辉长岩、辉绿岩等具有较高的韧性。通常，晶体结构的岩石较非晶体结构的岩石具有较高的韧性。

3. 硬度

它取决于石材的矿物组成的硬度与构造。凡由致密、坚硬矿物组成的石材，其硬度就高。岩石的硬度以莫氏硬度表示。

4. 耐磨性

耐磨性是指石材在使用条件下抵抗摩擦、边缘剪切以及冲击等复杂作用的能力。石材的耐磨性包括耐磨损与耐磨耗两方面。凡是用于可能遭受磨损作用的场所，例如台阶、人行道、地面、楼梯踏步等和可能遭受磨耗作用的场所，例如道路路面的碎石等，应采用具有高耐磨性的石材。

6.2.3.3　工艺性质

石材的工艺性质，主要指其开采和加工过程的难易程度及可能性，包括加工性、磨光性与抗钻性等。

1. 加工性

石材的加工性，主要是指对岩石开采、锯解、切割、凿琢、磨光和抛光等加工工艺的难易程度。凡强度、硬度、韧性较高的石材，不易加工；质脆而粗糙，有颗粒交错结构，含有层状或片状构造，以及业已风化的岩石，都难以满足加工要求。

2. 磨光性

指石材能否磨成平整光滑表面的性质。致密、均匀、细粒的岩石，一般都有良好的磨光性，可以磨成光滑亮洁的表面。疏松多孔、有鳞片状构造的岩石，磨光性不好。

3. 抗钻性

指石材钻孔时，其难易程度的性质。影响抗钻性的因素很复杂，一般石材的强度越高、硬度越大，越不易钻孔。

由于用途和使用条件的不同，对石材的性质及其所要求的指标均有所不同。工程中用于基础、桥梁、隧道以及石砌工程的石材，一般规定其抗压强度、抗冻性与耐水性必须达到一定指标。

建筑工程中常用天然石材的技术性能可参见表2.6.4。

表2.6.4　　建筑常用天然石材的性能及用途

<table>
<tr><th rowspan="2">名称</th><th colspan="3">主要质量指标</th><th rowspan="2">主要用途</th></tr>
<tr><th colspan="2">项目</th><th>指标</th></tr>
<tr><td rowspan="10">花岗岩</td><td colspan="2">表观密度（kg/m³）</td><td>2500~2700</td><td rowspan="10">基础、桥墩、堤坝、拱石、阶石、路面、海港结构、基座、勒脚、窗台、装饰石材等</td></tr>
<tr><td rowspan="3">强度（MPa）</td><td>抗压</td><td>120~250</td></tr>
<tr><td>抗折</td><td>8.5~15.0</td></tr>
<tr><td>抗剪</td><td>13~19</td></tr>
<tr><td colspan="2">吸水率（%）</td><td><1</td></tr>
<tr><td colspan="2">膨胀系数（10⁻⁶/℃）</td><td>5.6~7.34</td></tr>
<tr><td colspan="2">平均韧性（cm）</td><td>8</td></tr>
<tr><td colspan="2">平均质量磨耗率（%）</td><td>11</td></tr>
<tr><td colspan="2">耐用年限（a）</td><td>75~200</td></tr>
<tr><td colspan="2"></td><td></td></tr>
<tr><td rowspan="9">石灰岩</td><td colspan="2">表观密度（kg/m³）</td><td>1000~2600</td><td rowspan="9">墙身、桥墩、基础、阶石、路面、石灰及粉刷材料的原料等</td></tr>
<tr><td rowspan="3">强度（MPa）</td><td>抗压</td><td>22.0~140.0</td></tr>
<tr><td>抗折</td><td>1.8~20</td></tr>
<tr><td>抗剪</td><td>7.0~14.0</td></tr>
<tr><td colspan="2">吸水率（%）</td><td>2~6</td></tr>
<tr><td colspan="2">膨胀系数（10⁻⁶/℃）</td><td>6.75~6.77</td></tr>
<tr><td colspan="2">平均韧性（cm）</td><td>7</td></tr>
<tr><td colspan="2">平均质量磨耗率（%）</td><td>8</td></tr>
<tr><td colspan="2">耐用年限（a）</td><td>20~40</td></tr>
<tr><td rowspan="17">砂岩</td><td colspan="2">表观密度（kg/m³）</td><td>2200~2500</td><td rowspan="17">基础、墙身、衬面、阶石、人行道、纪念碑及其他装饰石材等</td></tr>
<tr><td rowspan="3">强度（MPa）</td><td>抗压</td><td>47~140</td></tr>
<tr><td>抗折</td><td>3.5~14</td></tr>
<tr><td>抗剪</td><td>8.5~18</td></tr>
<tr><td colspan="2">吸水率（%）</td><td><10</td></tr>
<tr><td colspan="2">膨胀系数（10⁻⁶/℃）</td><td>9.02~11.2</td></tr>
<tr><td colspan="2">平均韧性（cm）</td><td>10</td></tr>
<tr><td colspan="2">平均质量磨耗率（%）</td><td>12</td></tr>
<tr><td colspan="2">耐用年限（a）</td><td>20~200</td></tr>
<tr><td rowspan="3">强度（MPa）</td><td>抗压</td><td>47~140</td></tr>
<tr><td>抗折</td><td>2.5~16</td></tr>
<tr><td>抗剪</td><td>8~12</td></tr>
<tr><td colspan="2">吸水率（%）</td><td><1</td></tr>
<tr><td colspan="2">膨胀系数（10⁻⁶/℃）</td><td>6.5~11.2</td></tr>
<tr><td colspan="2">平均韧性（cm）</td><td>10</td></tr>
<tr><td colspan="2">平均质量磨耗率（%）</td><td>12</td></tr>
<tr><td colspan="2">耐用年限（a）</td><td>30~100</td></tr>
</table>

6.2.3.4 石材加工

使用的天然石材常加工为散粒状、块状，形状规则的石块、石板，形状特殊的石制品等。

1. 毛石

毛石是在采石场爆破后直接得到的形状不规则的石块。按其表面的平整程度分为乱毛石和平毛石两类。建筑用毛石，一般要求石块中部厚度不小于150mm，长度为300～400mm，质量约为20～30kg，其强度不宜小于10MPa，软化系数不应小于0.75。常用于砌筑基础、勒脚、墙身、堤坝、挡土墙等，也可配制片石混凝土等。

2. 料石

料石是用毛料加工成较为规则的，具有一定规格的六面体石材。按料石表面加工的平整程度可分为以下4种：毛料石、粗料石、半细料石和细料石。料石常用致密的砂岩、石灰岩、花岗岩等开采凿制，至少应有一个面的边角整齐，以便相互合缝。料石常用于砌筑墙身、地坪、踏步、拱和纪念碑等；形状复杂的料石制品可用于柱头、柱基、窗台板、栏杆和其他装饰品等。

3. 大理石板材

大理石板材是用大理石荒料经锯切、研磨、抛光等加工后的石板。大理石板材主要用于建筑物室内饰面。当用于室外时，因大理石抗风化能力差，易受空气中二氧化硫的腐蚀，而使表面层失去光泽，变色并逐渐破损。通常，只有汉白玉、艾叶青等少数几种致密、质纯的品种可用于室外。

4. 花岗石板材

花岗石板材是由火成岩中的花岗岩、闪长岩、辉长岩、辉绿岩等荒料加工而成的石板。该类板材的品种、质地、花色繁多。由于花岗石板材质感丰富，具有华丽高贵的装饰效果，且质地坚硬、耐久性好，所以是室内外高级饰面材料。可用于各类高级建筑物的墙、柱、地、楼梯、台阶等的表面装饰及服务台、展示台及家具等。

6.2.4 石材的选用

在建筑设计和施工中，应根据适用性和经济性等的原则选用石材。

（1）适用性。主要考虑石材的技术性能是否能满足使用要求。可根据石材在建筑物中的用途和部位及所处环境，选定其主要技术性质能满足要求的岩石。

（2）经济性。天然石材的密度大，运输不便、运费高，应综合考虑地方资源，尽可能做到就地取材。难于开采和加工的石料，将使材料成本提高，选材时应加注意。

（3）安全性。由于天然石材是构成地壳的基本物质，因此可能存在含有放射性的物质。石材中的放射性物质主要是指镭、钍等放射性元素，在衰变中会产生对人体有害的物质。

在工程应用中，例如：重质致密的块体石材，常用于砌筑基础、桥涵、挡土墙、护坡、沟渠与隧道衬砌等，是主要的石砌体材料；散粒石料，如碎石、砾石、砂等，则广泛用作混凝土骨料、道碴和铺路材料等；轻质多孔的块体石材常用作墙体材料，粒状石料可用作轻混凝土的骨料；坚固耐久、色泽美观的石材可用作建筑物的饰面或保护材料。

本章习题

2.6.1　什么是土的天然组成？天然土是怎么分类的？

2.6.2　土的主要物理性能指标有哪些？

2.6.3　试述一般土与特殊土的工程特性。

2.6.4　试述土样的采集、运输与保管要求。

2.6.5　天然石材是怎么定义的？常用的石材有哪些？石材的主要技术性质有哪些？

第7章　土工合成材料

教学要求：熟悉土工合成材料的种类，掌握土工合成材料工程特性，了解土工合成材料的应用。

7.1　土工合成材料的种类

7.1.1　土工织物

土工织物属透水性土工合成材料。按制造方法可分为针织型、无纺（非织造型）和有纺（机织型）土工织物3类。其突出的优点是重量轻，整体连续性好（可做成较大面积的整体），施工方便，抗拉强度较高，耐腐蚀和抗微生物侵蚀性好。缺点是未经特殊处理，抗紫外线能力低，如暴露在外，受紫外线直接照射容易老化，但如不直接暴露，则抗老化及耐久性能仍较高。

针织型目前已很少采用。

无纺土工织物是把纤维作定向的或随意的排列，再经过加工而成。按照连接纤维的方法不同，可分为化学（黏结剂）连接、热力连接和机械连接3种连接方式。这种植物主要优点是强度没有显著的方向性，有较大的时变性。目前80%的土工织物属于这种类型。

有纺土工织物由两组平行的呈正交或斜交的经线和纬线交织而成。其缺点是沿经纬线强度高，而与经纬线斜交方向强度低。

7.1.2　土工膜

土工膜一般可分为改性沥青和合成高聚物两大类。含沥青的土工膜目前主要为复合型的（含编织型或无纺型的土工织物），沥青作为浸润黏结剂。聚合物土工膜又根据不同的主材料分为塑性土工膜、强性土工膜和组合型土工膜。

大量工程实践表明，土工膜的不透水性很好，弹性和适应变形的能力很强，能适用于不同的施工条件和工作应力，具有良好的耐老化能力，处于水下和土中的土工膜的耐久性尤为突出。土工膜具有突出的防渗和防水性能。

7.1.3　土工特种材料

1. 土工格栅

土工格栅主要分为塑料类和玻璃纤维类两种。常用做加筋土结构和土工复合材料的筋材。目前，国内外大量用于加筋路基路面。

塑料类土工格栅是将挤压制作出的塑料板材，比如聚丙烯或高密度聚乙烯，上冲孔，然后加热施加定向拉伸制成。其孔形和大小分布按照设计要求而定。

玻璃纤维类土工格栅是以高强度玻璃纤维编制的网栅为型材，表面经沥青浸渍处理或配合自粘感压胶制成。

2. 土工模袋

土工模袋是一种由双层聚合化纤织物制成的连续（或单独）袋状材料，利用高压泵把混凝土或砂浆灌入模袋中，形成板状或其他形状结构，常用于护坡或其他地基处理工程。模袋根据其材质和加工工艺的不同，分为机制和简易模袋两大类。机制模袋按其有无反滤排水点和充胀后的形状又可分为反滤排水点模袋、无反滤排水点模袋、无排水点混凝土模袋、铰链块型膜袋。

3. 土工网

土工网是由合成材料条带、粗股条编织或合成树脂压制的具有较大孔眼、刚度较大的平面，结构或三维结构的网状土工合成材料。用于软基加固垫层、坡面防护、植草以及用作制造组合土工材料的基材。

4. 土工网垫和土工格室

土工网垫和土工格室都是用合成材料特制的三维结构。前者多为长丝结合而成的三维透水聚合物网垫，后者是由土工织物、土工格栅或土工膜、条带聚合物构成的蜂窝状或网格状三维结构，常用作防冲蚀和保土工程，刚度大、侧限能力高的土工格室多用于地基加筋垫层、路基基床或道床中。

5. 聚苯乙烯泡沫塑料（EPS）

EPS是近年来发展起来的超轻型土工合成材料。它是在聚苯乙烯中添加发泡剂，用所规定的密度预先进行发泡，再把发泡的颗粒放在筒仓中干燥后填充到模具内加热形成的。EPS具有质量轻、耐热、抗压性能好、吸水率低、自立性好等优点，常用作铁路路基的填料。

7.1.4 土工复合材料

土工织物、土工膜、土工格栅和某些特种土工合成材料，将其两种或两种以上的材料互相组合起来就成为土工复合材料。土工复合材料可将不同材料的性质结合起来，更好地满足具体工程的需要，能起到多种功能的作用。如复合土工膜，就是将土工膜和土工织物按一定要求制成的一种土工织物组合物。其中，土工膜主要用来防渗，土工织物起加筋、排水和增加土工膜与土面之间的摩擦力的作用。又如土工复合排水材料，它是以无纺土工织物和土工网、土工膜或不同形状的土工合成材料芯材组成的排水材料，用于软基排水固结处理、路基纵横排水、建筑地下排水管道、集水井、支挡建筑物的墙后排水、隧道排水、堤坝排水设施等。路基工程中常用的塑料排水板就是一种土工复合排水材料。

7.2 土工合成材料的工程特性

7.2.1 土工合成材料的物理特性

土工合成材料的物理特性主要是单位面积质量、厚度、等效孔径EOS及其与压力的关系等。

1. 单位面积质量

土工合成材料单位面积的质量取决于原材料的密度，同时受厚度、外加剂和含水量的影响。它反映合成材料多方面的性能，如抗拉强度、顶破强度等力学性能以及孔隙率、渗透性等水力学性能。单位面积质量的单位通常以 g/m^2 表示。

测定单位面积质量大多采用称量法。试样面积为 $100cm^2$，数量不得少于 10 块，天平称量读数应精确到 0.01g（现场测试为 0.1g），测试前要求在标准大气压下恒温（20℃ ±2℃），恒湿（65% ±2%）放置 24h。常用的土工织物单位面积质量一般在 50 ~1200g/m^2 的范围内。

2. 厚度

厚度主要通过直接量测求得。考虑到工程实际中，土工合成材料常在一定压力下工作，所以不同国家还规定了在一定标准压力下量测其厚度。我国参考标准和测试手册，规定此压力为 2kPa。根据工程需要还应测试在 20kPa、200kPa 压力下的厚度。厚度变化对土工织物的孔隙率、透水性和过滤性等水力学特性有很大的影响。

一般要求加压面积为 $25cm^2$，试样面积应大于加压面积 2 倍，加压时间 30s，试样不少于 10 块。

常用的各种土工合成材料厚度：土工织物一般为 0.1 ~5mm，最厚的可达 10mm 以上；土工膜一般为 0.25 ~0.75mm，最厚的可达 2 ~4mm；土工格栅的厚度随部位的不同而异，其肋厚一般为 0.5 ~10mm。

3. 等效孔径 EOS

现在表示织物特征孔径的方法有有效孔径 O_e 及等效孔径 EOS。目前普遍采用 EOS，其含义相当于织物的表观最大孔径，也即土颗粒能通过土工合成材料的最大粒径。不同的标准，对 EOS 的规定也不同，目前我国多取 O_{95} 作为土工织物的等效孔径。

7.2.2 土工合成材料的力学特性

反映土工合成材料力学特性的指标主要有：抗拉强度、撕裂强度、顶破强度、刺破强度、穿透强度及握持强度等。

1. 抗拉强度

土工合成材料的抗拉强度与测定时的试样宽度、形状、约束条件有关，必须在标准规定的条件下测定。土工织物在受力过程中厚度是变化的，不易精确测定，故其受力大小一般以单位宽度所承受的力来表示，单位为 kN/m 或 N/m，而不是以习惯上所用的单位面积的应力来表示。

目前，测定抗拉强度基本上是沿用纺织品条带拉伸试验方法，即把试验两端用夹具夹住，以一定的速率施加荷载进行拉伸直到破坏。测得试样自身断裂强度及变形，绘出应力—应变曲线。为了使试验结果尽可能接近实际情况，减小颈缩影响，一种办法是加宽试样，另一种是采用平面应变拉伸试验方法。但后者比较麻烦。常规拉伸试验中不常采用。目前条带拉伸试验的试样分宽条与窄条两种：宽条试样宽 200mm、长 100mm，

宽长比 $B/L=2$；窄条试样宽 50mm、长 100rnm，宽长比 $B/L=1/2$。试验机具应选择具有等速拉伸性能，能测读拉伸过程中拉力和伸长量或直接记录拉力—伸长关系曲线的拉力机，同时要求试样的最大断裂力在满量程的 10% ~90% 范围内。国内规定拉伸速率为 50mm/min。

各试样的抗拉强度，可由拉力机上直接读出或从记录曲线上量取，其计算公式为

$$T_s = P_f / B$$

式中 T_s——抗拉强度，kN/m；

P_f——测读的最大抗拉力，kN；

B——试样宽度，m。

伸长率为

$$\varepsilon_p = \frac{L_f - L_0}{L_0}$$

式中 ε_p——伸长率,%；

L_0——试样初始长度，mm；

L_f——对应最大拉力时的试样长度，mm。

2. 握持强度

土工织物承受集中力的现象普遍存在，握持强度反映其分散集中力的能力。握持强度试验选用的仪器一般与条带拉伸试验相同，但试验方法不同。握持强度试验是握持试样两端部分宽度而进行的一种拉力试验。它的强度由两部分组成：一部分为试样被握持宽度的抗拉强度，一部分为相邻纤维提供的附加抗拉强度。

由于各单位所采用的试样和夹具的尺寸不尽相同，试验的难度也较大，因此测得的成果相差很多，一般不宜作为设计依据，只可用做不同土工织物的抗拉强度的比较。

3. 撕裂强度

撕裂强度反映了试样抵抗扩大破损裂口的能力，可评价不同土工织物和土工膜被扩大破损程度的难易，是土工合成材料应用中的重要力学指标。

目前，撕裂强度试验沿用纺织品标准测试方法，常用的纺织品撕裂试验按试样形状分为梯形法、翼形法以及舌形法，舌形法又分为单缝与双缝两种，如图 2.7.1 所示。目前多采用梯形法测定土工膜及土工织物的撕裂强度。这种试验从其加力方式看，近似于张拉试验。

土工织物梯形撕裂强度值一般为 0.15 ~30kN，不加筋土工膜的梯形撕裂强度值一般为 0.03 ~0.4kN。

4. 顶破强度、刺破强度及穿透强度

工程应用中，土工织物及土工膜常被置于两种不同粒径的材料之间，受到粒料的顶破作用。施工中也将受到抛填粒料引起的法向荷载。根据粒径大小形状，土工织物及土工膜按接触面的受力特征和破坏形式可分为顶破、刺破和穿透几种受力状态（图 2.7.2）。

顶破强度是反映土工织物及土工膜抵抗垂直织物平面的法向压力的能力，顶破试验与刺破强度试验相比，压力面积相对较大，材料呈双向受力状态。

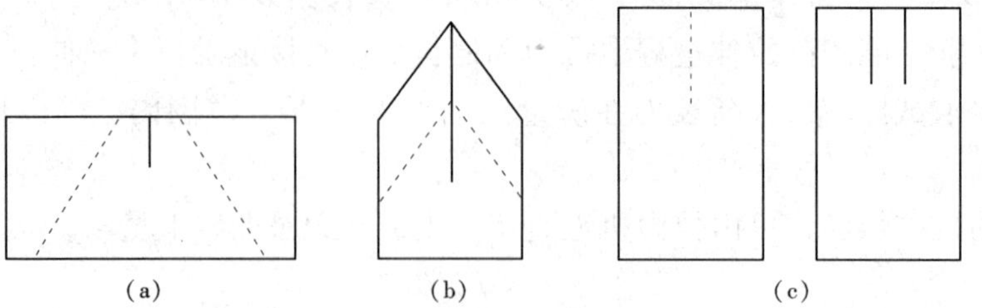

图 2.7.1　撕裂试验的试样形状

（a）梯形；（b）翼形；（c）舌形

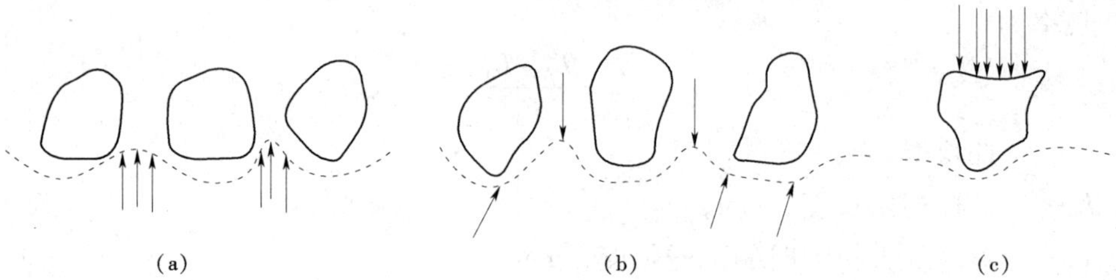

图 2.7.2　填筑过程中土工织物可能的受力状态

（a）顶破；（b）刺破；（c）穿透

刺破强度是反映土工织物或土工膜抵抗小面积集中荷载（如有棱角的石子或树枝等）的能力。

穿透强度通过穿透试验测得。这种试验是模拟工程施工中具有尖角的石块或其他锐利物落在土工织物或土工膜上的情况，用穿透试验所得孔眼的大小，评价土工织物或土工膜抵御穿透的能力。

5. 摩擦特性

测定土工合成材料与土相互作用的界面摩擦特性的试验，一般采用类似于常规土工试验的直接剪切仪。而拉拔试验常模拟现场条件，研制出各种不同形式的拉拔试验箱或试验槽。这两种试验虽然均是反映界面摩擦作用，但机理却不尽相同，试验结果存在一定的差异。

（1）直接剪切摩擦试验。两种材料界面的摩擦特性常以黏着力 C_a 和摩擦角 δ 或似摩擦系数 f^* 表示。摩擦剪切强度符合库仑定律，可表示为

$$\tau = C_a + P \cdot \tan\delta = C_a + P \cdot f^*$$

式中　τ——界面抗剪强度，kPa；

C_a——黏着力，kPa；

δ——摩擦角（°）；

P——法向压力，kPa；

f^*——似摩擦系数。

直接剪切摩擦试验一般在 4 种不同压力 P 下进行，测出相应的强度值 τ，然后将试验

结果点绘成线，求出 C_a、δ 值和 f^* 值。也可采用最小二乘法进行回归，计算出这些数值。

直接剪切试验中施加水平荷载方式有应变控制和应力控制两种。应变控制时应保证剪切速率相等，而应力控制时应保持各级垂直荷载不变。国内多采用应变控制法。剪力盒尺寸一般不小于 15cm×15cm，直剪仪结构示意图如图 2.7.3 所示。

织物与土之间的黏着力一般很小，常常可以忽略不计。而土工格栅与土之间的咬合力较大。土与土工合成材料之间的摩擦角与土的颗粒大小、形状、紧密程度和织物的种类、孔径以及厚度等因素有关，也受试验时正压力大小的影响。根据国内外有关试验结果，细粒土（如细砂、砂壤土等，其土颗粒粒径小于织物孔隙）以及疏松的中等颗粒的土（如松砂等），它们与织物之间的摩擦角接近于土体本身的摩擦角。对于粗颗粒（如粗砂、砾石，其颗粒一般大于织物的孔隙）以及密实的中细砂等，与织物间的摩擦角小于土的内摩擦角且土与针刺无纺织物之间的内摩擦角较大，土与土工膜及有纺织物或无纺织物之间的摩擦角较小。

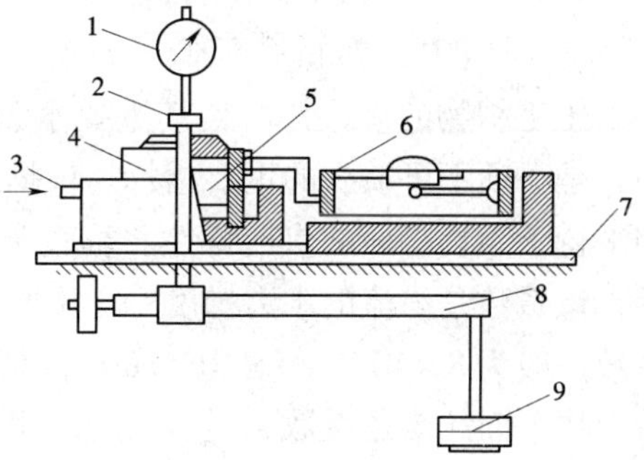

图 2.7.3　应变控制式直剪仪结构示意图

1—垂直变形百分表；2—垂直加压框架；3—推动座；4—剪切盒；5—试样；6—测力计；7—台板；8—杠杆；9—砝码

（2）拉拔摩擦试验 。土工合成材料埋在土内，受到沿其平面方向的拉力时，将在拉力方向上经起应力和变形。由于有法向应力作用，受拉时上、下界面上将引起摩擦阻力。该阻力沿拉力方向不是均匀分布的，而随各点的应变不同而不同。材料被拔出的瞬时，可以认为上、下界面的摩阻力均匀分布，并与拉力平衡，该值即为界面的摩擦强度。其计算公式为

$$\tau = \frac{T_d}{2LB}$$

式中　τ——界面摩擦阻力强度，Pa 或 kPa；

T_d——织物试样被拔出时的瞬间拉力，N 或 kN；

L、B——织物试样埋在土内部分的长度、宽度，m。

试验应在 4 种不同法向压力 P 作用下进行，分别测出 τ 值，绘制 τ—P 曲线。从而根据直剪试验中处理计算方法，求出黏着力 C_a 和摩擦角 δ 或似摩擦系数 f^*。

试验方法也有应变控制与应力控制之分。土工合成材料拉拔试验多采用应变控制。

7.2.3　土工合成材料的水力学特性

主要包括两方面：一是透水与导水能力；二是阻止颗粒流失的能力。这些特性包括土工合成材料的孔隙率、孔径大小与分布情况、渗透特性等。

土工合成材料的孔隙率是指其孔隙体积与总体积的比值，以 n（%）表示。它的确定不需要直接进行试验，而是通过计算求得

$$n = \left(1 - \frac{m}{\rho\delta}\right) \times 100\%$$

式中　m——单位面积质量，g/m；

ρ——原材料密度，g/m^3；

δ——织物厚度，m。

土工合成材料的孔径反映材料的透水性能与保持土颗粒的能力，是一个重要的特征指标。孔径的符号以 O 表示，单位为 mm，并用下标表示织物孔径的分布情况，例如 O_{95} 表示材料中 95% 的孔径低于该值。

土工织物的渗透特性是其重要水力学特性之一。在过滤标准及其他有关水力学设计中，是一项不可缺少的重要指标。根据工程的需要，常要确定垂直于织物平面的渗透特性和平行于织物平面的渗透特性。垂直于织物平面的渗透特性，主要用垂直渗透系数 k_n 表示，该系数是渗流的水力梯度等于 1 时的渗流流速，一般服从达西定律。土工织物的渗透系数一般为 $8\times10^{-4}\sim5\times10^{-1}$cm/s，其中无纺织物的渗透系数为 $4\times10^{-3}\sim5\times10^{-1}$cm/s。沿织物平面的渗透系数 k_t 定义为水力坡降等于 1 时的渗透流速。无纺织物的 k_t 值一般在 $10^{-3}\sim10$cm/s，一般比垂直于织物平面的渗透系数 k_n 大。影响土工织物渗透的因素十分复杂，主要有：试样面积的大小、织物本身的性质、织物的结构类型及孔隙分布、织物平面上的法向应力、水位差、水温、水中气泡含量和测试仪器的性能等。

7.2.4　土工合成材料的耐久性

土工合成材料的耐久性包括很多方面，主要是指对紫外线辐射、温度变化、化学与生物侵蚀、干湿变化、冻融变化和机械磨损等外界因素变化的抵御能力。材料的耐久性主要与聚合物的类型及添加剂的性质有关。

土工合成材料的老化现象主要是因为高分子聚合物具有链节结构，受外界因素的影响，发生降解反应或交联反应的结果。使材料老化的各种因素中，阳光辐射起着最重要的作用。紫外线具有很大的能量，能够切断许多聚合物的分子链，或者引发光氧化反应：其试验方法主要有自然老化和人工老化两大类：近几年采用了一系列措施以增加聚合物的抗老化能力，并取得了很好的效果。添加防老化剂，方法简便，效果显著，是当前防老化的主要途径。土工合成材料在有覆盖的情况下（或埋在土中），老化速度缓慢。

聚合物对化学腐蚀一股具有较高的抵抗能力，但某些特殊的化学药剂或废品，对聚合物有腐蚀作用。因此，利用土工合成材料（如土工膜）做污水或废物存储池的防渗材料时，对其化学稳定性要认真对待。

土工合成材料在铺设过程中易受损伤，且不易被发现：国外试验研究发现，埋存土中的织物老化主要是由于机械损伤引起的，铺设造成的孔洞是使材料强度降低的主要因素。孔洞数愈多，原始强度降低得愈多。

在高温条件下，合成材料将发生熔融现象。有时温度虽末达到熔点，但较高时，聚合物分子结构也可能发生变化，影响材料的弹性模量和强度。有些聚合物在特别低的温度下，也会柔性降低、质地变脆，影响其力学特性，给施工及接缝造成困难。

7.3　土工合成材料的验收、运送和储存

使用土工合成材料时，应检验试验单位的检测试验报告。由用户进行抽样检查，抽

样率应多于交货卷数的5%，最少不应小于1卷。内容按合同规定。

（1）送货时应有产品标签，标明生产厂、编号、生产日期及产品规格等。运输过程中不得直接受阳光照射，应有篷盖或包装。

（2）产品存储时必须避免阳光照射；远离火种；存放期不得超过不同产品的有效期。

（3）每完成一道施工工序开始下一道工序前，应按规定进行施工阶段验收。

7.4 土工合成材料在水利水电工程中的应用

土工合成材料的功能是多方面的。综合起来，可以概括为6种功能：过滤作用、排水作用、隔离作用、加筋作用、防渗作用和防护作用。

7.4.1 防渗

黏性土是水利水电工程中常用的、可大范围采用的防渗材料，但工程最大，工程质量不易保证，易出裂缝和边界连接易渗漏等缺点。而土工膜却是一种轻便的、便于施工、造价低廉、性能可靠的防渗材料。

1. 土工膜防渗层的结构

土工膜防渗结构包括土工膜、保护层和支持层等。

土工膜是防渗结构的主体。选择土工膜的关键在于能否满足工程的要求。良好的均匀性和防渗性能是选择土工膜首先应考虑的因素，一般塑料制品，尤其是热压塑料制品，质地比较均一，渗透系数比合成橡胶小，工程中选用得较多。涂塑的制品均匀性差，选用时需慎重。橡胶制品有涂刷和压制的两种，后者较前者好。其次，也应注重选择合理的土工膜厚度，因其直接影响工程质量。减少渗漏，避免施工破损、水压击穿、地基变形、撕裂土工膜等都要求土工膜具有一定的厚度。根据水压大小用理论计算的土工膜厚度一般较薄，实用时需留有较大的安全系数。常用的土工膜厚度一般不小于0.25mm。加筋和复合土工膜可明显地增大抗刺破和耐水压能力，重要工程可优先选用。水头较小的工程，可选用较薄的土工膜以降低造价。此外，为避免防渗工程的滑动失稳，还应加大土工膜与保护层或支持层的摩擦力，为此可在制造时加粗土工膜表面：膜外面为针刺无纺布的复合土工膜，不仅可以加大其表面粗度，而且可作为排水层和垫层，但造价较高，宜于重要建筑物选用。

土工膜上的保护层是为了防御波浪的淘刷、风沙的吹蚀、人畜的破坏、冰冻的作用、紫外线的辐射、风力的掀动以及膜下水压力的顶托等。保护层的结构、层次和材料与工程的重要性、工程规模、使用期（永久性或临时性）、使用条件等有关，宜根据工程的具体情况，经过周密的研究，提出合理的设计方案。

由于土工膜是柔性的，必须用支持层来支撑。支持层的作用是使土工膜受力均匀，免受局部应力集中的损坏。支持层与其下卧层的具体条件有密切的关系，同时又与工程的类型及使用条件有关。

2. 土工膜防渗层的类型

土工膜防渗层可分为单层土工膜防渗层、多层（包括双层）土工膜防渗层和在土工膜下铺一层渗透性较小土层的土工膜复合防渗层（图2.7.4）。

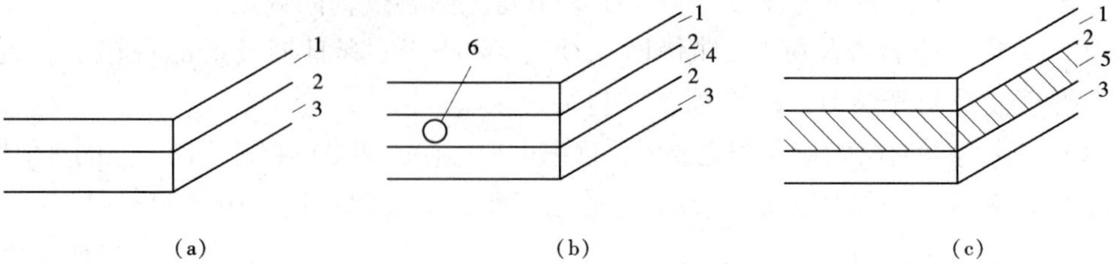

图 2.7.4　土工复合膜防渗层的类型

(a) 单层土工膜防渗层；(b) 双层土工膜防渗层；(c) 土工膜复合防渗层

1—保护层；2—土工膜；3—支持层；4—透水层；5—低渗透性土；6—排水管

单层土工膜防渗层为由上至下的保护层、土工膜和其下的支持层结构。对防渗要求较高的情况，一道防渗漏防线不能满足，可采用二层或三层土工膜防渗层。为了减小第二层土工膜的水头，在第一层土工膜下埋设排水管，使透过第一层土工膜的水，通过排水管集中到集水井中，从而使透过第一层土工膜的水，在第二层土工膜上不能形成较大的水压力。绝大多数情况铺设两层土工膜已经足够了。

实践证明，土工膜因制造和施工因素造成的缺陷（漏水的孔洞或缝）往往成为渗漏的主要通道。若在此种土工膜下增加一个渗透性较小的土层，则可大大减少渗漏量。此时形成一种土工膜复合防渗层结构。

7.4.2　隔离

在如道路工程砂、砾石或碎石基层与土层一类存在两种材料接触的土建工程中，为了防止两种材料相互掺混，保证发挥结构预期作用，提供排水和防止地基承载力恶化等，常需在它们中间放置一层材料，把它们隔离开来。土工织物和土工膜就可以起到这隔离作用。它们一般可以设在不同粒径之间，不使粗细颗粒混杂；放置存建筑物与软弱地基之间，同时起加筋作用；也可设在各种道路或场地与地基之间。

1. 设计要求

作为隔离层的土工织物和土工膜，必须满足两方面的要求：一方面它能够阻止较细的土粒侵入较粗的粒状材料中，并保持一定的渗透性；另一方面，它必须具备足够的强度以承担由于荷重产生各种应力或应变，亦即织物在任何情况下不得产生破裂现象。设计时，必须对材料的孔隙率、透水性、顶破强度、刺破强度、握持抗拉强度及其延伸率、撕裂强度等性能进行核算，以选择合适的材料。具体要求由土建工程结构件质、尺寸大小、使用要求、荷载量、施工条件和土工合成材料本身的特性来确定。图 2.7.5 为土工织物的顶破和刺破情形。

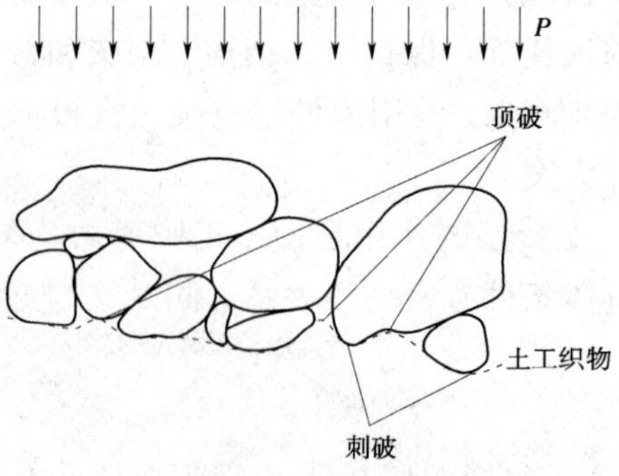

图 2.7.5　实际情况下的顶破与刺破示意图

2. 施工技术要求

土工织物区接铺在路基表面或路槽表面，

必须先清除路基表面和路槽中有可能损坏织物的凸出物等，然后将土工织物展开铺平，尽可能无褶皱地布置在路基上或路槽内。若需在一个较长的距离内整块展开土工织物，则应将其固定，以防止四周被吹起。在承载力低的地区铺设材料时横向亦需固定。

织物与织物的连接一般有搭接和缝接两种方法。

为了保证在施工中土工合成材料能保持其完整性，需针对路基状态与施工机械、路堤填料与施工机械提出相应的施工要求。

由于土体只具有一定的抗压和抗剪强度，而它们的抗拉强度却很低，在土内掺入或铺设适当的加筋材料（如土工织物和土工格栅、土工合成纤维等），可以不同程度地改善土体的强度与变形性态。

土工合成材料加筋技术在水利水电工程中得到大量应用，归纳起来，大致可分为支挡结构、陡坡、软弱地基加筋 4 个方面。

支挡结构：包括挡墙、桥台及岸边陡壁等。在这类应用中，是将一些形式的加筋材料填在土中，依靠它们来平衡土压力。试验结果表明，在土体中加铺土工格栅，能有效地提高土体的抗压强度，改变其破坏模式。由于这类结构是柔性的，较之传统的如混凝土等刚性结构能更好地适应地基变形，所以在不良地基处采用更能显示其优越性。一般它们的工程造价也较低廉。

陡坡工程：用土工合成材料处理陡坡工程，对于天然坡，可以让出更多空间供工程建设；对于人工坡，一方面可减少填土方量，同时可以节约占地。

在加筋陡坡的稳定性分析时，常常采用极限平衡方法。破裂面有曲线形和折线形等形状。在设计时牵涉到加筋层间距、加筋长度和筋材、土样自身性质等。

软弱地基：利用土工合成材料加筋软弱地基，一般是在堤身底部铺放单层或多层高模量的土工合成材料，限制基土的侧位移。这样的加筋常常是为了提高堤坝的抗滑稳定性，增加堤坝的填筑高度，减小施工期填土的大量下沉，节约土方量，使堤坝下沉趋于均匀，防止堤面开裂。

经过试验证明，采用土工格网或土工格栅加填料形成的夹层结构，能较好地解决地基土压实、改变软基的破坏形式、提高软基承载力的问题。

在利用碎石桩处理湿软地基时，将会遇到碎石桩端头断裂及淤堵问题，使碎石桩减弱甚至丧失排水作用。可以利用土工格栅加筋碎石桩，以解决这两种问题。土工格栅在碎石桩中加筋方式有平铺式和包裹式两种。前者利用格栅层间剪切约束作用，保证碎石桩的碎石材料不发生剪切破坏或鼓出破坏；后者利用包裹着的格栅使碎石材料形成一个整体。研究表明，合适的格栅可使碎石桩承载力提高 10 倍以上。若在碎石桩周围包裹一层起过滤作用的细孔土工网，则可避免碎石桩淤堵现象。

7.4.3 过滤

对用于过滤的土工合成材料，要求满足两方面的要求，既要求能挡土，同时要求保持水流的畅通。应将过滤材料设在水流有可能使土体产生严重渗透变形的地方。

对于无黏性土，当渗流经过土层进入土工织物内时，在渗透力的作用下，有可能把紧靠着土工织物而粒径又较小的土粒挟带入土工织物，这种情况逐步向远离土工织物的方向发展，逐渐形成一定厚度的由较粗土粒形成的架空层。这一层的颗粒较粗，渗透系数较大，但它不能阻挡细土粒的移动。在土工织物的过滤作用充分发挥时，在架空层的上游一侧会形成一层天然滤层。天然滤层的特点是该层的细粒土的含量比加架空层多一些，透水性相对的低一些，从而阻挡了相邻的天然土层的细粒土的移动，因此起到了挡土作用。在这一过程中，土工织物仅仅起一个引发天然滤层的作用。天然滤层的形成，与土层的级配和结构情况、水流情况和荷载性质等有关。

对于不是分散性、塑性较大的黏性土，土工织物将阻挡其中的团粒，从而起到过滤的作用。而对塑性低的粉粒含黄较多的黏性土，不易形成天然滤层，这时土工织物如同传统的粒料滤层一样，依靠本身有足够小的孔径来阻挡土料的移动，起到良好的过滤作用。在利用土工织物作过滤材料使用时，要注意其长期使用中产生淤堵的问题。

7.4.4 排水

用土工合成材料作排水材料使用，其目的是降低和控制土中水位，加速减小土中孔隙水的超静水压力和控制水流渗出位置等，从而提高土体的稳定性。此时应注意土工合成材料的渗透性。

很多土工织物的渗透能力很强，因为其孔隙率很大，同时土工织物的孔径可以达到较大的数值。土工织物的渗透性与其孔隙的大小和分布情况有关，它不是随时间的延续而固定不变的。除了由于试验条件不够理想而引起织物渗透性能波动外，更主要的是土工织物与土体相接触，在渗流时必然会产生淤堵现象，引起土工织物渗透能力的下降。

7.4.5 防护

防护所涉及的内容相当广泛，凡是为了消除或减轻自然现象、环境作用或人类活动等因素造成的危害所采取的各项措施均在防护之列。

在防水流冲蚀的工程中，土工合成材料在土与水流之间形成隔离层，避免水流直接冲刷，削减其能量；既能渗水，又不让土粒被水流带走；或是直接封堵水流通，消除冲蚀动力等。用土工合成材料制成的防冲蚀结构和部件常见的有：土工合成材料软件排、土工合成材料沉枕、土工合成材料石笼、土工合成材料长管袋、织物模带、土工网、常垫，以土工合成材料建成的丁坝、顺坝和锁坝等。

用土工合成材料处理我国季节性冻区的挡土墙，保温防冻是最有效的方法之一。如聚苯乙烯硬质泡沫板是一种良好的保温材料，导热系数低，基本上不吸水，埋在土中能改变负气温和土体间的热交换条件，减小冻深和改变填土中的温度场，从而减轻或根除冻胀。

本章习题

2.7.1 什么是土工合成材料？主要有哪些类型？

2.7.2 试述土工合成材料的单位面积质量、厚度、等效孔径 EOS 等物理特性指标含义。

2.7.3 试述土工合成材料在水利水电工程中的应用。

第8章 其他建筑材料

> **教学要求**：了解木材的构造、木材的物理和力学性能及复合板材的情况；了解石灰的生产、水化、硬化、化学成分与品种；了解石油沥青及其性质；了解防水材料的分类，保温、防腐材料的类型。熟悉水利水电工程常用木材、石灰的技术性质与应用；熟悉沥青配比设计与应用；熟悉防水材料的基本性能与保温；熟悉防腐材料的技术指标。

8.1 木材

8.1.1 木材的构造

1. 树木的分类

木材是由树木加工而成的。树木分为针叶树和阔叶树两类。

（1）针叶树。树叶细长呈针状，多为常绿树。树干高而直，纹理顺直，材质均匀且较软，易于加工，又称“软木材”。表观密度和胀缩变形小，耐腐蚀性好，强度高。建筑中多用于承重构件和门窗、地面和装饰工程，常用的有松树、杉树、柏树等。

（2）阔叶树。树叶宽大叶脉呈网状，多为落叶树。树干通直部分较短，材质较硬，又称“硬（杂）木”。表观密度大，易翘曲开裂。加工后木纹和颜色美观，适用于制作家具、室内装饰和制作胶合板等。常用的树种有榆树、水曲柳、柞木等。

2. 木材的构造

木材的构造决定木材性质。由于树种的不同和树木生长环境的差异使其构造差别很大。木材的构造分为宏观构造和微观构造。

（1）宏观构造。宏观构造是指用肉眼或放大镜就能观察到的木材组织。可从树干的3个不同切面进行观察，如图2.8.1所示。横切面为垂直于树轴的切面，径切面为通过树轴的纵切面，弦切面是和树轴平行与年轮相切的纵切面。

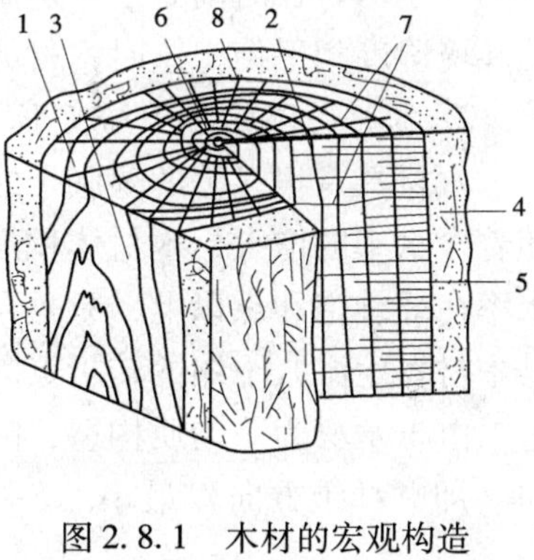

图2.8.1 木材的宏观构造
1—横切面；2—径切面；3—弦切面；4—树皮；5—木质部；6—髓心；7—髓线；8—年轮

（2）微观结构。在显微镜下观察，木材由无数管状细胞紧密结合而成，这些管状细胞大部分沿纵向排列，每个细胞由细胞壁和细胞腔两部分组成，细胞壁由细长的纤维组成。由于木材微观结构特点，木材沿纵向拉伸是将纤维本身破坏，需要大的外力，而横向拉伸是将纵向排列的纤维横向撕开，比较容易，所以木材沿不同方向应力的强度不同，即表现为各向异性。例如木材的顺纹抗拉强度大约是横纹抗拉强度的40～60倍。而顺纹抗压强度并不是把管状细胞压坏，而是由于压力作用，细胞壁失稳导致破坏，顺纹抗压强度大约是顺纹抗拉强度的1/3～1/2。

木材内部具有很多孔隙，孔隙的绝大部分是细胞腔，其次是细胞之间的间隙。因此木材质轻、易于加工、隔热、隔声和电绝缘好，并具有较高的弹性和韧性，在受到动荷载或冲击荷载时，即使超出弹性极限范围，也能吸收相当部分的能量，木材横纹受力时此种特征尤其明显。同样由于大量细胞腔的存在以及细胞纵向排列的特点，木材吸水率和变形量很大，且沿不同方向变形率不同，这是造成木材制品变形的根本原因。除了强度和变形的各向异性特点之外，木材的导热性、导电性等在各个方向上也存在较大的差异。因此在加工和使用木材时，要充分考虑到木材的各向异性特点。

木材的组成中含有对真菌和昆虫有营养的成分，真菌和昆虫容易在木材内繁殖生长，因此木材容易腐朽和被蛀蚀。但木材的多孔性使木材易于进行化学加工，如制浆和水解、防腐和干燥处理以及改性等。

8.1.2 木材的物理性能

木材的物理力学性质主要有含水率、湿胀干缩、强度等性能，其中含水率对木材的湿胀干缩性和强度影响很大。

1. 木材的含水率

木材的含水率是指木材中所含水的质量占干燥木材质量的百分数。木材中主要有3种水，即自由水、吸附水和结合水。自由水是存在于木材细胞腔和细胞间隙中的水分，吸附水是被吸附在细胞壁内细纤维之间的水分。

（1）木材的纤维饱和点。当木材中无自由水，而细胞壁内吸附水达到饱和时，这时的木材含水率称为纤维饱和点。

（2）木材的平衡含水率。木材中所含的水分是随着环境的温度和湿度的变化而改变的，当木材长时间处于一定温度和湿度的环境中时，木材中的含水量最后会达到与周围环境湿度相平衡，这时木材的含水率称为平衡含水率。

2. 木材的湿胀与干缩变形

木材具有很显著的湿胀干缩性，其规律是：当木材的含水率在纤维饱和点以下时，随着含水率的增大，木材体积产生膨胀，随着含水率减小，木材体积收缩；而当木材含水率在纤维饱和点以上，只是自由水增减变化时，木材的体积不发生变化。纤维饱和点是木材发生湿胀干缩的转折点。

由于木材为非匀质构造，故其胀缩变形各向不同，其中以弦向最大，径向次之，纵向（即顺纤维方向）最小。

8.1.3 木材的力学性能

1. 木材的强度

木材的力学性能是指木材抵抗外力不被破坏的能力。木构件在外力作用下，在构件内部单位截面积上所产生的内力，称为应力。木材抵抗外力破坏时的应力，称为木材的极限强度。根据外力在木构件上作用的方向、位置不同，木构件的工作状态分为受拉、受压、受弯、受剪等（图 2. 8. 2）。

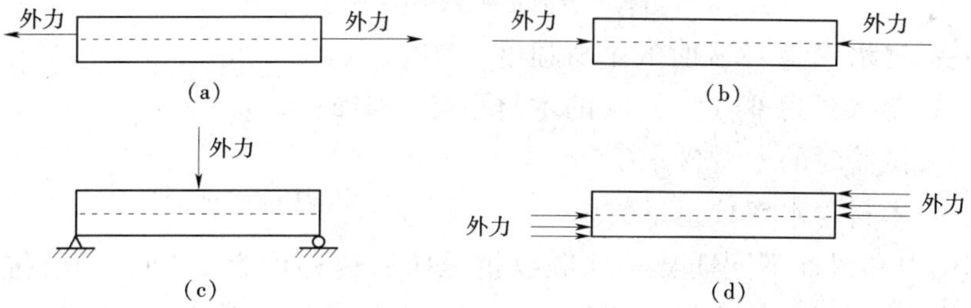

图 2. 8. 2　木构件受力状态

（a）受拉；（b）受压；（c）受弯；（d）受剪

由于木材的构造各向不同，致使各向强度有差异，为此木材的强度有顺纹强度和横纹强度之分。木材的顺纹强度比其横纹强度要大得多，所以工程上均充分利用它们的顺纹强度。从理论上讲，木材强度中以顺纹抗拉强度为最大，其次是抗弯强度和顺纹抗压强度，但实际上是木材的顺纹抗压强度最高。

当以顺纹抗压强度为 1 时，木材理论上各向强度大小关系见表 2. 8. 1。

表 2. 8. 1　　木材理论上各强度大小关系

<table>
<tr><th colspan="2">抗　压</th><th colspan="2">抗　拉</th><th rowspan="2">拉弯</th><th colspan="2">抗　剪</th></tr>
<tr><th>顺纹</th><th>横纹</th><th>顺纹</th><th>横纹</th><th>顺纹</th><th>横纹切断</th></tr>
<tr><td>1</td><td>1/10 ~ 1/3</td><td>2 ~ 3</td><td>1/20 ~ 1/3</td><td>3/2 ~ 2</td><td>1/7 ~ 1/3</td><td>1/2 ~ 1</td></tr>
</table>

木材的强度检验是采用无疵病的木材制成标准试件，按《木材物理力学试验方法》进行测定。试验时，木材在各向上受不同外力时的破坏情况各不相同，其中顺纹受压破坏是因细胞壁失去稳定所致，而非纤维断裂。

横纹受压是因木材受力压紧后产生显著变形而造成破坏。顺纹抗拉破坏通常是因纤维间撕裂而后拉断所致。木材受弯时其上部为顺纹受压，下部为顺纹抗拉，水平面内则有剪力，破坏时首先是受压区达到强度极限，产生大量变形，但这时构件仍能继续承载，当受拉区也达强度极限时，则纤维及纤维间的连结产生断裂，导致最终破坏。

木材受剪切作用时，由于作用力对于木材纤维方向的不同，可分为顺纹剪切、横纹剪切和横纹切断 3 种。顺纹剪切破坏是由于纤维间连结撕裂产生纵向位移和受横纹拉力作用所致；横纹剪切破坏完全是因剪切面中纤维的横向连结被撕裂的结果；横纹切断破坏则是木材纤维被切断，这时强度较大，一般为顺纹剪切的 4 ~ 5 倍。

2. 影响木材强度的主要因素

（1）含水量的影响。木材的强度受含水率的影响很大，其规律是：当木材的含水率在纤维饱和点以下时，随含水率降低，即吸附水减少，细胞壁趋于紧密，木材强度增大，反之，则强度减小。当木材含水率在纤维饱和点以上变化时，木材强度不改变。

我国木材试验标准规定，测定木材强度时，应以其标准含水率（即含水率为12%）时的强度测值为准，对于其他含水率时的强度测值，应换算成标准含水率时的强度值。其换算经验公式为

$$\sigma_{12}=\sigma_{w}[I+\alpha(W-12)]$$

式中 σ_{12}——含水率为12%时的木材强度，MPa；

σ_{w}——含水率为W（%）时的木材强度，MPa；

I——试验时的木材含水率；

α——木材含水率校正系数。

α随作用力和树种不同而异，如顺纹抗压所有树种均为0.05；顺纹抗拉时阔叶树为0.015，针叶树为0；抗弯所有树种为0.04；顺纹抗剪所有树种为0.03。

（2）负荷时间的影响。木材对长期荷载的抵抗能力与对暂时荷载不同。木材在外力长期作用下，只有当其应力远低于强度极限的某一定范围以下时，才可避免木材因长期负荷而破坏。这是由于木材在外力作用下产生等速蠕滑，经过长时间以后，最后达到急剧产生大量连续变形而致。

木材在长期荷载作用下不致引起破坏的最大强度，称为持久强度。木材的持久强度比其极限强度小得多，一般为极限强度的50%～60%。一切木结构都处于某一种负荷的长期作用下，因此在设计木结构时，应考虑负荷时间对木材强度的影响。

（3）温度的影响。木材强度随环境温度升高而降低。当温度由25℃升到50℃时，针叶树抗拉强度降低10%～15%，抗压强度降低20%～24%。当木材长期处于60～100℃温度下时，会引起水分和所含挥发物的蒸发，而呈暗褐色，强度明显下降，变形增大。

温度超过140℃时，木材中的纤维素发生热裂解，色渐变黑，强度显著下降。因此，长期处于高温的建筑物，不宜采用木结构。

（4）疵病的影响。木材在生长、采伐、保存过程中，所产生的内部和外部的缺陷，统称为疵病。木材的疵病主要有木节、斜纹、裂纹、腐朽和虫害等。一般木材或多或少都存在一些疵病，致使木材的物理力学性质受到影响。

8.1.4 木质复合板材

由于木材资源的短缺，天然木材已经很难满足现代社会的大量要求，同时，为了克服天然木材各向异性、变形量大的缺点，近年来，人们开发了多种木质复合板材。木质复合板材以木质材料为基本素材制造而成，所采用的木质素材通常是等外材、劣质材、小径材、枝丫材及木材加工的边角余料等，也可采用非木质纤维材料，例如棉秆、亚麻秆、蔗渣等，将这些原材料加工成小块、细屑、锯末、刨花、薄片或纤维等形状，掺入胶黏剂压制或拼接而成。木质复合板材有型压板、层压板、夹心板3种基本形式。型压板是由一种基本材料，如纤维、刨花、锯末等松散材料用胶黏剂黏合成型的板材，如纤维板、木丝板、刨花板等；层压板是用相同或不同的薄板材料，分层用胶结剂黏接压合而成，主要有胶合板；夹心板是以碎木块拼接作为心材，两面用其他材料做面层，如大心板、各种细木工板等。

1. 胶合板

胶合板属于层压加工方法，将天然木材原木旋切成薄片，再用胶黏剂将3层以上奇数层数木材薄片按纤维互相垂直的方向，热压黏合而成。薄片最多可达15层。按所用薄片层数称为三合板、五合板等，建筑工程中常用三合板和五合板，用做建筑物室内隔墙板、护壁板、顶棚板、门面板以及各种家具等。制作胶合板的原木树种主要使用水曲柳、椴木、桦木、马尾松等。胶合板材质均匀、吸湿变形小、幅面大、不翘曲、板面花纹美丽、装饰性强。如果墙体或顶棚有吸音要求，还可根据图样加工成不同孔径、不同孔距、不同图案的穿孔胶合板。

胶合板大大提高了木材的利用率，且具有材质均匀、强度高、无痂病、幅面大、使用方便等优点，板面具有美丽的木纹，装饰性好。

2. 纤维板

纤维板是将木材加工剩下来的板皮、刨花、树枝等废料，经破碎浸泡、研磨成木浆，再加入一定量的胶结料，经热压成型，干燥处理而成的人造板材，按容重分为硬质纤维板、半硬质纤维板和软质纤维板3种。硬质纤维板吸声、防水性能良好，坚固耐用，施工方便。有着色硬质板、单板贴面板、打孔板、印花板、模压板等品种。软质纤维板经表面处理，可做顶棚天花的罩面板。生产纤维板可使木材的使用率达90%以上。纤维板的特点是材质均匀，各向强度一致，抗弯强度高，可达55MPa，耐磨、绝热性好，不易胀缩和翘曲，不腐朽，无木节、虫眼等缺陷。在建筑工程中可代替木板，主要用做建筑装修材料和建筑构件，例如室内隔墙或墙壁的装饰板、天花板、门板、窗框、阳台栏杆、楼梯扶手和建筑模板等；还用于制作家具，各种台面板、桌椅、茶几、课桌及组合家具的箱、柜等，由于抗污染性、耐水性强，更适合于做厨房的炊用家具。模压时利用模板花纹可直接在板面上形成各种花纹，不需要进行再加工，表面喷涂各种涂料，装饰效果更佳，如果在板表面施以仿木纹油漆处理，可达到以假乱真的效果。

3. 木丝板、木屑板、刨花板

木丝板、木屑板、刨花板属于型压板的一种，将天然木材加工剩下的木丝、木屑、刨花等，经干燥、加胶黏剂拌和后压制而成，分为低密度板、中密度板、高密度板。具有抗弯、抗冲击强度高、表面细密均匀、防水性能好等优点，可用做室内隔板、天花板等，中密度以上板材可用做橱柜基材，防水性好，不易变形，表面贴防火板具有防火性能。这种板材最早开发并实际生产开始于20世纪60年代末，到20世纪70年代至80年代得到了很大的发展。

4. 大心板、细木工板

大心板属于夹芯心板类型，其心材采用价格低廉的软杂木，例如杨木、杉木、松木等木块，或者木材加工的剩余料拼接铺成板状，两面用胶合板夹住所形成的。细木工板主要用于家具制作，其心材比大心板密实、材质较好；大心板主要用于家居装修和家具制作，例如作为护壁板、门板、柜橱、顶棚等部位的基层，表面再粘贴木质优良的榉木、曲柳贴面。

5. 印刷木纹板

印刷木纹板又称装饰人造板，它是在胶合板、纤维板、刨花板等人造板面上用凹版花纹胶辊印上花纹图案而成。其优点是不需要再做任何饰面。

6. 微薄木贴面板

用水曲柳、榉木、桦木等花纹美丽的原木旋切成0.1～0.5mm厚的薄片，以胶合板为基材胶合而成，装饰性好。用于室内装修或家具制作时粘贴于大心板、细木工板等基体板材表面，增加装饰效果。

由于木质复合板材的基本素材是木材，其性能与天然板材比较接近，同时又能加工成较大型的尺寸，弥补天然板材各向异性的缺点。木质复合板材最高效率地利用了天然木材中不能成为整体木材制品的部分，在房屋建筑、家居装修和家具制作等方面代替天然木材，发挥了巨大的作用。

8.1.5 水利水电工程常用木材

1. 特级原木

种类包括红松、云杉、沙松、樟子松、华山松、柏木、杉木、落叶松、马尾松、水曲柳、核桃楸、檫木、黄樟、香椿、楠木、榉木、槭木、麻栎、柞木、青㭴、荷木、红锥、榆木、椴木、枫桦、西南桦、白桦等。

特级原木的主要技术要求如下：

（1）尺寸。特级原木的尺寸，见表2.8.2。

表2.8.2　　特级原木的尺寸规格

树　种	检　尺　长（m）	检　尺　径（cm）
针叶树	4～6	自24以上（柏木、杉木自20以上）
阔叶树	2～6	自24以上

注　1. 检尺长按0.2m进级；长级公差：$\frac{+6}{0}$cm。
2. 检尺径按2cm进级。

（2）材质指标。特级原木的材质指标，见表2.8.3。

2. 针叶树普通锯材

红松、马尾松、樟子松、落叶松、云杉、冷杉、铁杉、杉木、柏木、云南松、华山松及其他针叶树种。

表2.8.3　　特级原木的材质指标

缺　陷　名　称	允　许　限　度	
	针　叶　树	阔　叶　树
活节、死节	在任意1m材长范围内，节子直径不超过检尺径的15%	
	2个	1个
树包（隐生节）	全材长范围内凸出原木表面高度不超过30mm的树包1个	

续表

缺陷名称	允许限度	
	针叶树	阔叶树
心材腐朽	腐朽直径不得超过检尺径的： 小头　不允许 大头　10%	
边材腐朽	距大头端面 1m 范围内，大头边腐朽厚度不得超过检尺径的 5%，边材腐朽弧长不得超过该断面圆周的 1/4，其他部位不允许	
裂纹	纵裂长度不得超过检尺长的：杉木为 15%，其他树种为 10%；贯通断面开裂不允许；断面弧裂拱高或环裂半径不得超过检尺径的 20%，断面的环裂、弧裂的裂缝在 $25cm^2$ 的正方形中允许有 2 条（裂纹没有起点限制）	
劈裂	大头及小头劈裂脱落厚度不得超过同方向直径的 5%	
弯曲	最大拱高与该段内弯曲水平长相比不得超过	
	1%	1.5%
扭转纹	小头 1m 长范围内，倾斜高度不得超过检尺径的 10%	
偏心	小头断面中心与髓心之间距离不得超过检尺径的 10%	
外伤	径向深度不得超过检尺径的 10%	
外夹皮	距大头端面 1m 范围内，长度不得超过检尺长的 10%；其他部位不允许	
抽心	小头断面不允许；大头抽心直径不得超过检尺径的 10%	
虫眼	全材长范围内及端面自 3mm 以上的均不允许	

注　除本表所列缺陷外，如漏节、树瘤、偏枯、风折木、双心，在全材长范围内均不允许。其他未列入缺陷不计。

针叶树普通锯材分一、二、三等。

针叶树普通锯木材的主要技术要求如下：

（1）尺寸。长度为 1～8m；长度进级为自 2m 以上按 0.2m 进级，不足 2m 的按 0.1m 进级。

板材宽度、厚度应符合表 2.8.4 的规定。

表 2.8.4　　**板材宽度、厚度尺寸**　　单位：mm

分类	厚度	宽度	
		尺寸范围	进级
薄板	12，15，18，21	60～300	10
中板	25，30，35		
厚板	40，45，50，60		

（2）尺寸偏差。尺寸允许偏差应符合表 2.8.5 的规定。

表 2.8.5　　**尺寸允许偏差**

种类	尺寸范围	偏差（mm）	种类	尺寸范围	偏差（mm）
长度（m）	不足 2.0	－10～＋30	宽、厚度（mm）	不大于 25	±1
				25～100	±2
	不小于 2.0	－20～＋60		100 以上	±3

（3）允许生产方材。

1）特等锯材是用于各种特殊需要的优质锯材，其长度不小于2m，宽、厚度和树种按需要供应。

2）普通锯材如需要表2.8.4以外规格，由供需双方商定。

3）方材具体规格按供需双方商定。

（4）外观要求。针叶树普通锯材的外观要求见表2.8.6。

表2.8.6　外　观　要　求

缺陷名称	检量与计算方法	允许限度			
		特等锯材	普通锯材		
			一等	二等	三等
活节及死节	最大尺寸不得超过材宽的	15%	25%	40%	不限
	任意材长1m范围内个数不得超过	4	6	10	
腐朽	面积不得超过所在材面面积的	不许有	2%	10%	30%
裂纹夹皮	长度不得超过材长的	5%	10%	30%	不限
虫眼	任意材长1m范围内的个数不得超过	1	4	15	不限
钝棱	最严重缺角尺寸不得超过材宽的	5%	20%	40%	60%
弯曲	横弯最大拱高不得超过水平长的	0.3%	0.5%	2%	3%
	顺弯最大拱高不得超过水平长的	1%	2%	3%	不限
斜纹	斜纹倾斜程度不得超过	5%	10%	20%	不限

注　长度不足2m的锯材不分等级，其缺陷允许限度不低于三等材。

3. 阔叶树普通锯材

柞木、麻栎、榆木、杨木、槭木（色木）、桦木、泡桐、青冈、荷木、枫香、槠木及其他阔叶树种。

阔叶树普通锯材可分为一、二、三等。

阔叶树普通锯材的主要技术要求如下：

（1）尺寸。长度为1～6m；长度进级为自2m以上按0.2m进级，不足2m的按0.1m进级。

板材宽度、厚度规定见表2.8.7。

表2.8.7　板材宽度、厚度尺寸　　单位：mm

分　类	厚　度	宽　度	
		尺寸范围	进级
薄板	12，15，18，21	60～300	10
中板	25，30，35		
厚板	40，45，50，60		

（2）尺寸偏差。尺寸允许偏差应符合表2.8.8的规定。

表 2.8.8　　　　允许尺寸偏差

种　类	尺寸范围	偏差（mm）	种　类	尺寸范围	偏差（mm）
长度（m）	不足 2.0m	−10 ~ +30	宽、厚度（mm）	不大于 25	±1
				25 ~ 100	±2
	不小于 2.0m	−20 ~ +60		100 以上	±3

（3）允许生产方材。

1）特等锯材是用于各种特殊需要的优质锯材，其长度不小于 2.0m，宽、厚度和树种按需要供应。

2）普通锯材如需其他规格，由供需双方商定。

3）方材具体规格按供需双方商定。

（4）外观要求。阔叶树普通锯材的外观要求见表 2.8.9。

表 2.8.9　　　　外观要求

缺陷名称	检量与计算方法	允许限度			
		特等锯材	普通锯材		
			一等	二等	三等
死节	最大尺寸不得超过材宽的	15%	25%	40%	不限
	任意材长 1m 范围内个数不得超过	3	5	6	
腐朽	面积不得超过所在材面面积的	不许有	5%	10%	30%
裂纹夹皮	长度不得超过材长的	10%	15%	40%	不限
虫眼	任意材长 1m 范围内的个数不超过	1	2	8	不限
钝棱	最严重缺角尺寸不得超过材宽的	10%	20%	40%	60%
弯曲	横弯最大拱高不得超过水平长的	0.5%	1%	2%	4%
	顺弯最大拱高不得超过水平长的	1%	2%	3%	不限
斜纹	斜纹倾斜程度不得超过	5%	10%	20%	不限

注　1. 长度不足 2.0m 的锯材不分等级，其缺陷允许限度不低于三等材。

2. 南方裂纹在表中允许限度基础上，各等级均放宽 5%。

8.2　石灰

8.2.1　石灰的生产、化学成分与品种

建筑石灰简称石灰或生石灰，其主要化学成分是 CaO，含有少量 MgO 等杂质。外观上石灰是白色微黄、具有疏松结构的块状物体。建筑石灰是将石灰石（主要成分为 $CaCO_3$）在适当温度范围内煅烧，使其分解并排除二氧化碳后所得到的以 CaO 为主要成分的生石灰及其制品，包括生石灰粉、熟石灰（消石灰）以及石灰膏等品种。

1. 建筑石灰的生产

生产建筑石灰的原料主要有石灰石或白垩，其主要成分为碳酸钙（$CaCO_3$）。理论上 $CaCO_3$ 在 898℃（分解压力达到 1×10^5Pa）时分解为 CaO 和 CO_2，但由于石灰石中

含有一些杂质，同时以块状煅烧，为了使石灰石充分分解，在实际生产中通常在1000～1100℃温度下煅烧使其分解，得到以 CaO 为主要成分的产品称为生石灰。煅烧反应方程式为

$$CaCO_3 \longrightarrow CaO + CO_2$$

除了烧结作用之外，石灰石中通常含有一些熔点较低的黏土杂质，煅烧温度过高时，这些杂质成分将发生熔融，流入 CaO 晶粒的孔隙内或包裹在表面形成釉质物，阻碍石灰与水的直接接触，也会极大地降低生石灰的活性。这种在过高温度下煅烧得到的结构比较密实、晶粒粗大、比表面积小、活性较低的石灰称为“过火石灰”。过火石灰的水化反应极慢，通常要在正常的石灰浆体水化结束、硬化后才发生水化作用，产生热量并膨胀，使石灰硬化体因膨胀而引起崩裂或隆起而导致破坏。所以在使用生石灰时，为了避免存在过火石灰的危险，可将生石灰放入储灰池中加水“陈伏”2 周以上，使其中的过火石灰有充分时间与水反应，可避免危害，但“陈伏”过程较长，需要建专用的储灰池，并且造成危险，所以这种做法已经不常用，而是将块状生石灰磨细，制成生石灰粉，由于生石灰粉颗粒很细，与水接触的面积大，有利于石灰与水很快进行水化反应，则可避免过火石灰的危害。但是生石灰磨细后不易储存，容易吸收空气中的水分和二氧化碳，生成碳酸钙而失去胶凝性，最好是随磨随用。在煅烧时要控制温度不可过高，尽量减少过火石灰的生成量。如果煅烧温度过低，则石灰产品中将含有较多的“欠烧石灰”，即尚未分解的石灰石，它不能产生水化反应，降低石灰浆体的有效成分。所以掌握合适的煅烧温度十分重要。

石灰石原料中常含有一些碳酸镁等杂质成分，在煅烧过程中将分解为氧化镁，所以生石灰中含有一定量的氧化镁杂质。按照氧化镁含量的多少，石灰分为钙质石灰（氧化镁含量小于5%）和镁质石灰。

石灰石煅烧后首先得到块状生石灰。在实际使用中，通常要根据用途以及施工条件将块状生石灰加工成不同的物理形态，以便使用。

（1）过火石灰。灰黑色，表面出现裂纹，有玻璃体的外壳；含 SiO_2、Al_2O_3 杂质，块体容重大，熟化慢。

（2）欠火石灰。未分解的石灰石，废品，利用率很低，不能消化，降低石灰浆的产量。

（3）正火石灰。煅烧正常，质量轻，无裂缝，密度 3.1～3.4g/cm^3，表观密度 800～1000kg/m^3。当 MgO 含量不大于5% 时称为钙质石灰。当 MgO 含量大于5% 时称为镁质石灰。

2. 品种

根据成品的加工方法的不同，有 4 种成品：

（1）块状生石灰。由石灰石煅烧成的白色疏松结构的块状物，主要成分为 CaO。

（2）磨细生石灰。由块状生石灰磨细而成，消化时间短，直接加水即可，但成本较高，不易储存。

（3）消石灰粉。将生石灰用适量的水经消化和干燥而成的粉末，主要成分为

$Ca(OH)_2$，亦称为熟石灰。

（4）石灰膏。将消石灰和水组成的具一定稠度的膏状物，主要成分为 $Ca(OH)_2$ 和水。

8.2.2 生石灰的水化

生石灰（CaO）与水发生化学反应，生成 $Ca(OH)_2$ 的过程称为生石灰的水化，也称为消解或熟化，反应方程式为

$$CaO + H_2O \longrightarrow Ca(OH)_2 + 64.9kJ$$

生石灰的水化反应有以下特点。

（1）反应具有可逆性，在常温下反应向右进行，当温度升高至547℃时 $Ca(OH)_2$，将分解为 CaO 和 H_2O，为了保证水化反应顺利向右进行，要控制温度不能升得过高。

（2）水化热大，水化放热速率快。每1kg 生石灰消解放热 1160kJ，而且放热量几乎集中在早期放出，最初 1h 放出的热量几乎是硅酸盐水泥水化 1d 放热量的 9 倍，其原因是正常的生石灰属于多孔结构，CaO 的晶粒细小，内比表面积大，与水接触面积大，水化反应在短时间内迅速进行。

（3）水化过程中体积膨胀。生石灰消化过程中外观体积可增大 1.5 ~ 2.0 倍，这一性质在工程中易造成事故，应予重视。

陈伏：当石灰中含有过火生石灰时，它将在石灰浆体硬化以后才发生水化作用，于是会因产生膨胀而引起崩裂或隆起现象。为消除此现象，应将熟化的石灰浆在消化池中储存 2 ~ 3 周，即所谓陈伏。陈伏期间，石灰膏表面有一层水，以隔绝空气，防止与 CO_2 作用产生碳化。

8.2.3 石灰的硬化

石灰浆体的硬化包含了干燥、结晶和碳化 3 个交错进行的过程。

干燥时，石灰浆体中多余水分蒸发或被砌体吸收而使石灰粒子紧密接触，获得一定强度。游离水分蒸发，$Ca(OH)_2$ 逐渐从饱和溶液中结晶析出，形成结晶结构网，使强度继续增加。$CaCO_3$ 晶体相互交叉连生或与氢氧化钙共生，构成较精密的结晶网，使硬化浆体强度进一步提高。由于空气中 CO_2 含量很低，故自然状态下碳化速度较慢。

生石灰与水拌和形成石灰浆体。经过一定时间石灰浆体将逐步硬化，产生强度并具有胶结能力。石灰浆体的硬化是结晶作用和碳化作用同时进行的过程。结晶作用是石灰浆体中的游离水蒸发，使 $Ca(OH)_2$ 逐步从饱和溶液中结晶析出；碳化作用是 $Ca(OH)_2$ 与空气中的 CO_2 在有水分存在的条件下反应生成 $CaCO_3$ 结晶的过程，其反应方程式为

$$Ca(OH)_2 + CO_2 + nH_2O \longrightarrow CaCO_3 + (n+1)H_2O$$

结晶作用依赖于浆体中水分的蒸发才能使 $Ca(OH)_2$ 从饱和溶液中结晶析出，因此，石灰浆体的硬化必须在干燥的条件下进行。而碳化作用需要与空气中的 CO_2 接触，所以碳化反应是在石灰浆体的表面进行，生成的 $CaCO_3$ 固相体积比 $Ca(OH)_2$ 固相体积略大，在浆体表面将形成致密的膜层，阻碍 CO_2 向浆体内部渗透，所以碳化作用只限于

浆体的表层，内部则以水分的蒸发、$Ca(OH)_2$ 结晶作用为主。由于碳化作用使表层形成致密的碳酸钙膜层，将阻碍水分的蒸发，所以石灰浆体的硬化过程比较缓慢。并且只能在空气中才能提供 CO_2，并实现水分的蒸发，石灰浆体才能硬化，这就决定了石灰属于气硬性胶凝材料。

由以上石灰的硬化机理可见，石灰的硬化速度较慢，同时石灰硬化体的主要成分是 $Ca(OH)_2$ 晶体，强度较低，28d 石灰砂浆的强度只有 0.2～0.5MPa。$Ca(OH)_2$ 受潮或遇水将溶解溃散，所以石灰硬化体的耐水性很差，只能用于干燥环境。由于硬化过程中大量水分蒸发，所以体积收缩变形比较严重，容易产生开裂，因此石灰浆体在使用时要掺一定量的砂子或纤维材料，以提高硬化体的抗裂性能。

8.2.4 石灰的技术性质

由上述石灰的水化反应特点及机理可知建筑石灰具有如下特性。

（1）可塑性好。由生石灰直接消化所得到的石灰浆体中，能形成颗粒极细的 $Ca(OH)_2$ 粒子，表面能吸附一层较厚的水膜，使颗粒间的摩擦力减小，具有良好的可塑性，叫做白灰膏。将白灰膏掺入水泥砂浆中，可配制成混合砂浆，能显著提高砂浆的保水性，适用于受水性砌体材料的砌筑砂浆。

（2）硬化缓慢。石灰浆体的硬化只能在空气中进行，由于空气中 CO_2 的含量较少，不能提供足够的反应物，使碳化反应进行缓慢，同时已硬化的表层对内部的结晶硬化起阻碍作用，所以石灰浆体的硬化过程缓慢。

（3）硬化后强度低。生石灰消化理论上需要 32.13% 的水，但实际消化时用水量很大，多余的水分蒸发后在硬化体内将留下大量孔隙，使硬化后的石灰强度很低，28d 抗压强度只有 0.2～0.5MPa。所以用做砌体结构的胶凝材料时一般不单独使用石灰浆体，而是使用由水泥、石灰膏和砂子组成的混合砂浆。

（4）硬化过程中体积收缩大。由于游离水的大量蒸发，导致内部毛细管失水紧缩，引起体积收缩变形，使石灰硬化体产生裂纹，故石灰浆不宜单独使用，要掺一定量的骨料或纤维。

（5）耐水性差。石灰硬化体的主要成分是 $Ca(OH)_2$ 晶体，遇水或受潮时易溶解，使硬化体溃散，所以石灰硬化体不能用于潮湿环境。

8.2.5 石灰的应用

（1）室内粉刷。将消石灰粉或消石灰浆与适当的水拌和，调制成稠度合适的消石灰乳，用于粉刷室内的墙面和顶棚。

（2）拌制建筑砂浆。以消石灰浆（或消石灰粉 + 水）、砂子为原料拌制石灰砂浆，或以消石灰浆（或消石灰粉 + 水）、水泥、砂子为原料拌制混合砂浆，用于墙体砌块之间的胶结材料，或者作为墙体、地面的基层抹灰材料。

（3）配制三合土和灰土。将生石灰粉、黏土、砂子按 1：2：3 比例配合，并加水拌和得到的混合料叫做三合土，夯实作为路基或垫层。将生石灰粉、黏土按 1：(2～4) 的比例配合，并加水拌和得到的混合料叫做灰土，将三合土或灰土夯实可作为建筑物的基础、道路路基或垫层等。

(4) 加固软土地基。如：在生石灰块灌入软土（高含水量、高孔隙比土）中，形成石灰桩。

此外，石灰作为生产硅酸盐制品的原材料，与硅质材料一起加水拌和，经成型、蒸养或蒸压湿热养护制成硅酸盐制品，利用过烧石灰水化慢且伴随体积膨胀这一特性，可用来配制静态破碎剂和膨胀剂，用于混凝土和钢筋混凝土构筑物的拆除，以及岩石的破碎和割断等。

8.2.6 石灰的包装、标志、储运、质量证明书及保管知识

(1) 包装、标志。生石灰粉、消石灰粉用牛皮纸袋、复合纸袋、编织袋包装。袋上应标明厂名、产品名称、商标、净重、等级和批量编号。

(2) 包装质量及偏差。生石灰粉：每袋净重分（40±1）kg 和（50±1）kg 两种；消石灰粉：每袋净重分（20±0.5）kg 和（40±1）kg 两种。

(3) 储存及运输储存。应分类、分等级储存在干燥的仓库内，不宜长期存放。生石灰应与可燃物及有机物隔离保管，以免腐蚀或引起火灾。在运输中不准与易燃、易爆及液态物品同时装运，运输时要采取防水措施。

(4) 质量证明书。每批产品出厂时应向用户提供质量证明书，注明厂名、商标、产品名称、等级、试验结果、批量编号、出厂日期、标准编号及使用说明。

(5) 保管。

1) 磨细生石灰及质量要求严格的块灰，最好存放在地基干燥的仓库内，仓库门窗应密闭，屋面不得漏水，灰堆必须与墙壁距离 70mm。

2) 生石灰露天存放时，存放期不宜过长，地基必须干燥、不积水，石灰应尽量堆高。为防止水分及空气渗入灰堆内部，可于灰堆表面洒水拍实，使表面结成硬壳，以防损失。

3) 直接运到现场使用的生石灰，最好立即进行熟化，过淋处理后，存放在淋灰池内，并用草席等遮盖，冬天应注意防冻。

4) 生石灰应与可燃物及有机物隔离保管，以免腐蚀或引起火灾。

8.3 沥青

8.3.1 沥青的分类

沥青主要分为地沥青和焦油沥青。地沥青又分为天然沥青和石油沥青，焦油沥青分为煤沥青，木沥青，页岩沥青。

沥青的使用方法很多，可以熔化后热用，也可以加溶剂稀释或使其乳化后冷用，涂刷涂层，可以制成沥青胶用来粘贴防水卷材，也可以制成沥青防水制品及配置沥青混凝土。

煤沥青是煤干馏得到的煤焦油，经再提炼加工得到的产品，也称煤焦油沥青或柏油。

煤沥青分为低温、中温、高温煤沥青 3 大类。建筑中主要使用半固体的低温煤沥青。煤沥青和石油沥青相比，煤沥青密度较大，塑性较差，温度敏感性较大，在低温下易变脆硬、老化快，于矿质材料表面结合紧密，防腐能力强，有毒和有臭味等。因此，煤沥青适用于地下防水工程及防腐工程中。

由于煤沥青和石油沥青相似，使用时必须加以区别，鉴别方法见表 2.8.10。本节中仅对石油沥青及其性质进行介绍。

表 2.8.10　　煤沥青和石油沥青鉴别方法

鉴别方法	煤　沥　青	石油沥青
密度	>1.1（约为 1.25）	接近 1.0
锤击	音清脆，韧性差	音哑，富有弹性，韧性好
燃烧	烟呈黄色，有刺激味	烟无色，无刺激性臭味
溶液颜色	用 30～50 倍的汽油或煤油溶解后，将溶液滴于滤纸上，斑点分为内外两圈，城内黑外棕或黄色	溶解方法同左，斑点完全均匀散开，呈棕色

8.3.2　石油沥青及其性质

石油沥青是将石油原油经过常压蒸馏和减压蒸馏，提炼出汽油、煤油、柴油等轻质油以及润滑油后，在蒸馏塔底部残留下来的黑色黏稠物，也称渣油。

1. *石油沥青的组成*

石油沥青的主要化学成分是由碳元素（C）和氢元素（H）构成的碳氢化合物，其中碳元素占 80%～87%，氢元素占 10%～15%。此外还含有少量的 O、N、S 等非金属元素，但是，石油沥青的化学组成很复杂，是由多种复杂的碳氢化合物及其非金属衍生物组成的混合物。由于这种化学组成结构的复杂性，使许多化学成分相近的沥青，性质上表现出很大的差异；而性质相近的沥青，其化学成分并不一定相同。即对于石油沥青这种材料，在化学组成与性质之间难以找出直接的对应关系。所以通常是从实用的角度出发，将沥青中分子量在某一范围之内，物理、力学性质相近的化合物划分为几个组，称为石油沥青的组丛。各组丛具有不同的特性，直接影响石油沥青的宏观物理、力学性质。

石油沥青主要含有以下 3 大组丛。

（1）油分。油分是一种常温下呈淡黄色至红褐色的油状液体，分子量范围为 100～50，是石油沥青中分子量最低的组分。密度介于 0.7～1.0g/cm^3 之间，为沥青中最轻的组分。在 170℃下较长时间加热可以挥发，能溶于石油醚、二硫化碳、苯、四氯化碳等有机溶剂，但不溶于酒精。在通常的石油沥青中油分的含量为 40%～60%。由于油分是沥青中分子量最小、密度最小的组分，油分对沥青性质的影响主要表现为降低稠度和黏滞度，增加流动性，降低软化点。油分含量越多，沥青的延度越大，软化点越低，流动性越大。

（2）树脂。树脂也叫做胶质或脂胶，是一种黄色—黑褐色的黏稠半固体，分子量范围在 600～1000 之间，密度为 1.0～1.1g/cm^3。能溶于石油醚、汽油、苯、醚和氯仿等有机溶剂，但对于酒精和丙酮的溶解度很小。树脂在石油沥青中的含量大约为15% ~30% 。由于树脂的存在，使石油沥青具有一定的可塑性和黏结性。树脂的含量直接决定着沥青的变形能力和黏结力，树脂的含量增加，沥青的延伸度和黏结力增加。树脂的化学稳定性较差，在空气中容易氧化缩合，部分转化为分子量较大的地沥青质。

（3）地沥青质。地沥青质是一种深褐色—黑色的无定型形脆性固体微粒。分子量为2000 ~6000，密度大于1.0g/cm^3，不溶于酒精、石油醚和汽油，能溶于二硫化碳、氯仿、苯和四氯化碳等。在石油沥青中的含量为10% ~30% 。地沥青质属于固态组分，无固定软化点。

当温度达到300℃以上时将分解为气体和焦炭。地沥青质能提高沥青的软化点，改善温度稳定性，但使沥青的脆性变大。地沥青质含量越高，石油沥青的软化点越高，黏性越大，温度稳定性越好，但同时沥青也就越硬脆。

以上3大组丛，随着分子量范围的增大，塑性降低，黏滞性和温度稳定性提高，合理调整3者的比例，可获得所需要性质的沥青。但是在长期使用过程中，由于受大气因素的作用，一部分油分的分子将挥发，而一部分树脂的分子将逐步聚合转化为大分子的组丛，即油分和树脂组分的含量减少，地沥青质组分增多，使得石油沥青的塑性降低，黏滞性增大，变硬变脆。

除以上油分、树脂、地沥青质3大组丛之外，还存在着少量的碳青质和焦油质，这两种组丛属于黑色固体，分子量大约为75000，密度大于1g/cm^3，对沥青性质的影响表现为降低塑性和黏性，增加老化程度。但由于含量极少，所以对沥青的性质影响不大。石油沥青中的蜡质是有害成分，会降低沥青的温度稳定性、胶结性和低温塑性，应严格限制其含量。

2. *石油沥青的结构*

石油沥青的性质不仅仅取决于其化学组丛，还与其内部结构有密切关系。现代胶体学说认为，石油沥青是固态的地沥青质分散在低分子量的液态介质中所形成的分散体系。但是地沥青质对于油分是憎液性的，而且在油分中是不溶解的，所以如果油分和地沥青质两种组分混合则形成不稳定的体系，地沥青质极易絮凝。而地沥青质对于树脂是亲液性的，树脂对于油分也是亲液性的，所以，石油沥青的结构如图2.8.3所示，是以地沥青质为核心，周围吸附了部分树脂和油分的互溶物而形成胶团，分散在溶有部分树脂的油分之中，形成稳定的胶体分散体系。从分散相的核心到分散介质是均匀的、逐步递变的，并没有明显的界线。

由于石油沥青中各组丛的含量及化学结构不同，将形成不同类型的胶体结构，有溶胶型结构、凝胶型结构和溶-凝胶型结构，它们分别表现出不同的性状。如图2.8.3所示。

有些学者不用胶体结构而用高分子溶液来表示沥青的结构，认为石油沥青是一种高分子溶液，其中地沥青质是溶质，而树脂和油分的互溶物是溶剂，溶质与溶剂之间有很强的亲和力。

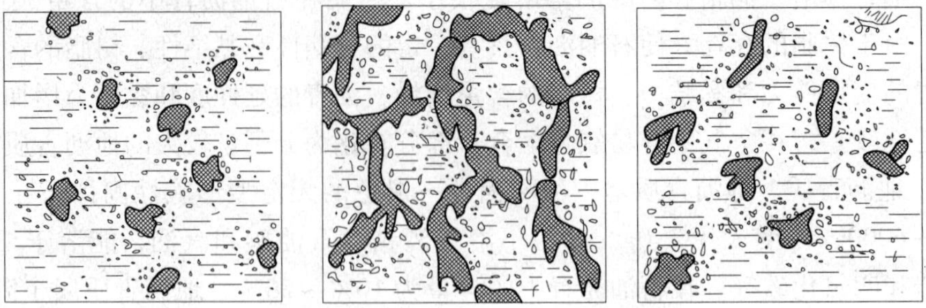

图 2.8.3　石油沥青的胶体结构类型

(a) 溶胶型；(b) 凝聚型；(c) 溶-凝胶型

3. 石油沥青的技术性质

(1) 黏滞性。沥青材料在外力作用下抵抗黏性变形的能力称为沥青的黏滞性。黏滞性反映沥青作为胶结材料、把各种矿质材料结合为一个整体的黏结能力。黏滞性的大小主要受沥青的组成与环境温度的影响。一般来说，随着地沥青质的含量增多，沥青的黏滞性增大；随外界温度升高，沥青的黏滞性下降。

沥青的黏滞性用黏度表示，它表示液体沥青在流动时的内部阻力。液体在流动时所要克服的液层间的黏稠阻力可用牛顿黏度公式求出

$$F = \eta A_S \frac{V}{d}$$

式中　F——引起沥青层移动的力，N；

A_S——沥青层的面积，m^2；

V——沥青顶层移动速度，m/s；

d——沥青层的厚度，m；

η——牛顿黏度（黏滞度），沥青的内摩阻系数，Pa·s。

按上式得

$$\eta = \frac{F}{A_S}\left(\frac{V}{d}\right)^{-1}$$

令 $\tau = \frac{F}{A_S}, \dot{\gamma} = \frac{V}{d}$,则

$$\eta = \frac{\tau}{\dot{\gamma}}$$

式中　τ——剪应力，MPa；

$\dot{\gamma}$——剪变率，S^{-1}。

符合牛顿黏度公式的液体为牛顿液体，这种液体是不考虑外力影响的。但是沥青是胶体物质，只有在高温下才接近牛顿液体。沥青在实际使用的常温情况下，均表现为黏—弹性体。其黏度是外界压力（P）与速度梯度的函数，即

$$\eta = f(P)$$

$$\eta = f\left(\frac{V}{d}\right)$$

用牛顿黏度公式求出的黏度为绝对黏度，也称为动力黏度，其单位是 Pa·s。测定沥青绝对黏度的方法比较复杂，所以我国在实际应用中多采用相对黏度（条件黏度）来表示。测定相对黏度的主要方法有标准黏度计和针入度仪。对于黏稠状态的固体、半固体沥青，其黏滞性用针入度指标来表示，是在某一温度下，一定重量的标准针在固定时间内自由下落插入沥青试件中的深度。针入度值越大，表明沥青在外力的作用下越容易变形，即沥青的黏滞性低。液体沥青的黏滞性用黏度来表示，是在一定温度（t℃）条件下，液体沥青经一定直径（d）的小孔流出 50cm^3 所需的时间，以“s”为单位。表示符号为 C_t^dT，其中 d 代表沥青流出的小孔直径（mm），t 表示测定温度（℃），T 表示流出 50mL 沥青所需的时间（s）。沥青流出的时间越长，即黏度值越大，表示沥青的黏度越高。

针入度是在规定温度（25℃）和时间（5s）条件下，一定重量的标准针（100g），垂直贯入试样的深度表示沥青的针入度值，并以 0.1mm 为单位（0.1mm = 1 度）。沥青的针入度用 PT，m，t 表示，其中 P 为针入度，T 为试验温度，m 为标准针（包括连杆及砝码）的质量，t 为贯入时间。按我国现行试验法，试验条件为 P25℃，100g/5s，根据需要如采用其他试验条件时，应在试验结果中注明。针入度值是度量沥青稠度的一种指标，通常针入度值较小的沥青，其稠度较高，黏度亦较高。

（2）塑性。沥青在外力作用下产生变形而不破坏的能力称为塑性。即塑性表示沥青在机械力的作用下变形而不破坏、不开裂或开裂后的自愈能力。沥青具有良好的塑性，所以适用于水工结构物的防水构件和用于道路制造出性能良好的柔性路面。沥青的塑性大小受内部组成及外界温度的影响，沥青中树脂含量越多，塑性越好；外界温度升高，沥青的塑性增大。表征沥青塑性的指标是延度，即在一定温度下，对沥青试件进行拉伸直至断裂时所伸长的长度。沥青的延性是当其受到外力拉伸作用时，所能承受塑性变形的总能力。沥青的延性通常以延度作为条件延性指标来表征，沥青延度值的大小直接反映了工程中沥青在外力作用下，保持内部结构连续或抵抗开裂的能力。沥青的延度值测定，是将沥青试样制成 8 字形标准试件（最小断面 1cm^2），在规定的试验温度（通常为 25℃或 15℃）和拉伸速度（通常为 5cm/min）条件下，拉断时的长度伸长值（以 cm 计）。在科研中有时需测定沥青低温（0℃，4℃）时的延度，其拉伸速度常为 1cm/min。

（3）温度稳定性（感温性）。石油沥青不同于无机胶凝材料水泥，它的性质（包括黏滞性、塑性等）随温度的变化呈现较大的波动，这种性能称为沥青的温度稳定性。例如用沥青混凝土铺筑的路面，在春、秋和冬季具有较高的硬度，不会变形，而在炎热的夏季，地面温度较高时，沥青混凝土路面就会发生软化，车辆行驶过后会留下轮胎的痕迹。再有沥青防水卷材铺设的屋顶在炎热的夏季阳光照射下会发生流淌现象，这些都反映了沥青材料的性质相对于温度具有敏感性。沥青属于高分子、非晶态材料，具有热塑性特点，但没有一定的熔点，随着温度升高，沥青将由固态逐渐变为半固态，软化、产生黏性流动，以至于达到黏流态。而当温度降低时，沥青又由黏流态逐渐凝固，变为半固态乃至固态。沥青的这种温度敏感性大小与其内部的组成有关，地沥青质的含量越多，温度敏感性越小。而树脂和油分的含量大时，则温度敏感性大。工程中使用的沥青混凝土中，要加入滑石粉、石灰石粉等矿物质细粉填料，其目的就是提高温度稳定性。

沥青的温度稳定性用软化点（℃）来表示。它表示沥青在某一固定重力作用下，随温度升高逐渐软化，最后流淌垂下至一定距离时的温度。软化点值越高，沥青的温度稳定性越好。即表示沥青的性质随温度的波动性越小。

沥青是一种组成和结构非常复杂的非晶质高聚物，它由液态转变为固态时，没有敏感的固化点或液化点。对于沥青的物理性质与温度之间的关系，通常采用产生硬化与滴落时相对应的某一温度区域范围来表示，在此温度区间内，沥青是一种黏滞流动状态。在工程实际中为保证沥青不致由于温度升高而产生流动的状态，取这一温度区间的0.8721倍作为反映沥青物理状态与温度之间关系的参数，并称之为软化点，软化点用环球法测定。

（4）大气稳定性（耐久性）。石油沥青在温度、阳光、氧气和潮湿等大气因素作用下，抵抗老化变质的能力称为大气稳定性，是衡量沥青材料耐久性的指标。

沥青材料老化的原因，是由于沥青在自然界的温度、湿度变化、氧化、光照等因素的作用下，内部组成中分子量较小的油分、树脂发生氧化、挥发、缩合、聚合等作用，转化为分子量较大的地沥青质。沥青中油分和树脂的含量减少，固态物质地沥青质增加，因而石油沥青变硬、变脆、软化点增高，针入度和延度值减小，容易脆裂。这种老化过程越快，说明石油沥青的耐久性越差。沥青的大气稳定性用加热试验后的质量损失、针入度比以及薄膜烘箱加热试验等方法来测量。

沥青的大气稳定性用蒸发前后的减量值及针入度比来表示。大气稳定性的好坏，反映了沥青的使用寿命的长短。大气稳定性好的沥青，耐老化、使用寿命长。

另外，沥青的闪点与燃点也不可忽视。闪点（也称闪火点）指沥青加热产生的可燃气体与空气的混合物；在规定的条件下与火焰接触，初次产生蓝色闪光时的沥青温度。燃点（着火点）指沥青加热产生的可燃气体与空气的混合物，与火焰接触能维持燃烧5s以上，此时沥青的温度就为燃点。燃点是沥青可持续燃烧的最低温度，燃点温度比闪点温度高约10℃。

4. *石油沥青的标准与选用*

石油沥青牌号主要以针入度指标的范围及延度和软化点指标划分的。其中对建筑石油沥青，按（国家标准）沥青针入度值划分30号和10号两个牌号。道路石油沥青按石油部部颁标准规定分为7个牌号。普通石油沥青按沥青部颁标准规定划分为3个牌号。

由标准中可以看出，石油沥青牌号愈大，针入度愈大（黏性愈小），延度值愈大（塑性愈大），软化点愈低（温度敏感性愈大）。因此在选用石油沥青时，在满足使用要求的前提下应尽量选用较大牌号的沥青，可以保证较长的使用年限。建筑沥青多用于屋面和地下防水工程以及作为建筑防腐材料；道路沥青多用于拌制沥青沙浆和沥青混凝土，用于道路路面及厂房地面等；普通石油沥青含蜡量高；性能较差，在建筑中一般不单独使用，可与其他沥青掺配使用。

8.4 防水材料

8.4.1 防水卷材

沥青防水卷材可以分为有胎的浸渍卷材和无胎的辊压卷材。

浸渍卷材是用原纸、玻璃纸、石棉布、麻布、合成纤维布等为胎，经浸渍沥青后所制得的卷状材料。其中纸胎沥青卷材最为常见，它包括石油沥青纸胎油毡（简称油毡）和石油沥青油纸（简称油纸）。油毡是采用低软化点石油沥青浸渍原纸，然后用高软化点石油沥青覆盖油纸两面，再涂或撒隔离材料所制成的一种纸胎卷材。油毡按所选用的隔离材料分为粉状油毡和片状油毡 2 个品种，表示为粉毡和片毡。油毡分为 200 号、350 号和 500 号 3 个标号，并按浸渍材料总量和物理性质分为合格品、一等品和优等品 3 个等级。

我国目前沥青防水卷材产品除了纸胎油毡外，按改性材料分有弹性体（SBS）改性沥青、塑性体（APP）改性沥青、再生胶改性沥青、橡胶改性沥青、优质氧化沥青等防水卷材；按胎体分有聚酯胎、玻纤胎、聚乙烯胎、玻璃布胎、玻璃网格布增强玻纤胎、玻璃网格布与聚酯复合胎、玻璃网格布与聚乙烯复合胎、玻璃网格布与涤棉无纺布复合胎等胎体。

8.4.2 防水涂料

防水涂料是由合成高分子聚合物、高分子聚合物与沥青、高分子聚合物与水泥为主要成膜物质，加入各种助剂、改性材料、填充材料等加工制成的溶剂型、水乳型或粉末型的涂料。该涂料涂刷在建筑物的屋顶、地下室、卫生间、浴室和外墙等需要进行防水处理的基层表面上，可在常温条件下形成连续的、整体的、具有一定厚度的涂料防水层。

防水涂料是在常温下呈无固定形状的黏稠液态高分子合成材料，经涂布后，通过溶剂的挥发或水分的蒸发或反应固化后在基层面上形成坚韧的防水膜的材料的总称。

1. 防水涂料的基本性能

（1）防水涂料在常温下呈黏稠状液体，经涂布固化后，能形成无接缝的防水涂膜。

（2）防水涂料特别适宜在立面、阴阳角、穿结构层管道、凸起物、狭窄场所等细部构造处进行防水施工，固化后，能在这些复杂部件表面形成完整的防水膜。

（3）防水涂料施工属冷作业，操作简便，劳动强度低。

（4）固化后形成的涂膜防水层自重轻，对于轻型薄壳等异型屋面大都采用防水涂料进行施工。

（5）涂膜防水是具有良好的耐水、耐候、耐酸碱特性和优异的延伸性能，能适应基层局部变形的需要。

（6）涂膜防水层的拉伸强度可以通过加贴胎体增强材料来得到加强，对于基层裂缝、结构缝、管道根等一些容易造成渗漏的部位，极易进行增强、补强、维修等处理。

（7）防水涂膜一般依靠人工涂布，其厚度很难做到均匀一致所以施工时，要严格按照操作方法进行重复多遍地涂刷，以保证单位面积内的最低使用量，确保涂膜防水层的施工质量。

2. 防水涂料的分类

目前，防水涂料一般按涂料的类型和按涂料的成膜物质的主要成分进行分类根据涂料的液态类型，可把防水涂料分为溶剂型、水乳型、反应型3种。

（1）溶剂型防水涂料。在这类涂料中，作为主要成膜物质的高分子材料溶解于有机溶剂中，成为溶液。高分子材料以分子状态存于溶液（涂料）中。

该类涂料具有以下特特点：通过溶剂挥发，经过高分子物质分子链接触、搭接等过程而结膜；涂料干燥快，结膜较薄而致密；生产工艺较简易，涂料储存稳定性较好；易燃、易爆、有毒，生产、储存及使用时要注意安全；由于溶剂挥发快，施工时对环境有污染。

（2）水乳型防水涂料。这类防水涂料作为主要成膜物质的高分子材料以极微小的颗粒（而不是呈分子状态）稳定悬浮（而不是溶解）在水中，成为乳液状涂料。

该类涂料具有以下特性：通过水分蒸发，经过固体微粒接近、接触、变形等过程而结膜；涂料干燥较慢，一次成膜的致密性较溶剂型涂料低，一般不宜在5℃以下施工；储存期一般不超过半年；可在稍为潮湿的基层上施工；无毒，不燃，生产、储运、使用比较安全；操作简便，不污染环境；生产成本较低。

（3）反应型防水涂料。在这类涂料中，作为主要成膜物质的高分子材料系以预聚物液态形状存在，多以双组分或单组分构成涂料，几乎不含溶剂。

此类涂料具有以下特性：通过液态的高分子预聚物与相应物质发生化学反应，变成固态物（结膜）；可一次件结成较厚的涂膜，无收缩，涂膜致密；双组分涂料需现场配料准确，搅拌均匀，才能确保质量；价格较贵。

8.4.3 刚性防水材料

刚性防水材料通常指防水砂浆与防水混凝土，俗称刚性防水。它是以水泥、砂、石为原料或掺入少量外加剂（防水剂）、高分子聚合物等材料，通过调整配合比，抑制或减少孔隙率，改变孔隙特征，增加各原材料界面间的密实性等方法配制成的具有一定抗渗能力的水泥砂浆、混凝土类防水材料。随着科学技术的发展，又生产出多种无机防水剂和灌浆堵漏材料，使刚性防水出现了多样化，防水防渗效果更好。

防水混凝土和防水砂浆除起防水作用外，更主要的是防渗，因此无论是国内和国外，都大量用于地下工程的防水与防渗。在大多数情况下，地下防水工程除采用防水混凝土与防水砂浆外，还要与柔性防水材料结合使用。

1. 防水混凝土

防水混凝土是以调整混凝土的配合比、掺外加剂或使用新品种水泥等方法提高自身的密实性、憎水性和抗渗性，使其满足抗渗压力大于0.6MPa的不透水性混凝土。

防水混凝土兼有结构层和防水层的双重功效。其防水机理是依靠结构构件（如梁、板、柱、墙体等）混凝土自身的密实性，再加上一些构造措施（如设置坡度、变形缝或者使用嵌缝膏、止水环等)，达到防水的目的。

用防水混凝土与采用卷材防水等相比较，防水混凝土具有以下特点。

(1) 兼有防水和承重两种功能，能节约材料，加快施工速度。

(2) 材料来源广泛，成本低廉。

(3) 在结构物造型复杂的情况下，施工简便、防水性能可靠。

(4) 渗漏水时易于检查，便于修补。

(5) 耐久性好。

(6) 可改善劳动条件。

2. 防水砂浆

防水砂浆是通过严格的操作技术或掺入适量的防水剂、高分子聚合物等材料，提高砂浆的密实性，以达到抗渗防水目的的一种刚性防水材料。

防水砂浆的配制，水泥要求采用强度等级不小于42.5级的普通硅酸盐水泥、膨胀水泥或矿渣硅酸盐水泥，砂宜采用中砂，水则应采用不含有害物质的洁净水。防水层加筋，当采用有膨胀性自应力水泥时，应增加金属网。

砂浆防水通常称为防水抹面。根据防水砂浆施工方法的不同可分为两种：一种是利用高压喷枪机械施工的防水砂浆，这种砂浆具有较高的密实性，能够增强防水效果；另一种是大量应用人工抹压的防水砂浆，这种砂浆主要依靠特定的某种外加剂，如防水剂、膨胀剂、聚合物等，以提高水泥砂浆的密实性或改善砂浆的抗裂性，从而达到防水抗渗的目的。

采用防水砂浆时，其基层要求须为混凝土或砖石砌体墙面；混凝土强度不小于C10；砖石结构的砌筑砂浆不小于M5；基层应保持湿润、清洁、平整、坚实、粗糙。

水泥砂浆防水与卷材、金属、混凝土等几种其他防水材料相比较，虽具有一定的防水功能和施工操作简便、造价便宜、容易修补等优点，但由于其韧性差、较脆、极限拉伸强度较低，易随基层开裂而开裂，故难以满足防水工程越来越高的要求。为了克服这些缺点，近年来，利用高分子聚合物材料制成聚合物改性砂浆来提高材料的拉伸强度和韧性，成为一个重要的途径。

水泥砂浆防水层按其材料成分的不同，分为刚性多层普通水泥砂浆防水、聚合物水泥砂浆防水和掺外加剂水泥砂浆防水3大类，其做法及特点，见表2.8.11。

表2.8.11　　　水泥砂浆防水层常用做法及特点

分　类	常用做法或名称	特　点
刚性多层普通水泥砂浆防水	五层或四层抹面做法	价廉、施工简单、工期短，抗裂、抗震性较差
聚合物水泥砂浆	氯丁胶乳水泥砂浆	施工方便，抗折、抗压、抗振、抗冲击性能较好，收缩性大
掺外加剂水泥砂浆防水	明矾石膨胀剂水泥砂浆	抗裂、抗渗性好，后期强度稳定
	氯化铁水泥砂浆	抗渗性能好，有增强、早强作用，抗油浸性能好

水泥砂浆防水仅适用于结构刚度大、建筑物变形小、基础埋深小、抗渗要求不高的工程，不适用于有剧烈振动、处于侵蚀性介质及环境温度高于100℃的工程。

8.4.4 密封材料

密封材料是指能承受接缝位移以达到气密、水密目的而嵌入建筑物接缝中的定形和非定形的材料。

密封材料可分为定形密封材料和非定形密封材料两大类，非定形密封材料又称密封胶（膏）、密封剂，是溶剂型、水乳型、化学反应型等黏稠状的密封材料，中国已发布非定型密封材料的国家和行业标准。

8.5 保温、防腐材料

8.5.1 常用保温材料

1. 纤维状保温隔热材料

（1）石棉及其制品。石棉是一种天然矿物纤维，主要化学成分是含水硅酸镁，具有耐火、耐热、耐酸碱、绝热、防腐、隔音及绝缘等特性。常制成石棉粉、石棉纸板、石棉毡等制品，用于建筑工程的高效能保温及防火覆盖等。

（2）矿棉及其制品。矿棉一般包括矿渣棉和岩石棉。矿渣棉所用原料有高炉硬矿渣、铜矿渣等，并加一些调节原料（钙质和硅质原料）。岩棉的主要原料为天然岩石（白云石、花岗石、玄武岩等）。上述原料经熔融后，用喷吹法或离心法制成细纤维。矿棉具有轻质、不燃、绝热和电绝缘等性能，且原料来源广，成本较低。可制成矿棉板、矿棉毡及管壳等。可用作建筑物的墙壁、屋顶、天花板等处的保温和吸声材料，以及热力管道的保温材料。

（3）玻璃棉及其制品。玻璃棉是用玻璃原料或碎玻璃经熔融后制成纤维状材料，包括短棉和超细棉两种。

（4）植物纤维复合板。植物纤维复合板系以植物纤维为主要材料加入胶结料和填料而制成。如木丝板是以木材下脚料制成木丝，加入硅酸钠溶液及普通硅酸盐水泥混合，经成型、冷压、养护、干燥而制成。甘蔗板是以甘蔗渣为原料，经过蒸制、加压、干燥等工序制成的一种轻质、吸声、保温材料。

2. 散粒状保温隔热材料

（1）膨胀蛭石及其制品。蛭石是一种天然矿物，经850～1000℃燃烧，体积急剧膨胀（可膨胀5～20倍）而成为松散颗粒，其堆积密度为80～200kg/m³，导热系数0.046～0.07W/（m·K），用于填充墙壁、楼板及平屋顶，保温效果佳，可在1000～1100℃下使用。

膨胀蛭石也可与水泥、水玻璃等胶凝材料配合，制成砖、板、管壳等用于围护结构及管道保温。

（2）膨胀珍珠岩及其制品。膨胀珍珠岩是由天然珍珠岩、黑耀岩或松脂岩为原料，经煅烧体积急剧膨胀（约20倍）而得蜂窝状白色或灰白色松散颗料。堆积密度为40～

300kg/m^3，导热系数0.025～0.048W/（m·K），耐热800℃，为高效能保温保冷填充材料。

膨胀珍珠岩制品是以膨胀珍珠岩为骨料，配以适量胶凝材料，经拌和、成型、养护（或干燥、或焙烧）后而制成的板、砖、管等产品。

3. 多孔性保温隔热材料

（1）微孔硅酸钙制品。微孔硅酸钙制品是用粉状二氧化硅材料（硅藻土）、石灰、纤维增强材料及水等经搅拌、成型、蒸压处理和干燥等工序而制成，用于围护结构及管道保温。

（2）泡沫玻璃。它是采用碎玻璃加入1%～2%发泡剂（石灰石或碳化钙），经粉磨、混合、装模，在800℃下烧成后形成含有大量封闭气泡（直径为0.1～5mm）的制品。它具有导热系数小、抗压强度和抗冻性高、耐久性好等特点，且易于进行锯切、钻孔等机械加工，为高级保温材料，也常用于冷藏库隔热。

（3）多孔混凝土和轻骨料混凝土。

（4）泡沫塑料。泡沫塑料是以合成树脂为基料，加入一定剂量的发泡剂、催化剂、稳定剂等辅助材料经加热发泡而制成的轻质保温、防震材料。目前我国生产的有聚苯乙烯、聚氯乙烯、聚氨酯及脲醛树脂等泡沫塑料。

4. 其他保温隔热材料

（1）软木板。软木也叫栓木。软木板是用栓皮、栎树皮或黄菠萝树皮为原料，经破碎后与皮胶溶液拌和，再加压成型，在80℃的干燥室中干燥24h而制成。软木板具有表观密度小，导热性低，抗渗和防腐性能高等特点。

（2）蜂窝板。蜂窝板是由两块较薄的面板，牢固地黏结在一层较厚的蜂窝状芯材两面而制成的板材，亦称蜂窝夹层结构。蜂窝状芯材是用浸渍过合成树脂（酚醛、聚酯等）的牛皮纸、玻璃布和铝片等，经加工黏合成六角形空腹（蜂窝状）的整块芯材。常用的面板为浸渍过树脂的牛皮纸、玻璃布或不经树脂浸渍的胶合板、纤维板、石膏板等。面板必须采用合适的胶黏剂与芯材牢固地黏合在一起，才能显示出蜂窝板的优异特性，即具有比强度大、导热性低和抗震性好等多种功能。

8.5.2 常用防腐材料

1. 常用防腐蚀涂料

（1）氯化橡胶系列涂料及其配套底漆外观及质量要求，见表2.8.12。

表2.8.12　　氯化橡胶系列涂料及其配套底漆外观及质量要求

项目 涂料名称	涂层颜色及外观	黏度（Pa·s）	密度（g/m^3）	含固量（%）	干燥时间（h）	
					表干	实干
氯化橡胶鳞片涂料	符合色泽	0.50±0.15	1.2±0.1	50±5	≤2	≤8
氯化橡胶厚膜涂料	符合色泽 各色半光	—	1.2±0.1		≤2	≤8
氯化橡胶涂料	符合色泽 各色半光	—	1.25±0.15		≤2	≤8

（2）环氧树脂涂料及其配套底层涂料技术指标，见表2.8.13。

表2.8.13　　环氧树脂涂料及其配套底层涂料技术指标

项目 涂料名称	涂层颜色及外观	黏度（涂—4）（s）	附着力（级）	干燥时间（h）	
				表干	实干
铁红环氧底层涂料	铁红，色调不规定，涂膜平整	50～80	1	<4	≤36
环氧厚膜涂料	透明、无机械杂质	60～90	1	<4	24
环氧沥青涂料	黑色光亮	40～100	3	—	24

（3）聚氨酯涂料技术指标，见表2.8.14。

表2.8.14　　聚氨酯涂料技术指标

项目 涂料名称	涂层颜色及外观	黏度（涂—4）（s）	含固量（%）	干燥时间（h）	
				表干	实干
地面涂料	各色有光	—	—	≤4	≤24
各色聚氨酯耐油、防腐蚀面层涂料	各色有光，符合色标	15～40	—	≤6	≤22
聚氨酯防腐蚀涂料	平整光亮，符合色标	20～30	—	≤4	≤24
防水聚氨酯	符合色标	40～70	30	≤2	≤24

（4）高氯化聚乙烯涂料及其配套底层涂料技术指标，见表2.8.15。

表2.8.15　　高氯化聚乙烯涂料及其配套底层涂料技术指标

项目 涂料名称	涂层颜色及外观	黏度（涂—4）（s）	细度（μm）	含固量（%）	干燥时间（h）	
					表干	实干
高氯化聚乙烯云铁防锈涂料	红褐色	100～130	≤100	≥40	≤2	≤24
高氯化聚乙烯铁红防锈涂料	铁红色	100～130	≤100	≥40	≤2	≤24
高氯化聚乙烯混凝土专用底层涂料	浅色	90～120	—	≥40	≤2	≤24
高氯化聚乙烯中间层涂料	棕褐色	120～160	≤100	≥50	≤2	≤24
高氯化聚乙烯厚膜型面层涂料	符合色标	160～200	≤100	≥55	≤2	≤24
高氯化聚乙烯鳞片面层涂料	符合色标	160～200	≤100	≥45	≤2	≤24

（5）氟碳涂料技术性能，见表2.8.16和表2.8.17。

表2.8.16　　氟碳涂料技术指标

项目 涂料名称	外观	含固量（%）	附着力（级）（划圈法）	抗冲击（cm）	耐冲刷性
氟碳树脂涂料	符合色标	≥50	1级	50	>10000次

表2.8.17　　水性氟碳涂料技术指标

项目 涂料名称	光泽	颜色	对比率	耐擦洗性	耐人工老化性
水性氟碳中层涂料	亚光	随意调配	>0.93	>10000次	>1000h（墙外）
水性氟碳耐候墙面涂料	半光	随意调配	>0.93	>10000次	>1000h（墙外）
水性氟碳硅超耐候外墙涂料	半光、高光	随意调配	>0.93	>10000次	>1000h（墙外）
水性氟硅高级内墙涂料	亚光	随意调配	>0.93	>10000次	—

（6）聚氨酯聚取代乙烯互穿网络涂料技术指标，见表2.8.18。

表2.8.18　　聚氨酯聚取代乙烯互穿网络涂料技术指标

项目 涂料名称	涂层颜色及外观	黏度（涂—4）（s）	含固量（%）	干燥时间（h）	
				表干	实干
聚氨酯聚取代乙烯互穿网络涂料	符合色标	40~70	30	6	24

（7）丙烯酸树脂涂料及其配套底层涂料技术指标，见表2.8.19。

表2.8.19　　丙烯酸树脂涂料及其配套底层涂料技术指标

项目 涂料名称	外观	干燥时间	含固量（%）	黏度（涂—4）（s）	附着力（级）	柔韧性（mm）	光泽	掩盖力（g/m²）
丙烯酸树脂底层涂料	符合色标	表干15min 实干2h	55±2	0.5±0.05	1	2	82	80
丙烯酸树脂面层涂料	符合色标	表干15min 实干2h	55±2	0.5±0.05	1	2	84	82

2. 树脂类防腐蚀材料

（1）环氧树脂。常用环氧树脂的产品：E—44（6101）、E—42（634）和E—51（618）等。主要技术指标见表2.8.20。

常用的环氧树脂固化剂为胺类、酸酐类、树脂类化合物等几个品种。其中胺类化合物最为常用，它又可以分为脂肪胺、芳香胺及改性胺等几类。由于乙二胺、间苯二胺、苯二甲胺、聚酰胺、二乙烯三胺等化合物的毒性、气味较大，因此逐步被无毒、低毒的新型固化剂（如：T31、C20等）替代。采用这类固化剂对潮湿基层层也可以固化。

表 2.8.20　　环氧树脂的主要技术指标

涂料名称＼项目	EPO1451—310（E—44）	EPO1551—310（E—42）	EPO1441—310（E—51）
外观	淡黄色至棕黄色黏厚透明液体		
分子量	350～450	430～600	350～400
环氧当量（g/E_q）	210～240	230～270	184～200
有机氯（当量/100g）	≤0.02	≤0.001	≤0.02
无机氯（当量/100g）	≤0.01	≤0.001	≤0.001
挥发分（%）	≤1	≤1	≤2
软化点（℃）	12～20	21～27	—

常用固化剂的主要技术指标见表 2.8.21。

表 2.8.21　　常用固化剂的主要技术指标

项目＼名称	T31	C20	乙二胺
外观（液体）	透明棕色黏稠	透明浅棕色	无色透明
胺值（KOHmg/g）	460～480	>450	纯度>90%
黏度（Pa·s或s）	1.10～1.30Pa·s	120～400（涂—4）s	含水率<1%
相对密度	1.08～1.09	1.10	—
LD_{50}（mg/kg）	7852±1122	1150	620

环氧树脂稀释剂通常用非活性稀释剂，如乙醇、丙酮、环己酮、正丁醇、二甲苯等。两种非活性稀释剂可以混合使用。有时为了降低同化成品的收缩率，减少空孔隙和龟裂，也使用活性稀释剂，如环氧丙烷丁基醚、环氧丙烷苯基醚、多缩水甘油醚等。

增韧剂。单纯的环氧树脂固化后较脆，抗冲击强度、抗弯强度及耐热性能较差常用“增韧剂”、“增塑剂”来增加树脂的可塑性，提高抗弯、抗冲击强度。“增韧剂”的主要技术指标见表 2.8.22。

表 2.8.22　　主要“增韧剂”的技术指标及特性

项目＼名称	邻苯二甲酸二丁酯	芳烷基醚
外观	无色透明液体	淡黄至棕色黏性透明液
相对密度	1.05	1.06～1.10
沸点	355℃	（不挥发物≥93%）
熔点	-35℃	10%～14%
活性氧含量	—	
分子量	278.5	400左右
黏度（Pa·s）		0.15～0.25
酸值（KOHmg/g）		≤0.15
用量（%）	10～20	10～15

（2）不饱和聚酯树脂。常用树脂品种。不饱和聚酯树脂的品种包括：双酚 A 型、二甲苯型和邻苯型等，用于树脂类防腐蚀工程的不饱和聚酯树脂的技术指标见表 2.8.23。

表 2.8.23　　不饱和聚酯树脂的技术指标

项　目	允　许　范　围	
外观	应无异状	
黏度（25℃）	指定值	±30%
固体含量（%）		±3.0
凝胶时间（25℃）		±30%
酸值		±4.0
储存期	阴凉避光处 20℃以下不少于 180d，30℃以下不少于 90d	

注　一种牌号树脂的相关技术指标只允许有一个指定值。

常用的引发剂和促进剂。引发剂习惯称之为固化剂或催化剂，一般为过氧化物（有机物）、氢过氧化物，由于纯粹有机过氧化物储存的不稳定性，通常与惰性稀释剂，如：邻苯二甲酸二丁酯等混合配制，以利于储存和运输。引发剂和促进剂的质量指标见表 2.8.24。

表 2.8.24　　引发剂和促进剂的质量

名　称		指　标
引发剂	过氧化甲乙酮二甲酯溶液	（1）活性氧含量为 8.9%～9.1%； （2）常温下为无色透明液体； （3）过氧化甲乙酮与邻苯二甲酯之比为 1∶1
	过氧化环己酮二丁酯糊	（1）活性氧含量为 5.5%； （2）过氧化环己酮与邻苯二甲酸二丁酯之比为 1∶1； （3）常温下为白色糊状物
	过氧化二苯甲酰二丁酯糊	（1）过氧化二苯甲酰与邻苯二甲酸二甲酸二丁酯之比为 1∶1； （2）活性氧含量为 3.2%～3.3%； （3）常温下为白色糊状物
促进剂	钴盐的苯乙烯液	（1）钴含量不小于 0.6%； （2）常温下为紫色液体
	N，N—二甲基苯胺苯乙烯液	（1）N，N—二甲基苯胺与苯乙烯之比为 1∶9； （2）常温下为棕色透明液体

（3）乙烯基酯树脂。乙烯基酯树脂的品种包括：环氧甲基丙烯酸型、异氰酸酯改性环氧丙烯尊型、酚醛环氧甲基丙烯酸型。乙烯基酯树脂的技术指标见表 2.8.25。

乙烯基酯树脂常用的引发剂和促进剂等，均同不饱和聚酯树脂。

（4）呋喃树脂。呋喃树脂通常包括糠醇糠醛型、糠酮糠醛型。其外观为棕黑色。其技术指标见表 2.8.26。

表 2.8.25　　乙烯基酯树脂的技术指标

项　目	允　许　范　围	
外观	应无异状	
黏度（25℃）	指定值	±30%
固体含量（%）		±3.0
凝胶时间（25℃）		±30%
酸值		±4.0
储存期	阴凉避光处 25℃以下不少于 90d	

注　一种牌号树脂的相关技术指标只允许有一个指定值。

表 2.8.26　　常用呋喃树脂的技术指标

项　目	指　标	
	糠醇糠醛型	糠酮糠醛型
固体含量（%）		≥42
黏度（涂—4 黏度计 25℃，s）	20～30	50～80
储存期	常温下 1a	

1）呋喃树脂采用的是酸性固化剂，固化反应非常激烈，选用固化剂及在用量方面需严加注意。

2）糠醇糠醛型呋喃树脂采用已混入粉料内的氨基磺酸类固化剂。

3）糠酮糠醛型呋喃树脂使用苯磺酸类固化剂。

4）呋喃树脂"增韧剂"，可以采用环氧或酚醛树脂的增韧剂，即芳烷基醚、邻苯二甲酸二丁酯、酮油钙松香等，加入量约树脂重量的 10% 左右。

5）呋喃树脂"稀释剂"，通常用非活性稀释剂，如乙醇、丙酮、苯、甲苯、二甲苯等，以及 2 种非活性稀释剂的混合物。

（5）酚醛树脂。常用酚醛树脂的外观宜为浅黄色或棕红色黏稠液体。其技术指标见表 2.8.27。

表 2.8.27　　酚醛树脂的技术指标

项　目	指　标	项　目	指　标
游离酚含量（%）	<10	储存期	常温下不超过 1 个月；当采用冷藏法或加入 10% 的苯甲醇时，不宜超过 3 个月
游离醛含量（%）	<2		
含水率（%）	<12		
黏度（落球黏度计 25℃，s）	45～65		

酚醛树脂常用的固化剂，应优先选用低毒的萘磺酸类固化剂，也可选用苯磺酰氯等固化剂。

常用的稀释剂主要是无水乙醇，当树脂黏度大而欲加快溶解时可用丙酮，也可两者混合。

8.5.3 沥青类防腐材料

1. 沥青类材料质量要求

（1）常用沥青为道路石油沥青和建筑石油沥青。常用石油沥青的牌号和技术指标见表2.8.28。

表2.8.28　　常用石油沥青的牌号和技术指标

指标名称	沥青种类				
	道路石油沥青		建筑石油沥青		
	60号甲	60号乙	30号	40号	10号
针入度（25℃，100g，1/10mm）5s	51～80	41～80	26～35	36～50	10～25
延度（25℃，cm）（min）	≥70	≥40	≥2.5	≥3.5	≥1.5
软化点（环球法，℃）	45～55	45～55	≥75	≥60	≥95

注　针入度中的5s，延度中的5cm/min是指建筑石油沥青。

（2）纤维状填料宜采用6级角闪石棉或温石棉；温石棉应符合现行国家标准《温石棉》（GB/T 8071—2007）的规定。

（3）耐酸粉料常用的为石英粉、铸石粉等。其技术指标见表2.8.29。

表2.8.29　　耐酸粉料技术指标

项目		指标
耐酸度（%）		≥95
细度	0.15mm筛孔筛余（%）	≤5
	0.088mm筛孔筛余（%）	10～30
亲水系数		≤1.1

（4）耐酸细骨料常用石英砂。其技术指标见表2.8.30，颗粒级配见表2.8.31。

表2.8.30　　耐酸细骨料技术指标

项目	指标
耐酸度（%）	≥95
含泥量（%）	≤1

注　宜使用平均粒径为0.25～2.5mm的中粗砂。

表2.8.31　　耐酸细骨料颗粒级配

筛孔（mm）	5	1.25	0.315	0.16
累计筛余量	0～10	35～65	80～95	90～100

（5）耐酸粗骨料采用石英石、花岗石等制成的碎石。其技术指标见表2.8.32。

（6）沥青防水卷材的主要技术指标，见表2.8.33、表2.8.34。

表 2.8.32　耐酸粗骨料技术指标

项　目	指　标	项　目	指　标
耐酸度（%）	≥95	空隙率（%）	≤45
浸酸安定性	合格	含泥量（%）	≤1

注　沥青混凝土骨料粒径以不大于25mm为宜，碎石灌沥青的石料粒径为30～60mm。

表 2.8.33　沥青防水卷材技术指标

项　目		指　标		
		15号	25号	35号
		合格品	合格品	合格品
可溶物含量（g/m^2）		≥700	≥1200	≥2100
不透水性	压力（MPa）	0.1	0.15	0.2
	时间	30min 不透水		
耐热度		85℃ ±2℃，受热2h涂盖层应无滑动		
拉力（N）	纵向	≥200	≥250	≥270
	横向	≥130	≥180	≥200
柔度	温度（℃）	≤10	≤10	≤10
	弯曲半径	绕 $r=15$mm 弯板无裂纹		绕 $r=25$mm 弯板无裂纹

表 2.8.34　高聚物改性沥青防水卷材技术指标

项　目		指　标			
		Ⅰ类	Ⅱ类	Ⅲ类	Ⅳ类
拉伸性能	拉力（N）	≥400	≥400	≥50	≥200
	延伸率（%）	≥30	≥5	≥200	≥3
耐热度［（85±2）℃，2h］		不流淌，无集中性气泡			
柔性（-5～-25℃）		绕规定直径圆棒无裂纹			
不透水性	压力（MPa）	≥0.2			
	保持时间（min）	≥30			

2. 沥青胶泥技术指标

沥青胶泥技术指标见表2.8.35。

表 2.8.35　沥青胶泥技术指标

项　目	使用部位最高温度			
	≤30℃	31～40℃	41～50℃	51～60℃
耐热稳定性（℃）	≥40	≥50	≥60	≥70
浸酸后重量变化率（%）	≤1			

3. 沥青砂浆和混凝土技术指标

沥青砂浆和混凝土技术指标见表2.8.36。

表 2.8.36 沥青砂浆和沥青混凝土技术指标

项目		指标	项目	指标
抗压强度（MPa）	20℃时	≥3	饱和吸水率（%）以体积计	≤1.5
	50℃时	≥1	浸酸安定性	合格

本章习题

2.8.1 木材含水率的变化对其强度、变形、导热性和耐久性等的影响各如何？

2.8.2 影响木材强度的主要因素有哪些？

2.8.3 工地上使用生石灰时，为什么要进行熟化处理？

2.8.4 根据石灰浆体的凝结硬化过程，试分析石灰及硬化石灰浆体有哪些特性？

2.8.5 从石油沥青的主要组分说明石油沥青3大指标之间的相互关系如何？

2.8.6 沥青为什么会老化？如何延缓其老化？

2.8.7 常用的防水材料有哪几类？它们分别适用于何种要求的防水工程？

2.8.8 试述各类防水材料的性能要求及应用范围。

第3部分

材 料 管 理

第1章 材料的供应与管理概述

教学要求：掌握材料供应与管理的内容；理解材料供应与管理的作用，掌握材料供应与管理的要求；掌握材料供应与管理的4项原则；明确并掌握材料供应与管理的任务。

1.1 材料供应与管理的内容

材料供应与管理的主要内容是：2个领域、3个方面和8项业务。

（1）2个领域。2个领域指材料流通领域和生产领域。

1）流通领域的材料管理是指在企业材料计划指导下，组织货源，进行订货、采购、运输和技术保管，以及对企业多余材料向社会提供资源等活动的管理。

2）生产领域的材料管理是指在生产消费领域中，实行定额供料，采取节约措施和奖励办法，鼓励降低材料单耗，实行退料回收和修旧利废活动的管理。水利水电工程企业的施工队伍，是材料供、管、用的基层单位，它的材料工作重点是管和用，工作的好与坏，对管理的成效有明显作用，可以提高企业经济效益。

（2）3个方面。3个方面指材料的供、管、用，它们是紧密结合的。

（3）8项业务。8项业务指材料计划、组织货源、运输供应、验收保管、现场材料管理、工程耗料核销、材料核算和统计分析八项业务。

1.2 材料供应与管理的作用和要求

做好材料供应与管理工作，除材料部门积极努力外，尚需各有关方面的协作配合，以达到供好、管好、用好工程材料，降低工程成本。其作用和要求主要有以下几点。

（1）落实资源，保证供应。工程任务落实后，材料供应是重要的保证条件之一。施工企业必须按施工图预算核实材料需用量，组织材料资源。材料部门要主动与建设单位联系，属于建设单位供应的材料，要全面核实其现货、订货、在途资源及工程需用量的余缺。双方协商、明确分工并落实责任，分别组织配套供应，及时、保质、保量地满足施工生产的需求。

(2) 重视采购质量，加速周转、节省费用。搞好材料供应与管理，必须重视采购、运输和加工过程的数量、质量管理。根据施工生产进度要求，掌握轻、重、缓、急，结合市场调节，尽最大努力“减少在途”、“压缩库存”材料，加强调剂缩短材料的“在途、在库”时间，加速周转。与材料供应管理工作有关的各部门，都要明确经济责任，全面实行经济核算制度，降低材料成本。

(3) 抓好商情信息管理。商情信息与企业的生存和发展有密切联系。材料商情信息的范围较广，变化较快，要认真搜集、整理、分析和应用。材料部门要有专职人员，经常了解市场材料流通供求情况，掌握主要材料和新型建材动态（包括资源、质量、价格、运输条件等）。搜集的信息应按来源分类整理、建立档案，为领导提供决策依据。施工单位调研市场信息的做法可以采取普遍函调、择优重点调查和实地走访3种方式，即印好调查表向各生产厂函调，根据信息反馈择优进行重点调查或实地走访调查。通过信息整理、分析和研究，摸清材料的产量、质量、价格及供货条件等情况，组织定点挂钩，做到供需衔接，最后取得成效。

(4) 降低材料单耗。材料单耗是指工程产品每平方米所耗用工程材料的数量。由于水利水电工程产品是固定的，施工地点分散，露天作业多，不免要受自然条件的限制，施工中还不可避免地发生工程变更，均会影响均衡施工。材料需用过程中品种、规格和数量的变动大，使定额供料增加了困难。为降低材料单耗水平，首先要完善设计，改革工艺，使用新材料，认真贯彻节约材料技术措施。施工中要贯彻操作规程，合理使用材料，克服施工现场浪费材料的现象。要在保证工程质量的基础上，严格执行材料定额管理。由于材料品种、规格繁多，应选定主要品种，进行核算，认真按定额控制用料，降低材料单耗水平。

1.3 材料供应与管理的原则

材料供应与管理，应遵循以下4个方面原则。

(1) 从施工生产出发，为施工生产服务的原则。“从施工生产出发，为施工生产服务”的方针，是“发展经济、保障供给”的财经工作总方针的具体化，是材料供应与管理工作的基本出发点。

(2) 加强计划管理的原则。工程产品中不论工程结构繁简，建设规模大小，都是根据使用目的，预先设计，然后施工的。施工任务一般落实较迟，但一经落实就急于开工，加上施工过程中情况多变，若没有适当的材料储备，就缺乏应变能力。搞好材料供应，关键在于摸清工程规模，提出备料计划，在计划指导下组织好各项施工活动的衔接，保证材料满足工程需要，使施工生产顺利进行。

(3) 加强核算，坚持按质论价的原则。往往同一品种材料，因各地厂家或企业生产经营条件不同和市场供求关系等原因，价格上存在明显差异。在采购订货企业活动中应遵守国家物价政策，按质论价、协商定购。

(4) 履行节约的原则。履行节约是一切经济活动都必须遵守的根本原则。材料供应管理活动包含2方面意义：一方面是材料部门在经营管理中，精打细算，节省一切可能节约的开支，努力降低费用水平；另一方面是通过业务活动加强定额控制，促进材料耗用的节约，推动材料的合理使用。

1.4 材料供应与管理的任务

工程材料供应与管理工作的基本任务是：本着供应与管理材料必须坚持“管供、管用、管节约和管回收、修旧利废”的原则，把好供、管、用3个主要环节，以最低的材料成本，按质、按量、及时、配套供应施工生产所需的材料，并监督和促进材料的合理使用。

材料供应与管理的具体任务如下。

（1）提高计划管理质量，保证材料供应。提高计划管理质量，首先要提高核算工程用料的正确性。计划是组织指导材料业务活动的重要环节，是组织货源和供应工程用料的依据。无论是需用计划，还是材料平衡分配计划，都要以单位工程（大的工程可用分部工程）进行编制。但是，往往由于设计变更、施工条件的变化，打破了原定的材料供应计划。为此，材料计划工作需要与设计单位、建设单位和施工部门保持密切联系。对重大设计变更，大量材料代用，材料的价差和量差等重要问题，应与有关单位协商解决好。同时材料员要有应变的工作能力与水平，才能保证工程需要。

（2）提高供应管理水平，保证工程进度。材料供应与管理包括采购、运输、验收、现场及仓库管理业务，这是配套供应的先决条件。由于水利水电工程产品的规格、式样多，每项工程都按照工程的特定要求设计和施工，对材料各有不同的需求，数量和质量受设计的制约，而在材料流通过程中还要受生产和运输条件的制约，价格上受地区预算价格的制约。因此材料部门要主动与施工部门保持密切联系，交流情况，互相配合，才能提高供应管理水平，适应施工的材料要求。对特殊材料还要采取专料专用控制，以确保工程进度。

（3）加强施工现场材料管理，坚持定额用料。水利水电工程由于施工周期长，用料数量多，运量大，而且施工现场一般比较狭小，储存材料困难，在施工高峰期间土建、安装交叉作业，材料储存地点与供、需、运、管之间矛盾突出，容易造成材料浪费。因此，施工现场材料管理，首先要建立健全材料供应与管理责任制度，材料员应参加现场施工平面总图关于材料布置的规划工作。在组织管理方面要坚持专业管理与全员管理相结合的原则，建立健全施工队（组）的管理网，这是材料使用管理的基础。在施工过程中要坚持定额供料，严格领退手续，达到“工完料尽场地清”，克服浪费，节约有奖。

（4）严格经济核算、降低成本，提高效益。企业要提高经济效益，必须立足于全面提高经营管理水平。水利水电工程材料费用占工程费用比例很大，应严格经济核算，力求降低成本，提高效益。材料供应管理中各项业务活动，要全面实行经济核算责任制度。由于材料供应方面的经济效益较为直观、可比，目前在不同程度上已重视材料价格差异的经济效益，但仍忽视材料的使用管理，甚至以材料价差盈余掩盖材料使用管理的不足，这不利于提高企业管理水平及经济效益，应当引起重视。

本章习题

3.1.1　材料供应与管理2个领域、3个方面和8项业务的内容是什么？

3.1.2　材料供应与管理的作用和要求是什么？

3.1.3　材料供应与管理应遵循哪4个方面原则？

3.1.4　材料供应与管理的具体任务是什么？

第2章　材料的计划管理

教学要求： 理解材料计划管理的概念和任务；了解材料计划的分类；掌握材料计划的编制原则、步骤及程序。

2.1　材料计划管理的概念

材料计划管理，就是运用计划手段组织、指导、监督、调节材料的采购、供应、储备、使用等一系列工作的总称。

（1）应确立材料供求平衡的概念。供求平衡是材料计划管理的首要目标。宏观上的供求平衡，应使基本建设投资规模建立在社会资源条件允许的情况下，这才有材料市场的供求平衡，也才可寻求企业内部的供求平衡。材料部门应积极组织资源，在供应计算上不留缺口，使企业完成施工生产任务有坚实的物质保证。

（2）应确立指令性计划、指导性计划和市场调节相结合的观念。市场的作用在材料管理中所占份额越来越大，编制计划、执行计划均应在这种观念的指导下，才能使计划切实可行。

（3）应确立多渠道、多层次筹措和开发资源的观念。多渠道、少环节是我国材料管理体制改革的一贯方针。企业一方面应充分利用市场、占有市场，开发资源；另一方面应狠抓企业管理、依靠技术进步、提高材料使用效能、降低材料消耗。

2.2　材料计划管理的任务

（1）为实现企业经济目标做好物质准备。企业的经营发展，需要材料部门提供物质保证。材料部门必须适应企业发展的规模、速度和要求，只有这样才能保证企业经营顺利进行。为此材料部门应做到经济采购，合理运输，降低消耗，加速周转，以最少的资金获得最优的经济效果。

（2）做好平衡协调工作。材料计划的平衡是施工生产各部门协调工作的基础。材料部门一方面应掌握施工任务，核实需用情况；另一方面要查清内外资源，了解供需状况，掌握市场信息，确定周转储备，搞好材料品种、规格及项目的平衡配套，保证生产顺利进行。

（3）采取措施，促进材料的合理使用。水利水电工程施工露天作业，操作条件差，浪费材料的问题长期存在。因此必须加强材料的计划管理。通过计划指标、消耗定额，控制材料使用，并采取一定的手段，如检查、考核、承包等，提高材料的使用效益，从而提高供应水平。

（4）建立健全材料计划管理制度。材料计划的有效作用是建立在材料计划的高质量的基础上的。建立科学的、连续的、稳定的和严肃的计划指标体系，是保证计划制度良好运行的基础。健全材料计划流转程序和制度，才可以保证施工正常进行。

2.3 材料计划的分类

2.3.1 按材料使用方向分类

材料计划按照材料的使用方向分类，分为生产材料计划和基本建设材料计划。

（1）生产材料计划，是指施工企业所属工业企业，为完成生产计划而编制的材料需用计划。如周转材料生产和维修、建材产品生产等。其所需材料数量一般是按其生产的产品数量和该产品消耗定额进行计划确定的。

（2）基本建设材料计划，包括企业自身基建项目、承建基建项目的材料计划。其材料计划的编制，通常应根据承包协议和分工范围及供应方式而编制。

2.3.2 按照材料计划的用途分类

按照材料计划的用途分类，包括材料需用计划、临时追加材料计划、申请计划、供应计划、加工订货计划和采购计划。

（1）材料需用计划。这是材料需用单位根据计划生产建设任务对材料的需求编制的材料计划，是整个国民经济材料计划管理的基础。

（2）临时追加材料计划。由于设计修改或任务调整，原计划品种、规格、数量的错漏，施工中采取临时技术措施，机械设备发生故障需及时修复等原因，需要采取临时措施解决的材料计划，称为临时追加材料计划。列入临时计划的一般是急用材料，要作为重点供应。

临时追加材料，如费用超支和材料超用，应查明原因，分清责任，办理签证，由责任的一方承担经济责任。

材料申请计划、供应计划、加工订货计划和采购计划的说明见编制材料计划的步骤一节。

2.4 材料计划的编制原则

为了使制订的材料计划能够反映客观实际，充分发挥它对材料流通经济活动的指导作用，在计划的编制过程中必须遵循一定的原则。编制材料计划必须遵循以下原则。

（1）政策性原则。所谓政策性原则，就是在材料计划的编制过程中必须坚决贯彻执行党和国家有关经济工作的方针和政策。

（2）实事求是的原则。材料计划是组织和指导材料流通经济活动的行动纲领。这就要求在物资计划的编制中始终坚持实事求是的原则。具体地说，就是要求计划指标具有先进性和可行性，指标过高或过低都不行。在实际工作中，要认真总结经验，深入基层和生产建设的第一线，进行调查研究，通过精确计算，把计划订在既积极又可靠的基础上，使计划尽可能符合客观实际情况。

（3）积极可靠，留有余地的原则。搞好材料供需平衡，是材料计划编制工作中的重要环节。在进行平衡分配时，要做到积极可靠，留有余地。所谓积极，就是说，指标要先进，应是在充分发挥主观能动性的基础上，经过认真的努力能够完成的；所谓可靠，就是说，必须经过认真的核算，有科学依据。留有余地，就是在分配指标的安排上，要保留一定数量的储备，可以随时应对执行过程中临时的增加需要量。

（4）保证重点，照顾一般的原则。没有重点，就没有政策。一般来说，重点部门、重点建设项目是对全局有巨大而深远影响的，必须在物资上给予切实保证。但一般部门、一般企业和一般建设项目也应适当予以安排，在物资分配与供应计划中，区别重点与一般，正确地妥善安排，是一项极为细致、复杂的工作。

2.5 编制材料计划的步骤

施工企业常用的材料计划，是按照计划的用途和执行时间编制的年、季、月的材料需用计划、申请计划、供应计划，加工订货计划和采购计划。在编制材料计划时，应遵循以下步骤。

（1）各建设项目及生产部门按照材料使用方向，分单位工程做出工程用料分析，根据计划期内完成的生产任务量及下一步生产中需要提前加工准备的材料数量，编制材料需用计划。

（2）根据项目或生产部门现有材料库存情况，结合材料需用计划，并适当考虑计划期未周转储备量，按照采购供应的分工，编制项目材料申请计划，分报各供应部门。

（3）负责某项材料供应的部门，汇总各项目生产部门提报的申请计划，结合供应部门现有资源，全面考虑企业周转储备，进行综合平衡，确定对各项目及生产部门的供应品种、规格、数量及时间，并具体落实供应措施，编制供应计划。

（4）按照供应计划所确定的措施，如加工订货、采购等，分别编制措施落实计划，即加工订货计划和采购计划，确保供应计划的实现。

2.6 材料计划的编制程序

2.6.1 计算需用量

确定材料需要量是编制材料计划的重要环节，是搞好材料平衡、解决供求矛盾的关键。因此在确定材料需要量时，不仅要坚持实事求是的原则，力求全面正确地确定需要量，还要注意运用正确的方法。

由于各项需要的特点不同，其确定需要量的方法也不同。通常用以下几种方法确定。

（1）直接计算法。指用直接资料计算材料需要量的方法。直接计算法主要有定额计算法及万元比例法 2 种形式。

1）定额计算法。指依据计划任务量和材料消耗定额来确定材料需要量的方法。其计算公式为

$$计划需要量 = 计划任务量 \times 材料消耗定额$$

在计划任务量一定的情况下，影响材料需要量的主要因素就是定额。如果定额不准确，计算出的需要量就难以准确。

2）万元比例法。指根据基本建设投资总额和每万元投资额平均消耗材料来计算需要量的方法。这种方法主要是在综合部分中使用。其计算公式为

$$计划需要量 = 某项工程总投资额（万元） \times 万元消耗材料数量$$

用这种方法计算出的材料需要量误差较大，但用于概算基建用料，审查基建材料计划指标，是简便有效的。

（2）间接计算法。这是运用一定的比例、系数和经验来估算材料需要量的方法。间接计算法分为动态分析法、类比计算法及经验统计法等。

间接计算法的计算结果往往不够准确，在执行中要加强检查分析，及时进行调整。

1）动态分析法。指对历史资料进行分析、研究，找出计划任务量与材料消耗量变化的规律计算材料需要量的方法。其计算公式为

$$计划需要量 = 计划期任务量/上期预计完成任务量 \times 上期预计所消耗材料总量 \times (1 \pm 材料消耗增减系数)$$

或

$$计划需要量 = 计划任务量 \times 上期预计单位任务材料消耗量 \times (1 \pm 材料消耗增减系数)$$

公式中的材料消耗系数，一般根据上期预计消耗量的增减趋势，结合计划期的可能性来决定。

2）类比计算法。指生产某项产品时，既无消耗定额，也无历史资料参考的情况下，参照同类产品的消耗定额计算需要量的方法。其计算公式为

$$计划需要量 = 计划任务量 \times 类似产品的材料消耗量 \times (1 \pm 调整系数)$$

公式中的调整系数可根据两种产品材料消耗量不同的因素来确定。

3）经验统计法。指凭借工作经验和调查资料，经过简单计算来确定材料需要量的一种方法。经验统计法常用于确定维修、各项辅助材料及不便制订消耗定额的材料的需要量。

2.6.2 核算实际需用量，编制材料需用计划

根据计算的材料需用量，进一步核算材料实际需用量。核算的依据有以下几个方面。

（1）对于通用性材料，在工程进行初期，考虑到可能出现的施工进度超期因素，一般都略加大储备，因此其实际需用量略大于计划需用量。

（2）在工程竣工阶段，因考虑到工完、料清、场地净，防止工程竣工材料积压，一般是利用库存控制进料，实际需用量要略小于计划需用量。

（3）对于一些特殊材料，为保证工程质量，往往要求一批进料，计划需用量虽只是一部分，但在申请采购中往往是一次购进，这样实际需用量就要增加。实际需用量的计算公式为

$$实际需用量 = 计划需用量 \pm 调整因素量$$

2.6.3 编制材料申请计划

需要上级供应的材料，应编制材料申请计划。申请量的计算公式为

$$材料申请量 = 实际需用量 + 计划储备量 - 期初库存量$$

2.6.4 编制材料供应计划

材料供应计划是材料计划的实施计划，材料供应部门根据用料单位提报的申请计划及各种资源渠道的供货情况、储备情况，进行总需用量与总供应量的平衡，并在此基础上编制对各用料单位或项目的供应计划，并明确供应措施，如利用库存、市场采购、加工订货等。

2.6.5 编制材料供应措施计划

材料供应计划中必须明确供应措施，及相应的实施计划。如市场采购，须编制相应采购计划；加工订货，须有加工订货合同及进货安排计划，以确保供应工作的完成。

本章习题

3.2.1 材料计划管理的概念是什么？

3.2.2 为什么说供求平衡是材料计划管理的首要目标？

3.2.3 指令性、指导性计划为什么要和市场调节相结合？

3.2.4 材料计划管理的任务是什么？

3.2.5 材料计划编制应遵循什么原则？

3.2.6 如何编制材料计划？说明材料计划的编制程序。

第3章 材料的采购管理

教学要求：了解材料采购管理的模式，掌握材料采购管理的内容、材料采购的原则、材料采购合同管理、材料采购质量的控制及材料采购批量管理。

3.1 材料采购管理模式

水利水电工程施工企业在材料采购管理一般有3种管理模式：一是分散采购管理；二是集中采购管理；三是既集中又分散的采购管理。采购采用什么模式应由材料市场、企业管理体制及所承包的工程项目的具体情况等综合考虑。

3.1.1 分散采购管理模式

分散采购模式指企业内部公司、工区（处）、施工队、施工项目以及零散维修用料、工具用料均自行采购，其主要利弊有如下几点。

1. 分散采购管理的优点

（1）分散采购可以调动各级部门积极性，有利于各部门、各项经济指标的完成。

（2）可以及时满足施工需要，采购工作效率较高。

（3）就某一采购部门内来说，流动资金量小，有利于部门内资金管理。

（4）采购价格一般低于多级多层次采购的价格。

2. 分散采购管理的弊端

（1）分散采购难以形成采购批量，不易形成企业经营规模，影响企业整体经济效益。

（2）局部资金占用少，但资金分散，其总体占用额度往往高于集中采购资金占用，资金总体效益和利用率下降。

（3）机构人员重叠，采购队伍素质相对较弱，不利于建筑企业材料采购供应业务水平的提高。

3.1.2 集中采购管理模式

集中采购管理模式用于工程承包项目或承揽工程项目较多的企业。集中采购有利于减少采购工作量，且有利于提高企业的管理水平和经济效益。

3.1.3 既集中又分散采购管理模式

该模式的特点是以上两种模式的综合。

3.1.4 材料采购管理模式的选择

企业类型不同，生产经营规模不同，承揽的工程不同，其采购管理模式均应根据具体情况而确定。

（1）现场型施工企业。这类企业一般是规模相对较小或相对企业经营规模而言承揽的工程任务相对较大。企业材料采购部门与建设项目联系密切，这种情况不宜分散采购而应集中采购，一方面减少项目采购工作量，形成采购批量；另一方面有利于企业对施工项目的管理和控制，提高企业管理水平。

（2）城市型施工企业。我国最初建立的国有施工企业多属于城市型企业。这类企业机构健全，企业管理水平较高，且施工项目多在一个城市或地区内分布，企业整体经营目标一致，比较适宜采用统一领导分级管理的采购模式。其主要材料及有利于综合开发的材料采取统一策划，形成较强的采购、开发能力，适宜与大型材料生产企业合作，对稳定价格，保证用料有较大保障，特别是当市场供小于求时尤为显著。其他一般材料由基层材料部门或施工项目视情况自行安排，分散采购。这样做既调动了各部门积极性，又保证了整体经济利益；既能发挥各自优势，又能抵御市场带来的冲击。

（3）区域型施工企业。这类企业一般经营规模庞大，能够承揽跨省、跨地区甚至跨国项目。也有从事区域内专业项目建设施工任务的企业。这类企业技术力量雄厚，但施工项目和人员分散，因此其采购模式要视其所在地区承揽的项目类型和采购任务而定。往往是集中采购与分散采购配合进行。

由此可见，采购管理模式应根据具体情况分析采用，以保证企业整体利益。

3.2 材料采购管理的内容

（1）编制材料采购计划。材料采购计划是在各工程项目材料需用量计划的基础上制订的，必须符合工程产品生产的需要，一般是按照材料分类，确定各种材料（包括品种、名称、规格、型号、质量及技术要求）采购的数量计划。

（2）确定材料采购批量。采购批量即一次采购的数量，材料采购计划必须按生产需要、采购资金及仓库储存的实际情况有计划分期分批的进行。采购批量直接影响费用占用和仓库占用，因此必须选择各项费用成本的最低的批量为最佳批量。

（3）确定采购方式。掌握市场信息，按材料采购计划，选择、确定采购对象，尽量做到货比三家，对批量大、价格高的材料可采用招投标方式，以降低采购成本。

（4）材料采购计划实施。材料采购人员与提供建材产品的生产企业或产品供销部门进行具体协商、谈判，直到订货成交等。

3.3 材料采购的原则

（1）遵守国家法律法规规定。遵守国家和地方的有关方针、政策、法律法规和规定，如材料管理政策、材料分配政策、经济合同法，各项财政制度以及工商行政部门的规定等。

（2）以需定购，按计划采购。必须以实际需要的材料品种、规格、数量和时间要求的材料采购计划为依据进行采购。贯彻“以需采购”的材料采购原则，同时要结合材料的生产、市场、运输和储备等因素，进行综合平衡。

（3）坚持材料质量第一。把好材料采购质量关，不符合质量要求的材料不得进入生产车间、施工现场，要随时深入生产厂、市场，以督促生产厂提高产品质量和择优采购，采购人员必须熟悉所采购的材料质量标准，并做好验收鉴定工作，不符合质量要求的物资绝不采购。

（4）降低采购成本。材料采购中，应开展“三比一算”（比质、比价、比运距，算成本）。市场供应的材料，由于材料来自各地，因生产手段不同，产品成本一样，质量也有差别。为此，在采购时，一定要注意同样的材料比质量，同样的质量比价格，同样的价格比运距，进行综合计算以降低材料采购成本。

（5）选择材料运输畅通方便的材料生产单位。生产建设企业尤其施工企业所需用材料的数量大、地区分散，必须使用足够的运输工具，才能按时运输到现场。如果运输力量不足，即使有了资源，也无法运出。为了将所需的材料及时、安全地运输到使用现场，必须选择运输力量充足，地理和运输条件良好的地区和单位的材料，以保证材料采购和供应任务完成。

3.4 材料采购合同管理

材料采购合同指供需双方就材料买卖协商达成一致的协议，这种协议常以书面的形式表达——采购合同。在实施材料采购时，必须重视材料采购合同管理，并注意以下几点。

（1）谈判。谈判内容一般为供需双方对权利、义务、价格、供货时间、供货条件等事关双方切身利益的探讨，是影响企业利益的重要因素，因此必须重视签约前谈判。

（2）签订书面协议或合同。合同内容必须准确、详细，因为协议、合同一旦签订，就必须履行。材料采购协议或合同一般包括如下内容：材料名称（牌号）、品种、规格、型号、等级；质量标准及技术标准；数量和计量；包装标准、包装费及包装物品的使用方法；交货单位、交货方式、运输方式、到货地点、收货单位（或收货人）；交货时间；验收地点、验收方法和验收工具要求；单价、总价及其他费用；结算方式以及双方经协商同意的其他事项等。

（3）协议、合同的履行。协议、合同的履行过程，是完成整个协议、合同规定任务的过程，因此必须严格履行。在履行过程中如有违反就要承担经济、法律责任，同时违约行为有时往往会影响建筑产品生产。

（4）及时提出索赔。索赔是合法的正当权利要求，根据法律规定，对并非由于自己过错所造成的损失或者承担了协议、合同规定之外的工作付出了额外支出，就有权向承担责任方索回必要的损失。

3.5 材料采购质量的控制

（1）经审查认可方可进行采购。凡由承包单位负责采购的原材料、半成品或构配件、设备等，在采购订货前应向工程项目业主、监理工程师申报；对于重要的材料，还应提交样品，供试验或鉴定，有些材料则要求供货单位提交理化试验单（如预应力钢筋的含硫、磷量等），经审查认可发出书面认可证明后，方可进行订货采购。

（2）满足有关标准和设计的要求。对于永久设备、构配件，应按经过审批认可的设计文件和图纸组织采购订货，即设备、构配件等的质量应满足有关标准和设计的要求，交货期应满足施工及安装进度安排的需要。

（3）选择优良厂家订货。优选良好的供货厂家，是保证采购、订货质量的前提。对于供货厂家的制造材料、半成品、构配件以及永久设备的质量应严格控制。为此，对于大型的或重要的设备，以及大宗材料的采购应当实行招投标采购的方式。

（4）制定质量保证计划。对于设备、构配件和材料的采购、订货，需方可以通过制定质量保证计划，详细提出要达到的质量保证要求。质量保证计划的内容主要包括：采购的基本原则及所依据的技术规范或标准；设备或材料性能所依据的标准或规范；应进行的质量检验项目及要求达到的标准；技术协议，包括一般技术规定、技术参数、特性及保证值，以及有关技术说明、检验、试验和验收等；对设备制造过程中所使用的材料的标记、识别和追踪的要求，以及是否需要权威性的质量认证等。

（5）装饰材料一次订齐。某些材料，诸如地面、墙面等装饰材料，订货时最好一次订齐和备足资源，以免由于分批而出现花色差异、质量不一等情况。

（6）供货方应提供质量保证文件。供货方应向需方（订货方）提供质量保证文件，用以表明其提供的货物能够完全达到需方在质量保证计划中提出的要求。此外，质量保证文件也是施工单位（当施工单位负责采购及监造时）将来在工程竣工时应提供的竣工文件的一个组成部分，用以证明工程项目所用的设备、材料质量符合要求。

质量保证文件的内容主要包括：供货总说明；产品合格证及技术说明书；质量检验证明；检测与试验者的资质证明；关键工艺操作人员资格证明及操作记录（例如大型预应力构件的张拉应力工艺操作记录）；不合格品或质量问题处理的说明及证明；有关图纸及技术资料；必要时，还应附有权威性认证资料。

3.6 材料采购批量管理

材料采购批量是指一次采购材料的数量。其数量的确定以施工生产需用为前提，按计划分批进行采购。采购批量直接影响着采购次数、采购费用、保管费用和资金占用、仓库占用。在某种材料总需用量中，每次采购的数量应选择各项费用综合成本最低的批量，即经济批量或最优批量。

经济批量的确定受多种因素影响，按照所考虑主要因素的不同一般有以下几种方法。

（1）按照商品流通环节最少的原则选择最优批量。从商品流通环节看，向生产厂直接采购，所经过的流通环节最少，价格最低。不过生产厂的销售往往有最低销售量限制，采购批量一般要符合生产厂的最低销售批量。商品流通环节最小既减少了中间流通环节费用，又降低了采购价格，而且还能得到适用的材料，降低了采购成本，但受销售量限制。

（2）按照运输方式选择经济批量。在材料运输中有铁路运输、公路运输、水路运输等不同的运输方式。每种运输中一般又分整车（批）运输和零散（担）运输。在中、长途运输中，铁路运输和水路运输较公路运输价格低、运量大。而在铁路运输和水路运输中，又以整车运输费用较零散运输费用低。因此一般采购应尽量就近采购或达到整车托运的最低限额以降低采购费用。

（3）按照采购费用和保管费用支出最低的原则选择经济批量。材料采购批量越小，材料保管费用支出越低，但采购次数越多，采购费用越高。反之，采购批量越大，保管费用越高，但采购次数越少，采购费用越低。因此采购批量与保管费用成正比例关系，与采购费用成反比例关系（图 3.3.1）。应按照采购费用和保管费用得到的总费用最低选择经济批量。

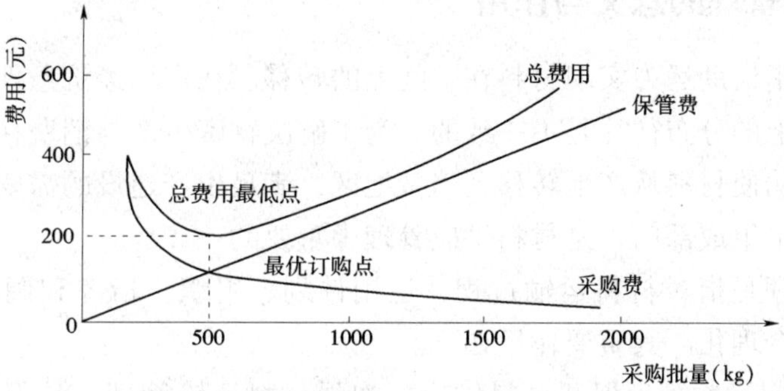

图 3.3.1　采购批量与费用关系图

本章习题

3.3.1　材料采购管理有哪 3 种模式？3 种模式各有什么特点？

3.3.2　说明材料采购管理 3 种模式的适用情况以及选择材料采购管理模式应考虑的因素。

3.3.3　说明材料采购管理内容？

3.3.4　材料采购应遵循哪些原则？

3.3.5　说明材料采购合同管理的内容。

3.3.6　如何进行材料采购质量的控制？

3.3.7　材料批量管理要考虑哪些主要因素？

第 4 章　材料的运输管理

教学要求：了解材料运输管理的意义、作用与方式；掌握材料运输管理的任务与材料运输的组织。

4.1　材料运输管理的意义与作用

材料运输是指借助运力实现材料在空间上的转移。在市场经济条件下，物资的生产和消费，在空间上的分布往往是不一致的。为了解决物资生产与消费在空间分布上的矛盾，必须借助运输使材料从产地转移到消费地区，满足生产建设的需要。所以材料运输是物资流通的一个组成部门，是材料供应管理中重要的一环。

材料运输管理是指对材料运输过程，运用计划、组织、指挥和调节职能进行的管理，使材料运输合理化。其重要作用如下。

（1）加强材料运输管理保证材料供应。加强材料运输管理，是保证材料供应，促使施工顺利进行的先决条件。水利水电工程企业所用的材料数量大，运输任务相当繁重。因此，必须加强运输管理，使材料迅速、安全、合理地完成空间转移，尽快实现其使用价值，保证施工生产的顺利进行。

（2）加强材料运输管理提高经济效益。加强材料运输管理，合理地组织运输，可以缩短材料运输里程，减少在途时间，加快运输速度，提高经济效益。

4.2　材料运输管理的任务

材料运输管理的基本任务是：根据客观经济规律和物资运输原则，对材料运输过程进行计划、组织、指挥、监督和调节，争取以最少的里程、最低的费用、最短的时间、最安全的措施，完成材料的转移，保证工程需要。

材料运输管理的具体任务如下。

（1）贯彻“及时、准确、安全、经济”4 项原则。

1）及时。指用最少的时间，把材料从产地运到施工、用料地点，及时供应使用。

2）准确。指材料在整个运输过程中，防止发生各种差错事故，做到不错、不乱、不差，准确无误地完成运输任务。

3）安全。指材料在运输过程中保证质量完好，数量无缺，不发生受潮、变质、残损、丢失、爆炸和燃烧事故，保证人员、材料、车辆等安全。

4）经济。指经济合理地选用运输路线和运输工具，充分利用运输设备，降低运输费用。

“及时、准确、安全、经济”4项原则是互相关联、辩证统一的，在组织材料运输时，应全面考虑，不能顾此失彼。只有正确全面地贯彻这4项原则，才能完成材料运输任务。

（2）加强材料运输的计划管理。做好货源、流向、运输路线、现场道路、堆放场地等的调查和布置工作，会同有关部门编制材料运输计划，认真组织材料的发运、接收和必要的中转业务，搞好装卸配合，使材料运输工作在计划指导下协调进行。

（3）建立和健全以岗位责任制为中心的运输管理制度。明确运输工作人员的职责范围，加强经济核算，不断提高材料运输管理水平。

4.3 材料运输的方式

目前我国有6种基本运输方式，它们各有特点，采用各种不同的运输工具，能适应不同情况的材料运输。在组织材料运输时，应根据各种运输方式的特点，结合材料的性质，运输距离的远近，供应任务的缓急及交通地理位置等来选择使用。

4.3.1 铁路运输

铁路是国民经济的大动脉，铁路运输是我国主要的运输方式之一。它与水路干线和各种短途运输相衔接，形成一个完整的运输网。

铁路运输的特点是运输能力大、运行速度快；一般不受气候、季节的影响，连续性强；管理高度集中，运行比较安全准确；运输费用比公路运输低；如设置专用线，大宗材料可以直达使用区域。铁路运输是远程物资的主要运输方式。但铁路运输的始发和到达作业费用比公路运输高，材料短途运输不经济。另外铁路运输计划要求严格，托运材料必须按照铁道部的规章制度办事。

4.3.2 公路运输

公路运输基本上是地区性运输。地区公路运输网与铁路、水路干线及其他运输方式相配合，构成全国性的运输体系。

公路运输的特点：运输面广，机动灵活，快速，装卸方便。公路运输是铁路运输不可缺少的补充，是重要的运输方式之一，担负着极其广泛的中、短途运输任务。由于运费较高，不宜长距离运输。

4.3.3 水路运输

水运在我国整个运输活动中占有重要地位。我国河流多，海岸线长，通航潜力大，是最经济的一种运输方式。沿江、沿海的企业用水路运输建筑材料，是很有利的条件。

水路运输的特点是运载量大，运费低廉。但受地理条件的制约，直达率较低，往往要中转换装，因而装卸作业费用高，运输损耗也较大；运输的速度较慢，材料在途中时间长；还受枯水期、洪水期和结冰期的影响；准时性、均衡性较差。

4.3.4 航空运输

空运速度快，能保证急需。但飞机的装运量小，运价高、不能广泛使用。只适宜远距离运送急需的、贵重的、量小的或时间性较强的材料。

4.3.5 管道运输

管道运输是一种新型的运输方式，有很大的优越性。其特点是：运送速度快、损耗小、费用低、效率高。适用于输送各种液、气、粉、粒状的物资。我国目前主要用于运输石油和天然气。

4.3.6 民间群运

民间群运主要是指人力、畜力和木帆船等非机动车船的运输。

上述6种运输方式各有优、缺点和适用范围。在选择运输方式时，要根据材料的品种、数量、运距、装运条件、供应要求和运费等因素综合考虑，择优选用。

4.4 材料运输的组织

经济合理的组织材料运输，是指材料运输要按照客观的经济规律，用最少的劳动消耗，最短的时间和里程，把材料从产地运到生产消费地点，满足工程的需要，实现最大的经济效益。

合理组织运输的途径，主要有以下4个方面。

（1）选择合理的运输路线。根据交通运输条件，与合理流向的要求，选择里程最短的运输路线，最大限度地缩短运输的平均里程，消除各种不合理运输，如对流运输、迂回运输、重复运输、倒流运输等和违反国家规定的物资流向的运输方式。组织工程材料运输时，要采用分析、对比的方法，结合运输方式、运输工具和费用开支进行选择。

（2）采取直达运输，“四就直拨”，减少不必要的中转运输环节。直达运输就是把材料从交货地点直接运到用料单位或用料地点，减少中转环节的运输方法。“四就直拨”是指4种直拨的运输形式，指在大、中城市、地区性的短途运输中采取“就厂直拨、就站（车站或码头）直拨、就库直拨、就船过载”的办法，把材料直接拨给用料单位或用料工地，可以减少中转环节，节约转运费用。

（3）选择合理的运输方式。根据材料的特点、数量、性质、需用的缓急、里程的远近和运价的高低，选择合理的运输方式，以充分发挥其效用。比如大宗材料运距在100km以上的远程运输，应选用铁路运输。沿江、沿海大宗材料的中、长距离运输宜采用水运。一般中距离材料运输以汽车运输为宜，条件合适也可以使用火车运输。短途运输、现场转运，使用民间群运的运输工具，则比较合算。

（4）合理使用运输工具。合理使用运输工具，是指充分利用运输工具的载重量和容积，发挥运输工具的效能，做到满载、快速、安全，以提高经济效益。其方法主要有下列几种。

1）提高装载技术，保证车船满载。不论采取哪一种运输工具，都要考虑其载重能力，保证装够吨位，防止空吨运输。铁路运输，有棚车、敞车、平车等，要使车种适合货种，车吨配合货吨。

2）做好货运的组织、准备工作。做到快装、快跑、快卸，加速车船周转。事先要配备适当的装卸力量、机具，安排好材料堆放位置和夜间作业的照明设施。实行经济责任制，将装卸运输作业责任到人，以快装、快卸促满载、快跑，缩短车船停留时间，提高运输效率。

3）改进材料包装，加强安全教育，保证运输安全。一方面要根据材料运输安全的要求，进行必要的包装和采取安全防护措施；另一方面对装卸运输工作加强管理，防止野蛮装卸，加强对责任事故的处理。

4）加强企业自有运输力量管理。

除要做到以上几点外，还要按月下达任务指标，做好运行时间和里程记录。

货源地点、运输路线、运输方式、运输工具等都是影响运输效果的主要因素，要组织合理运输，应从这几方面着手。在材料采购过程中，应该就地就近取材，组织运距最短的货源，为合理运输创造条件。

本章习题

3.4.1　材料运输管理的意义与作用是什么？

3.4.2　材料运输管理有哪些任务？

3.4.3　如何选择材料运输的方式？

3.4.4　怎样组织材料运输？

第 5 章　材料的验收与现场管理

教学要求：了解现场材料管理的概念；掌握现场材料管理的任务、材料验收与现场管理的内容、材料设备进场的质量控制、材料设备存放条件的控制、周转材料的管理及几项主要材料的验收与保管。

5.1　现场材料管理的概念

现场材料管理指在现场施工过程中，根据工程类型、场地环境、材料保管和消耗特点，采取科学的管理办法，从材料投入到成品产出过程进行计划、组织、协调和控制，力求保证生产需要和材料的合理使用，最大限度地降低材料消耗。

现场材料管理的好坏，是衡量施工企业经营管理水平和实现文明施工的重要标志，也是保证工程进度和工程质量，提高劳动效率，降低工程成本的重要环节。对企业的社会声誉和投标承揽任务都有极大影响。加强现场材料管理，是提高材料管理水平、克服施工现场混乱和浪费现象、提高经济效益的重要途径之一。

5.2　现场材料管理的任务

（1）全面规划。在开工前编制现场材料管理规划，参与施工组织设计的编制，规划材料存放场地、道路，做好材料预算，制定现场材料管理目标。全面规划是使现场材料管理全过程有序进行的前提和保证。

（2）计划进场。按施工进度计划，组织材料分期分批有秩序地入场。一方面要保证施工生产需要；另一方面要防止形成大批剩余材料。计划进场是现场材料管理的重要环节和基础。

（3）严格验收。按照各种材料的品种、规格、质量、数量要求，严格对现场材料进行检验，办理收料。验收是保证进场材料品种正确、规格对路、质量完好、数量准确的第一道关口，是保证工程质量，降低成本的重要保证。

（4）合理存放。按照现场平面布置要求，做到合理存放材料。在方便施工、保证道路畅通、安全可靠的原则下，尽量减少二次搬运。合理存放是妥善保管的前提，是生产顺利进行的保证，是降低成本的有效措施。

（5）妥善保管。按照各项材料的自然属性，依据物资保管技术要求和现场客观条件，采取各种有效措施进行维护、保养，保证各项材料不降低使用价值。妥善保管是物尽其用，实现成本降低的保证条件。

（6）控制领发。按照操作者所承担的任务，依据定额及有关资料进行严格的数量控制。控制领发是控制工程消耗的重要关口，是实现节约的重要手段。

（7）监督使用。按照施工规范要求和用料要求，对已转移到操作者手中的材料，在使用过程中进行检查，督促班组合理使用、节约材料。监督使用是实现节约，防止超耗的主要手段。

（8）准确核算。用实物量形式，通过对消耗活动进行记录、计算、控制、分析、考核和比较，反映材料消耗水平。准确核算既是对本期管理结算的反映，又为下期改进提供了依据。

5.3 材料验收与现场管理的内容

5.3.1 收料前准备

现场材料人员接到材料进场的预报后，要做好以下5项准备工作。

（1）检查现场施工便道有无障碍及是否平整通畅，车辆进出、转弯、调头是否方便，还应适当考虑回车道，以保证材料能顺利进场。

（2）按照施工组织设计的场地平面布置图的要求，选择好堆料场地。堆料场地要求平整、没有积水。

（3）必须进入现场临时仓库的材料，按照“轻物上架，重物近门，取用方便”的原则，准备好库位。防潮、防霉材料要事先铺好垫板。易燃易爆材料，要准备好危险品仓库。

（4）夜间进料，要准备好照明设备。在道路两侧及堆料场地，都应有足够的亮度，以保证安全生产。

（5）准备好装卸设备、计量设备、遮盖设备等。

5.3.2 材料的验收

现场材料的验收主要是检验材料的品种、规格、数量和质量。验收步骤如下。

（1）查看送料单，是否有误送。

（2）核对实物的品种、规格、数量和质量，是否和凭证一致。

（3）检查原始凭证是否齐全正确。

（4）做好原始记录，逐项详细填写收料日记，其中验收情况登记栏，必须将验收过程中发生的问题填写清楚。

5.3.3 材料的堆放与保管

不同材料有不同的堆放与保管要求。

5.4 材料、设备进场的质量控制

（1）凡运到施工现场的材料、半成品或构配件，应有产品出厂合格证及技术说明书，并由施工单位按规定要求进行检验，向监理工程师提出检验或试验报告，经审查并确认其质量合格后，方准进场。凡是没有产品出厂合格证明及检验不合格者，不得进场。

（2）工地交货的机械或设备到场，也应有产品出厂合格证书及技术说明书。设备到场后，订货方应在合同规定的时间内开箱检验，并按供方提供的技术说明书和质量保证文件进行检查验收，检验人员对其质量检查确认合格后，予以签署验收单。

若发现供方质量保证文件与实物不相符时，或对文件资料的正确性有怀疑时，或者是设计及验收规程规定必须复检合格后才可使用时，还应由有关部门进行复检。

若检验发现设备质量不符合要求时，不予验收，应由供方予以更换或进行处理，合格后再行检查、验收。由于供方供货质量不合格而造成的损失，应及时向供方索赔。

对于工地交货的大型设备，通常是由厂方运至工地后进行组装、调整和试验，经过其自检合格后，再由订货方复检，复检合格后方予以验收。

（3）进口的材料、设备的检查、验收，应会同国家商检部门进行。如在检验中发现质量问题或数量不符合规定要求时，应取得供货方及商检人员签署的商务记录，在规定的索赔期内进行索赔。

5.5 材料、设备存放条件的控制

质量合格的材料、设备等进场后，到其使用或施工、安装时通常要经过一定的时间间隔，在此时间内，如果对材料、设备等的存放、保管不良，可能导致质量状况的恶化，如损伤、变质、损坏，甚至不能使用。因此，施工单位对材料、半成品、构配件及永久性设备等的存放、保管条件及时间也应实行监控。

（1）对于材料、半成品、构配件和永久性设备等，应当根据它们的特点、特性以及对防潮、防晒、防锈、防腐蚀、通风、隔热以及温度、湿度等方面的不同要求，安排适宜的存放条件，以保证其存放质量。例如，对于水泥的存放应当防止受潮，存放时间一般不宜超过3个月，以免受潮结块；硝铵炸药的湿度达3%以上时即易结块、拒爆，存放时应妥当防潮；胶质炸药（硝化甘油），冻结后极为敏感易爆，存放温度应予以控制；某些化学原材料应当避光、防晒；某些金属材料及器材应当防锈蚀等。

（2）对于按要求存放的材料、设备，存入后每隔一定时间（例如一个月）检查一次，随时掌握它们的存放质量情况。此外，在材料、设备等使用前，也应对其质量再次检查确认后，方可允许使用。经检查质量不合要求者（例如水泥存放时间超过规定期限或受潮结块、标号降低），则不准许使用，或降低等级使用。

5.6 当地天然材料试配

对于某些当地天然材料及现场配制的制品，一般要求施工单位事先进行试配，达到要求的标准后方准施工。除应达到规定的力学强度等指标外，还应注意以下方面的检验与控制。

（1）材料的化学成分的检验与控制。例如使用开采、加工的天然河卵石或碎石作为混凝土粗骨料时，其内在的化学成分至关重要。因为如果其中含有无定形氧化硅时（如蛋白石、白云石、燧石等），而水泥中的含碱（Na_2O，K_2O）量也较高（大于

0.6%）时，则混凝土中二者将发生化学反应生成碱－硅酸凝胶，并吸水膨胀，从而导致混凝土开裂。我国北方某混凝土坝工程，曾由于忽视了对所用河卵石及水泥内部化学成分的检验与控制，以致混凝土出现众多裂缝。

（2）充分考虑到施工现场加工条件与设计、试验条件不同而可能导致的材料或半成品质量差异。例如，某工程混凝土所用的砂是由当地开采的天然河砂，经过现场加工清洗后使用。其后按原设计的混凝土配合比进行混凝土试配，其单位体积重量指标值达不到设计要求的标准。究其原因，是由于现场清洗加工工艺条件使加工后的砂料组成发生了较大变化，其中细砂部分流失量较大，这与设计阶段进行室内配合比试验时所用的同料源的天然砂组分有较大的差异，因而导致混凝土密度指标值达不到原设计要求。这样，就需要事先找出原因，设法妥善解决后（例如，调整配合比，改进加工工艺，或变更质量特性指标值的要求标准等），经认可后才能允许进行施工。

5.7 新材料新设备应用前的管理工作

新材料、新设备应事先提交可靠的技术鉴定及有关试验和实际应用的报告，经工程项目业主、监理工程师审查确认和批准后，方可在工程中应用。

5.8 几项主要材料的验收与保管

5.8.1 水泥的验收与保管

（1）质量验收。以出厂质量保证书为凭，进场时验查单据上水泥品种、强度等级与水泥袋上印的标志是否一致，不一致的应分开码放，待进一步查清；检查水泥出厂日期是否超过规定时间，超过的要另行处理；遇有 2 个单位同时到货的，应详细验收，分别码放，防止品种不同而混杂使用。

（2）数量验收。包装水泥在车上或卸入仓库后点袋计数，同时对包装水泥实行抽检，以防每袋重量不足。破袋的要灌袋计数并过秤，防止重量不足而影响混凝土和砂浆强度，产生质量事故。

罐车运送的散装水泥，可按出厂秤码单计量净重，但要注意卸车时要卸净，检查的方法是看罐车上的压力表是否为零及拆下的泵管是否有水泥。压力表为零、管口无水泥即表明卸净。对怀疑重量不足的车辆，可采取单独存放，进行检查。

（3）合理码放。水泥应入库管理。仓库地坪要高出室外地面 20～30cm，四周墙面要有防潮措施，码垛时一般码放 10 袋，最高不得超过 15 袋。不同品种、强度等级和日期的，要分开码放，挂牌标明。特殊情况下，水泥需在露天临时存放时，必须有足够的遮垫措施。做到防水、防雨、防潮。散装水泥要有固定的容器，既能用自卸汽车进料，又能人工出料。

（4）保管。水泥的储存时间不能太长，出厂后超过 3 个月的水泥，要及时抽样检查，经化验后按重新确定的强度使用。如有硬化的水泥，经处理后降级使用。水泥应避免与石灰、石膏以及其他易于飞扬的粒状材料同存，以防混杂，影响质量。包装如有损坏，应及时更换以免散失。

水泥库房要经常保持清洁，落地灰及时清理、收集、灌装，并应另行收存使用。根据使用情况安排好进料和发料的衔接，严格遵守先进先发的原则，防止发生长时间不动的死角。

5.8.2 砂、石料的验收与保管

（1）质量验收。现场砂石一般先目测。

砂：颗粒坚硬洁净，一般要求中粗砂，除特殊需用外，一般不用细砂。黏土、泥灰、粉末等不超过3%～5%。

石：颗粒级配应理想，粒形以近似立方块的为好。针片状颗粒不得超过25%，在强度等级大于C30的混凝土中，不得超过15%。注意鉴别有无风化石、石灰石混入。含泥量一般混凝土不得超过2%，大于C30的混凝土中，不得超过1%。

砂石含泥量的外观检查，如砂子颜色灰黑，手感发黏，抓一把能成团，手放开后，砂团散开，发现有粘连小块，用手指捻开小块，指上留有明显泥污的，表示含泥量过高。石子的含泥量，用手握石子摩擦后无尘土粘于手上，表示合格。

（2）数量验收。砂石的数量验收按运输工具不同、条件不同而采取不同方法。

量方验收：进料后先做方，即把材料做成梯形堆放在平整的地上。

过磅计量：发料单位经地秤，每车随附秤码单送到现场时，应收下每车的秤码单、记录车号，在最后一车送到后，核对收到车数的秤码单和送货凭证是否相符。

其他：水运码头接货无地秤，堆方又无场地时，可在车船上抽查，一种方法是利用船上载重水位线表示的吨位计量；另一种方法是在运输车上快速将砂在车上拉平，量其装载高度，按照车型固定的长宽度计算体积。

（3）合理堆放。一般应集中堆放在混凝土搅拌机和砂浆机旁，不宜过远。堆放要成方成堆，避免成片。平时要经常清理，并督促班组清底使用。

5.8.3 木材的验收与保管

（1）质量验收。木材的质量验收包括材种验收和等级验收。木材的品种很多，首先要辨认材种及规格是否符合要求。对照木材质量标准，查验其腐朽、弯曲、钝棱、裂纹以及斜纹等缺陷是否与标准规定的等级相符。

（2）数量验收。木材的数量以材积表示，要按规定的方法进行检尺，按材积表查定材积，也可按计算式算得。

（3）保管。木材应按材种规格等级不同码放，要便于抽取和保持通风。板材、方材的垛顶部要遮盖，以防日晒雨淋。经过烘干处理的木材，应放进仓库。

木材表面由于水分蒸发，常常容易干裂，应避免日光直接照射。采用狭而簿的衬条或用隐头堆积，或在端头设置遮阳板等。木材存料场地要高、通风要好，应随时清除腐木、杂草和污物，必要时用5%的漂白粉溶液喷洒。

5.8.4 钢材的验收与保管

（1）质量验收。钢材质量验收分外观质量验收和内在化学成分、力学性能的验收。外观质量验收中，由现场材料验收人员，通过眼看、手摸，或使用简单工具，如钢刷、

木棍等，检查钢材表面是否有缺陷。钢材的化学成分、力学性能均应经有关部门复试，与国家标准对照后，判定其是否合格。

（2）数量验收。钢材数量可通过称重、点件、检尺换算等几种方式验收。验收中应注意的是：称重验收可能产生磅差，其差量在国家标准容许范围内的，即签认送货单数量；若差量超过国家标准容许范围，则应找有关部门解决。检尺换算所得重量与称重所得重量会产生误差，特别是国产钢材的误差量可能较大，供需双方应统一验收方法。当现场数量检测确实有困难时，可到供料单位监磅发料，保证进场材料数量准确。

（3）保管。施工现场存放材料的场地狭小，保管设施较差。钢材中优质钢材，小规格钢材，如镀锌、镀锌管、薄壁电线管等，最好入库入棚保管，若条件不允许，只能露天存放时，应做好苫垫。

钢材在保管中必须分清品种、规格、材质，不能混淆。保持场地干燥，地面不积水，清除污物。

5.8.5 成品、半成品的验收与保管

成品、半成品主要指工程使用的混凝土制品以及成型的钢筋等。这些成品、半成品占材料费用很大，也是构成工程实体的重要材料。因此，搞好成品、半成品的现场验收和保管，对加速施工进度，保证工程质量，降低工程成本，都起着重要作用。

（1）混凝土构件。混凝土构件一般在工厂生产，再运到现场安装。由于混凝土构件有笨重、量大和规格型号多的特点，验收时一定要对照加工计划，分层分段配套码放，码放在吊车的悬臂回转半径范围内。要认真核对品种、规格、型号，检验外观质量，及时登记台账，掌握配套情况。构件存放场地要平整，垫木规格一致且位置上下对齐，保持平整和受力均匀。混凝土构件一般按工程进度进场，防止过早进场，阻塞施工场地。

（2）成型钢筋。是指由工厂加工成型后运到现场绑扎的钢筋。一般会同生产班组按照加工计划验收规格和数量，并交班组管理使用。钢筋的存放场地要平整，没有积水，分规格码放整齐，用垫木垫起，防止水浸锈蚀。

5.8.6 现场包装品的保管

现场材料的包装容器，一般都有利用价值，如纸袋、麻袋、布袋、木箱、铁桶等。现场必须建立回收制度，保证包装品的成套、完整，提高回收率和完好率。对开拆包装的方法要有明确的规章制度，如铁桶不开大口、盖子不离箱、线封的袋子要拆线、粘口的袋子要用刀割等。要健全领用和回收的原始记录，对回收率、完好率进行考核，用量大、易损坏的包装品，例如水泥纸袋等可实行包装品的回收奖励制度。

5.9 周转材料的管理

5.9.1 周转材料的概念

周转材料是指能够多次应用于施工生产，有助于产品形成、但不构成产品实体的各种材料，是有助于建筑产品的形成而必不可少的手段。如浇捣混凝土所需的模板和配套

件；施工中搭设的脚手架及其附件等。

从材料的价值周转方式（价值的转移方式和价值的补偿方式）来看，材料的价值是一次性全部地转移到施工中去的。而周转材料却不同，它能在几个施工过程中多次地反复使用，并不改变其本身的实物形态，直至完全丧失其使用价值，损坏报废时为止。它的价值转移是根据其在施工过程中的损耗程度，逐渐地分别转移到产品中去，成为建筑产品价值的组成部分，并从建筑物的价值中逐渐地得到价值补偿。

在一些特殊情况下，由于受施工条件限制，有些周转材料也是一次性消耗的，其价值也就一次性转移到工程成本中去，如大体积混凝土浇捣时所使用的钢支架等在浇捣完成后无法取出，钢板桩由于施工条件限制无法拔出，个别模板无法拆除等。也有些因工程的特殊要求而加工制作的非规格化的特殊周转材料，只能使用一次。这些情况虽然核算要求与材料性质相同，实物也作销账处理，但必须做好残值回收，以减少损耗，降低工程成本。因此，搞好周转材料的管理，对施工企业来讲是一项至关重要的工作。

5.9.2 周转材料管理的任务

（1）根据生产需要，及时、配套地提供适量和适用的各种周转材料。

（2）根据不同周转材料的特点建立相应的管理制度和办法，加速周转，以较少的投入发挥尽可能大的效能。

（3）加强维修保养，延长使用寿命，提高使用的经济效果。

5.9.3 周转材料管理的内容

（1）使用。周转材料的使用是指为了保证施工生产正常进行或有助于产品的形成而对周转材料进行拼装、支搭以及拆除的作业过程。

（2）养护。指例行养护，包括除去灰垢、涂刷防锈剂或隔离剂，使周转材料处于随时可投入使用的状态。

（3）维修。修复损坏的周转材料，使之恢复或部分恢复原有功能。

（4）改制。对损坏且不可修复的周转材料，按照使用和配套的要求进行大改小、长改短的作业。

（5）核算。包括会计核算、统计核算和业务核算3种核算方式。会计核算主要反映周转材料投入和使用的经济效果及其摊销状况，它是资金（货币）的核算；统计核算主要反映数量规模、使用状况和使用趋势，它是数量的核算；业务核算是材料部门根据实际需要和业务特点而进行的核算，它既有资金的核算，也有数量的核算。

5.9.4 周转材料的管理方法

5.9.4.1 租赁管理

1. 租赁的概念

租赁是指在一定期限内，产权的拥有方向使用方提供材料的使用权，但不改变所有权，双方各自承担一定的义务，履行契约。

实行租赁制度必须将周转材料的产权集中于企业进行统一管理，这是实行租赁制度的前提条件。

2. 租赁管理的内容

首先应根据周转材料的市场价格变化及摊销额度要求测算租金标准，并使之与工程周转材料费用收入相适应。

3. 租赁管理方法

（1）租用。项目确定使用周转材料后，应根据使用方案制定需求计划，由专人向租赁部门签订租赁合同，并做好周转材料进入施工现场的各项准备工作，如存放及拼装场地等。租赁部门必须按合同保证配套供应并登记“周转材料租赁台账”。

（2）验收和赔偿。租赁部门应对退库周转材料进行外观质量验收。如有丢失损坏应由租用单位赔偿。验收及赔偿标准一般按以下原则掌握：对丢失或严重损坏（指不可修复的，如管体有死弯、板面严重扭曲）按原值的50%赔偿；一般性损坏（指可修复的，如板面打孔、开焊等）按原值的30%赔偿；轻微损坏（指不需使用机械，仅用手工即可修复的）按原值的10%赔偿。

租用单位退租前必须清除租赁的周转材料上的混凝土等灰垢，为验收创造条件。

（3）结算。租金的结算期限一般自提运的次日起至退租之日止，租金按日历天数逐日计取，按月结算。租用单位实际支付的租赁费用包括租金和赔偿费两项

$$租赁费用(元)=\sum[租用数量\times相应日租金(元)\times租用天数+丢失损坏数量\times相应原值\times相应赔偿率\%]$$

根据结算结果由租赁部门填制《租金及赔偿结算单》。

为简化核算工作也可不设“周转材料租赁台账”，而直接根据租赁合同进行结算。但要加强合同的管理，严防遗失，以免错算和漏算。

5.9.4.2 周转材料的费用承包管理

周转材料的费用承包是适应项目管理的一种管理形式，或者说是项目管理对周转材料管理的要求。它是指以单位工程为基础，按照预定的期限和一定的方法测定一个适当的费用额度交由承包者使用，实行节奖超罚的管理。

1. 承包费用的确定

（1）承包费用的收入。承包费用的收入即是承包者所接受的承包额。承包额有两种确定方法，一种是扣额法，另一种是加额法。扣额法指按照单位工程周转材料的预算费用收入，扣除规定的成本降低额后的费用；加额法是指根据施工方案所确定的费用收入，结合额定周转次数和计划工期等因素所限定的实际使用费用，加上一定的系数额作为承包者的最终费用收入。所谓系数额是指一定历史时期的平均耗费系数与施工方案所确定的费用收入的乘积。计算公式为

$$扣额法费用收入(元)=预算费用收入(元)\times(1-成本降低率\%)$$

$$加额法费用收入(元)=施工方案确定的费用收入(元)\times(1+平均耗费系数)$$

（2）承包费用的支出：承包费用的支出是指承包期限内所支付的周转材料使用费（租金）、赔偿费、运输费、二次搬运费以及支出的其他费用之和。

2. 费用承包管理的内容

（1）签订承包协议：承包协议是对承、发包双方的责、权、利进行约束的合同文件。一般包括工程概况、应完成的工程量、需用周转材料的品种、规格、数量及承包费用、承包期限、双方的责任与权力、不可预见问题的处理以及奖罚等内容。

（2）承包额的分析：承包额确定之后，应进行大概的分解，以施工用量为基础将其还原为各个品种的承包费用，例如将费用分解为钢模板、焊管等品种所占的份额。

在实际工作中，常常是不同品种的周转材料分别进行承包，或只承包某一品种的费用，这就需要对承包效果进行预测，并根据预测结果提出有针对性的管理措施。

（3）周转材料进场前的准备工作：根据承包方案和工程进度编制周转材料的需用计划，注意计划的配套性（品种、规格、数量及时间的配套），要留有余地，不留缺口。

根据配套数量同企业租赁部门签订租赁合同，积极组织材料进场并做好进场前的各项准备工作，包括选择、平整存放和拼装场地、开通道路等，对狭窄的现场应做好分批进场的时间安排，或事先另选存放场地。

3. 费用承包效果的考核

承包期满后要对承包效果进行考核、结算和奖罚。

承包的考核和结算指承包费用收、支对比，出现盈余为节约，反之为亏损。如实现节约应对参与承包的有关人员进行奖励。可以按节约额进行金额奖励，也可以扣留一定比例后再予奖励。如出现亏损，则应按与奖励对等的原则对有关人员进行罚款。费用承包管理方法是目前普遍实行项目经理责任制中较为有效的方法，企业管理人员应不断探索有效管理措施，提高承包经济效果。

提高承包经济效果的基本途径有两条。

（1）在使用数量既定的条件下努力提高周转次数。

（2）在使用期限既定的条件下，努力减少占用量，同时应减少丢失和损坏数量，积极实行和推广组合钢模的整体转移，以减少停滞、加速周转。

5.9.4.3 周转材料的实物量承包管理

实物量承包的主体是施工班组，也称班组定包。它是指项目班子或施工队根据使用方案按定额数量对班组配备周转材料，规定损耗率，由班组承包使用，实行节奖超罚的管理办法。

实物量承包是费用承包的深入和继续，是保证费用承包目标值的实现和避免费用承包出现断层的管理措施。

1. 定包数量的确定

以组合钢模为例，说明定包数量的确定方法。

（1）模板用量的确定。根据费用承包协议规定的混凝土工程量编制模板配模图，据此确定模板计划用量，加上一定的损耗量即为交由班组使用的承包数量，如下式

$$模板定包数量(m^2) = 计划用量(m^2) \times (1 + 定额损耗率\%)$$

式中　定额损耗量一般不超过计划用量的1%。

（2）零配件用量的确定。

2. 定包效果的考核和核算

定包效果的考核主要是损耗率的考核。即用定额损耗量与实际损耗量相比，如有盈余为节约，反之为亏损。如实现节约则全额奖给定包班组，如出现亏损则由班组赔偿全部亏损金额，根据定包及考核结果，对定包班组兑现奖罚。

5.9.4.4　周转材料租赁、费用承包和实物量承包3者之间的关系

周转材料的租赁、费用承包和实物量承包是3个不同层次的管理，是有机联系的统一整体。实行租赁办法是企业对工区或施工队所进行的费用控制和管理；实行费用承包是工区或施工队对单位工程或承包标段所进行的费用控制和管埋；实行实物量承包是单位工程或承包栋号对使用班组所进行的数量控制和管理，这样便形成了既有不同层次、不同对象的，又有费用的和数量的综合管理体系。降低企业周转的费用消耗，应该同时搞好3个层次的管理。

限于企业的管理水平和各方面的条件，作为管理初步，可于3者之间任选其一。如果实行费用承包则必须同时实行实物量承包，否则费用承包易出现断层，出现“以包代管”的状况。

本章习题

3.5.1　现场材料管理有哪些任务？

3.5.2　材料验收与现场管理包括哪些内容？

3.5.3　说明材料、设备进场质量控制要点。

3.5.4　说明材料、设备存放条件控制要点。

3.5.5　水泥的验收和保管要注意些什么？

3.5.6　砂、石料的验收和保管要注意些什么？

3.5.7　钢材的验收和保管要注意些什么？

3.5.8　如何搞好周转材料的管理？

第6章　材料的仓储管理

教学要求：了解材料仓储管理的特点与作用；掌握材料仓储管理的任务、仓库材料财务管理、仓储盘点、库存控制规模——ABC分类法。

仓储管理是材料从流通领域进入企业的“监督关”，是材料投入施工生产消费领域的“控制关”；材料储存过程又是保质、保量、完整无缺的“监护关”。所以，仓储管理工作负有重大的经济责任。

6.1　仓库的分类

6.1.1　按储存材料的种类划分

（1）综合性仓库。仓库建有若干库房，储存各种各样的材料。如在同一仓库中储存钢材、电料、木料、五金、配件等。

（2）专业性仓库。仓库只储存某一类材料。如钢材库、木料库、电料库等。

6.1.2　按保管条件划分

（1）普遍仓库。储存没有特殊要求的一般性材料。

（2）特种仓库。某些材料对库房的温度、湿度、安全有特殊要求，需按不同要求设保温库、燃料库、危险品库等。水泥由于粉尘大，防潮要求高，因而水泥仓库也是特种仓库。

6.1.3　按建筑结构划分

（1）封闭式仓库。指有屋顶、墙壁和门窗的仓库。

（2）半封闭式仓库。指有顶无墙的料库、料棚。

（3）露天料场。主要储存不易受自然条件影响的大宗材料。

6.1.4　按管理权限划分

（1）中心仓库。指大中型企业（公司）设立的仓库。这类仓库材料吞吐量大，主要材料由公司集中储备，也称为一级储备。除远离公司独立承担任务的工程处核定储备资金控制储备外，公司下属单位一般不设仓库，避免层层储备，分散资金。

（2）总库。指公司所属项目部或工程处（队）所设施工备料仓库。

（3）分库。指施工队及施工现场所设的施工用料准备库，业务上受项目部或工程处（队）直接管辖，统一调度。

6.2 仓库规划

6.2.1 材料仓库位置的选择

材料仓库的位置是否合理，直接关系到仓库的使用效果。仓库位置选择的基本要求是“方便、经济、安全”。仓库位置选择的条件是：

（1）交通方便。材料的运送和装卸都要方便。材料中转仓库最好靠近公路（有条件的设专用线）；以水运为主的仓库要靠近河道码头；现场仓库的位置要适中，以缩短到各施工点的距离。

（2）地势较高，地形平坦，便于排水、防洪、通风、防潮。

（3）环境适宜、周围无腐蚀性气体、粉尘和辐射性物质。危险品库和一般仓库要保持一定的安全距离，与民房或临时工棚也要有一定的安全距离。

（4）有合理布局的水电供应设施，利于消防、作业、安全和生活之用。

6.2.2 材料仓库的合理布局

材料仓库的合理布局，能为仓库的使用、运输、供应和管理提供方便，为仓库各项业务费用的降低提供条件。合理布局的要求是：

（1）适应企业施工生产发展的需要。如按施工生产规模、材料资源供应渠道、供应范围、运输和进料间隔等因素，考虑仓库规模。

（2）纳入企业环境的整体规划。按企业的类型来考虑，如按城市型企业、区域性企业、现场型企业不同的环境情况和施工点的分布及规模大小来合理布局。

（3）企业所属各级各类仓库应合理分工。根据供应范围、管理权限的划分情况来进行仓库的合理布局。

（4）根据企业耗用材料的性质、结构、特点和供应条件，并结合新材料、新工艺的发展趋势，按材料品种及保管、运输、装卸条件等进行布局。

6.2.3 仓库面积的确定

仓库和料场面积的确定，是规划和布局时需要首先解决的问题。可根据各种材料的最高储存数量、堆放定额和仓库面积利用系数进行计算。

（1）仓库有效面积的确定。仓库有效面积是指实际堆放材料的面积或摆放货架货柜所占的面积，不包括仓库内的通道、材料与架之间的空地面积。计算公式为

$$F = \frac{P}{V}$$

式中 F——仓库有效面积，m^2；

P——仓库最高储存材料的数量，t 或 m^3；

V——每平方米面积定额堆放数量。

（2）仓库总面积计算。仓库总面积为包括有效面积、通道及材料架之间的空地面

积在内的全部面积。计算公式为

$$S=\frac{F}{a}$$

式中 S——仓库总面积，m^2；

F——有效面积，m^2；

a——仓库面积利用系数，见表3.6.1。

表3.6.1 仓库面积利用系数

项次	仓库类型	系数 a 值
1	密封通用仓库（内装货架，每两排货架之间留1m通道，主通道宽为2.5~3.5m）	0.35~0.4
2	罐式密封仓库	0.6~0.9
3	堆置桶装或袋装的密封仓库	0.45~0.6
4	堆置木材的露天仓库	0.4~0.5
5	堆置钢材棚库	0.5~0.6
6	堆置砂、石料露天库	0.6~0.7

6.2.4 仓库储存规划

材料仓库的储存规划是在仓库合理布局的基础上，对应储存的材料作全面、合理的具体安排，实行分区分类，货位编号，定位存放，定位管理。

仓库储存规划的原则是：布局紧凑，用地节省，保管合理，作业方便，符合防火、安全要求。

6.3 材料仓储管理的特点、作用与任务

6.3.1 材料仓储管理的特点

（1）仓储工作为实现产品的使用价值服务。仓储工作不创造使用价值，但创造价值。材料仓库是施工生产过程为使生产不致中断，而解决材料生产消费在时间与空间上的矛盾必不可少的中间环节。材料处在储存阶段虽然不能使材料的使用价值增加，但通过仓储保管可以使材料的使用价值不受损失，从而为材料使用价值的最终实现创造条件。因此，材料仓储工作是产品的生产过程在流通领域的继续，是为实现产品的使用价值服务的。仓储劳动是社会的必要劳动，它同样创造价值。仓储管理工作创造价值这一特点，要求仓储管理必须提高水平，尽可能减少材料的损耗，使其使用价值得以实现。

（2）不平衡和不连续。仓储工作具有不平衡和不连续的特点。这个特点给仓储管理工作带来一定的困难，这就要求管理人员在储存保管好材料的前提下，掌握各种不同材料的性能特点、运输特点，安排好进出库计划，均衡使用人力、设备及仓位，以保证仓储管理工作的正确运行。

（3）直接为生产服务。仓储管理工作具有服务性质，直接为生产服务。仓储管理工作必须从生产出发，首先保证生产需要。同时要注意扩大服务项目，把材料的加工改制、综合利用和节约代用、组装、配套等提到管理工作的日程上来，使有限的材料发挥更大的作用。

6.3.2 材料仓储管理的作用

（1）保证顺利施工。仓储管理是保证施工生产顺利进行的必不可少的条件，是保证材料流通不致中断的重要环节。

施工生产的过程，就是材料不断消耗的过程，储存一定量的材料，是施工生产正常进行的物质保证。各种材料需经订货、采购、运输等环节，才能到达施工企业。为防止供需脱节，企业必须依靠合理的材料储备，来进行平衡和调剂。

（2）是材料管理的重要组成部分。仓储管理是材料管理的重要组成部分。仓储管理是联系材料供应、管理和使用三方面的桥梁。仓储管理的好坏，直接影响材料供应管理工作目标的实现。

（3）保持材料的使用价值。仓储管理是保持材料使用价值的重要手段。材料在储存期间，从物理化学角度看，在不断地发生变化。这种变化虽然因材料本身的性质和储存条件的不同而有差异，但一般都会造成不同程度的损害。仓储中的合理保管、科学保养，是防止或减少损害，保持其使用价值的重要手段。

（4）加速材料周转减少库存。加强仓储管理，加速材料的周转，减少库存，防止新的积压，减少资金占用，从而可以促进物资的合理使用和流通费用的节约。

6.3.3 材料仓储管理的任务

仓储管理是以优质的储运劳务，管好仓库物资，为按质、按量、及时、准确地供应施工生产所需的各种材料打好基础，确保施工生产的顺利进行。其基本任务是：

（1）组织材料的收发管理工作。组织好材料的收、发、保管、保养工作。要求达到快进、快出、多储存、保管好、费用省的目的，为施工生产提供优质服务。

（2）健全仓库管理制度。建立和健全合理的、科学的仓库管理制度，不断提高管理水平。

（3）改进仓储技术。不断改进仓储技术，提高仓库作业的机械化、自动化水平。

（4）加强经济核算。加强经济核算，不断提高仓库经营活动的经济效益。

（5）培养仓储管理队伍。不断提高仓储管理人员的思想、业务水平，培养仓储管理的专职队伍。

6.4 仓库材料财务管理

6.4.1 记账凭证

（1）材料入库凭证。验收单、入库单、加工单等。

（2）材料出库凭证。调拨单、借用单、限额领料单、新旧转账单等。

（3）盘点、报废、调整凭证。盘点盈亏调整单、数量规格调整单、报损报废单等。

6.4.2 记账程序

（1）审核凭证。审核凭证的合法性、有效性。凭证必须是合法凭证，有编号，有材料收发动态指标，能完整反映材料经济业务从发生到结束的全过程情况。临时借条均不能作为记账的合法凭证。合法凭证指要按规定填写齐全，如日期、名称、规格、数量、单位、单价等。印章要齐全，抬头要定清楚，否则为无效凭证，不能据无效凭证记账。

（2）整理凭证。记账前先将凭证分类、分档排列，然后依次序逐项登记。

6.4.3 账册登记

根据账页上的各项指标自左至右逐项登记。已记账的凭证，应加标记，防止重复登账。记账后，对账卡上的结存数要进行验算，即

上期结存 + 本项收入 - 本项发出 = 本项结存

6.5 仓储盘点

仓库所保管材料的品种、规格繁多，计量、计算易发生差错，保管中发生的损耗、损坏、变质、丢失等种种因素，可能导致库存材料数量不符，质量下降。只有通过盘点，才能准确地掌握实际库存量，摸清材料质量状况，掌握材料保管中存在的各种问题，了解储备定额执行情况和呆滞、积压数量，以及利用、代用等挖潜措施的落实情况。

6.5.1 仓储盘点方法

（1）定期盘点。指季末或年末对仓库保管的材料进行全面、彻底盘点。达到有物有账，账物相符，账账相符，并把材料数量、规格、质量及主要用途搞清楚。由于清点规模大，应先做好组织与准备工作，主要内容有：

1）划区分块，统一安排盘点范围，防止重查或漏查。

2）校正盘点用计量工具，统一印制盘点表，确定盘点截止日期和报表日期。

3）安排各现场、车间，对已领未用的材料办理“假退料”手续，并清理成品、半成品、在线产品。

4）尚未验收的材料，具备验收条件的，抓紧验收入库。

5）代管材料，应有特殊标志，另列报表，便于查对。

（2）永续盘点。对库房内每日有变动（增加或减少）的材料，当日复查一次，即当天对有收入或发出发生的材料，核对账、卡、物是否对口。这种连续进行抽查盘点，能及时发现问题，便于清查和及时采取措施，是保证账、卡、物“三对口”的有效方法。永续盘点必须做到当天收发，当天记账和登卡。

6.5.2 仓储盘点中问题的处理

盘点时要对实际库存量和账面结存量进行逐项核对，并同时检查材料质量、有效期、安全消防及保管状况，编制盘点报告。

（1）盘点中数量出现盈亏，若盈亏量在国家和企业规定的范围之内时，可在盘点

报告中反映，不必编制盈亏报告，经业务主管审批后，据此调整账务；若盈亏量超过规定规范时，除在盘点报告中反映外，还应填写“材料盘点盈亏报告单”见表3.6.2，经领导审批后再行处理。

（2）库存材料发生损坏、变质、降等级等问题时，填报“材料报损报废报告单”见表3.6.3，并通过有关部门鉴定损失金额，经领导审批后，根据批示意见处理。

表3.6.2 材料盘点盈亏报告单

填报单位： 年 月 日 第 号

材料名称	单位	账存数量	实存数量	盈（+）亏（-）数量及原因
部门意见				
领导批示				

表3.6.3 材料报损报废报告单

填报单位： 年 月 日 编号

名称	规格型号	单位	数量	单价	金额
质量状况					
报损报废原因					
技术鉴定处理意见	负责人签章				
领导批示	签 章				

主管： 审核： 制表：

（3）库房被盗或遭破坏，其丢失及损失材料数量及相应金额，应专项报告，经保卫部门核查后，按上级最终批示做账务处理。

（4）出现品种规格混串和单价错误，在查实的基础上，经业务主管审批后按表3.6.4要求进行调整。

表3.6.4 材 料 调 整 单

项目	材料名称	规格	单位	数量	单价	金额	差额（+、-）
原列							
应列							
调整原因							
批示							

保管： 记账： 制表：

(5) 库存材料一年以上没有发出，列为积压材料。

6.6 库存控制规模——ABC 分类法

6.6.1 ABC 分类法原理

ABC 分类法是一种从种类繁多，错综复杂的多项目或多因素事物中找出主要矛盾，抓住重点，照顾一般的管理方法。施工企业所需的材料种类繁多，势必难以管理好，且经济上也不合理。只有实行重点控制，才能达到有效管理。在一个企业内部，材料的库存价值和品种数量之间存在一定比例关系，可以描述为"关键的少数，次要的多数"。有 5% ~10% 的材料，资金占用额达 70% ~75%；有 20% ~25% 的材料，资金占用额为 20% ~25%；还有 65% ~70% 的大多数材料，资金占有额仅为 5% ~10%。根据这一规律，将库存材料分为 ABC 3 类，见表 3.6.5。

表 3.6.5　材料 ABC 分类表

分类	分类依据	品种数	资金占用量（%）
A 类	品种较少但需要量大、资金占用较高	5 ~ 10	70 ~ 75
B 类	品种不多、资金占用额中等	20 ~ 25	20 ~ 25
C 类	品种数量很多、资金占用比重却较少	65 ~ 70	5 ~ 10
合计		100	100

根据 ABC 3 类材料的特点，可分别采用不同的库存管理方法。A 类材料是重点管理的材料，对其中每种材料都要规定合理的经济订货批量，尽可能减少安全库存量，并对库存量随时进行严格盘点。把这类材料控制好了，对资金节省起重要作用。对 B 类材料也不能忽视，应认真管理，控制其库存。对于 C 类材料，可采用简化的方法管理，如定期检查，组织在一起订货或加大订货批量等。3 类材料的管理方法比较见表 3.6.6。

表 3.6.6　ABC 分类管理方法

管理类型		材料的分类 A	材料的分类 B	材料的分类 C
价值		高	一般	低
定额的综合程度		按品种或按规格	按大类品种	按该类的总金额
定额的检查方法	消耗定额	技术计算法	写真计算法	经验估算法
	库存周转金额	按库存量的不同条件下的数学模型计算		经验估算法
检查		经常检查	一般检查	季或年度检查
统计		详细统计	一般统计	按全额统计
控制		严格控制	一般控制	金额总量控制
安全库存量		较低	较大	允许较高

6.6.2 ABC 分类法工作步骤

（1）计算每一种材料年累计需用量。

（2）计算每一种材料年使用金额和年累计使用金额，并按年使用金额大小的顺序排列。

（3）计算每一种材料年需用量和年累计需用量占各种材料年需用总量的比重。

（4）计算每一种材料使用金额和年累计使用金额占各种材料使用金额的比重。

（5）画出帕莱特曲线图。

（6）列出 ABC 分类汇总表。

（7）进行分类控制。

6.7 仓储管理现代化

仓储管理现代化的内容主要包括仓储管理人员的专业化、仓储管理方法的科学化及仓储管理手段的现代化。实现仓储管理现代化应做好如下工作。

（1）重视和加强仓储管理人员的培养、教育和提高，建成一支具有现代科学知识、管理技术、专门从事仓储建设及管理的队伍，要使仓储各级管理人员专业化。

（2）按照客观规律的要求和最新科技成果管理好仓储生产。针对仓储生产的特点，不断把先进的技术及管理方法应用于仓储管理，使仓储管理方法科学化。

（3）充分利用计算机及其他先进的信息管理手段，指挥、控制仓储业务管理、库存管理、作业自动化管理及信息处理等，使仓储管理手段日趋现代化。

本章习题

3.6.1 材料仓储管理的意义是什么？

3.6.2 材料仓储管理的任务是什么？

3.6.3 说明仓库材料财务管理的内容。

3.6.4 仓储盘点的方法有哪些？

3.6.5 如何处理仓储盘点中出现的问题？

3.6.6 说明材料库存 ABC 分类法的原理及方法。

第7章 材料核算管理

教学要求：了解材料核算的概念及基础工作；掌握材料核算的方法、材料核算的内容。

7.1 材料核算的概念及基础工作

7.1.1 材料核算的概念

材料核算是企业经济核算的重要组成部分。所谓材料核算就是以货币或实物数量的形式，对施工企业材料管理工作中的采购、供应、储备、消耗等项业务活动进行记录、计算、比较和分析，从而提高材料供应管理水平的活动。

7.1.2 材料核算的基础工作

材料供应核算是施工企业经济核算工作的主要组成部分，材料费用一般占工程造价60%左右，材料的采购供应和使用管理是否经济合理，对企业的各项经济技术指标的完成，特别是经济效益的提高有着重大的影响。因此施工企业在考核施工生产和经营管理活动时，必须抓住工程材料成本核算、材料供应核算这两个重要的工作环节。进行材料核算，应做好以下基础工作。

（1）要建立和健全材料核算的管理体制。要建立和健全材料核算的管理体制，使材料核算的原则贯穿于材料供应和使用的全过程，做到干什么、算什么，人人讲求经济效果，积极参加材料核算和分析活动。这就需要组织上的保证，把所有业务人员组织起来，形成内部经济核算网，为实行指标分管和开展专业核算奠定组织基础。

（2）建立健全核算管理制度。要明确各部门、各类人员以及基层班组的经济责任，制定材料申请、计划、采购、保管、收发、使用的办法、规定和核算程序。把各项经济责任落实到部门、专业人员和班组，保证实现材料管理的各项要求。

（3）重视经营管理基础工作。经营管理基础工作主要包括材料消耗定额、原始记录、计量检测报告、清产核资和材料价格等。材料消耗定额是计划、考核、衡量材料供应与使用是否取得经济效果的标准。

原始记录是反映经营过程的主要凭据；计量检测是反映供应、使用情况和记账、算账、分清经济责任的主要手段；清产核资是摸清家底，弄清财、物分布占用，进行核算的前提；材料价格是进行考核和评定经营成果的统一计价标准。没有良好的基础工作，就很难开展经济核算。

7.2 材料核算的方法

7.2.1 工程成本的核算方法

工程成本核算是指对企业已完工程的成本水平，执行成本计划的情况进行比较，是一种既全面又概略的分析。工程成本按其在成本管理中的作用有3种表现形式：

（1）预算成本。预算成本是根据构成工程成本的各个要素，按编制施工图预算的方法确定的工程成本，是考核企业成本水平的主要标尺，也是结算工程价款、计算工程收入的重要依据。

（2）计划成本。计划成本是企业为了加强成本管理，在施工生产过程中有效地控制生产耗费，所确定的工程成本目标值。计划成本应根据施工图预算，结合单位工程的施工组织设计和技术组织措施计划、管理费用计划确定。它是结合企业实际情况确定的工程成本控制额，是企业降低消耗的奋斗目标，是控制和检查成本计划执行情况的依据。

（3）实际成本。实际成本是企业完成工程实际应计入工程成本的各项费用之和。它是企业生产耗费在工程上的综合反映，是影响企业经济效益高低的重要因素。

工程成本核算，首先是将工程的实际成本同预算成本比较，检查工程成本是节约还是超支；其次是将工程实际成本同计划成本比较，检查企业执行成本计划的情况，考察实际成本是否控制在计划成本之内。无论是预算成本和计划成本，都要从工程成本总额和成本项目两个方面进行考核。

在考核成本变动时，要借助成本降低额（预算成本降低额和计划成本降低额）和成本降低率（预算成本降低率、计划成本降低率）两个指标。前者用以反映成本节超的绝对额，后者反映成本节超的幅度。

7.2.2 工程成本材料费的核算

工程材料的核算反映在两个方面：一是水利水电工程定额规定的材料定额消耗量与施工生产过程中材料实际消耗量之间的“量差”；二是材料投标价与实际采购供应材料价格之间的“价差”。工程材料成本盈亏主要核算这两个方面。

（1）材料的量差。材料部门应按照定额供料，分单位工程记账，分析节约与超支，促进材料的合理使用，降低材料消耗。做到对工程用料、临时设施用料、非生产性其他用料区别对象划清成本项目。对属于费用性开支非生产性用料，要按规定掌握，不能记入工程成本。对供应两个以上工程同时使用的大宗材料，可按定额及完成的工程量进行比例分配，分别记入单位工程成本。

为了抓住重点，简化基层实物量的核算，根据各类工程用料特点，结合班组核算情况，可选定占工程材料费用比重较大的主要材料，如水利水电工程中的钢材、水泥、砂、石、石灰等按品种核算，施工队建立分工号的实物台账，一般材料则按类核算，掌握队、组用料节超情况，从而找出定额与实耗的量差，为企业进行经济活动分析提供资料。

（2）材料的价差。材料价差的发生，要区别供料方式。供料方式不同，其处理方法也不同。由建设单位供料，按承包商的投标价格向施工单位结算，价格差异则发生在建设单位，由建设单位负责核算。施工单位实行包料、按施工图预算包干的，价格差异发生在施工单位，由施工单位材料部门进行核算。所发生的材料价格差异按合同的规定记入成本。

7.3 材料核算的内容

7.3.1 材料采购成本的核算

材料采购成本核算，是指以材料采购预算成本为基础，与实际采购成本相比较，核算其成本降低或超耗程度。

1. 材料采购实际成本（价格）

材料采购实际成本是材料在采购和保管过程中所发生的各项费用的总和。它由材料原价、供销部门手续费、包装费、运杂费、采购保管5方面因素构成。组成实际价格的5个内容，其中任何一方面的变动，都会直接影响到材料实际成本的高低。在材料采购及保管过程中应力求节约，降低材料采购成本是材料采购管理的重要环节。

市场供应的材料，由于货源来自各地，产品成本不一样，运输距离不等，质量情况参差不齐，为此在材料采购或加工订货时，要注意材料实际成本的核算，采购材料时应作各种比较，即：同样的材料比质量；同样的质量比价格；同样的价格比运距；最后核算材料成本。尤其是地方大宗材料的价格组成，运费占主要成分，尽量做到就地取材，减少运输及管理费用。

材料价格通常按实际成本计算，具体方法有“先进先出法”和“加权平均法”两种。

（1）先进先出法。是指同一种材料每批进货的实际成本如各不相同时，按各批不同的数量及价格分别记入账册。在发生领用时，以先购入的材料数量及价格先计价核算工程成本，按先后程序依此类推。

（2）加权平均法。是指同一种材料在发生不同实际成本时，按加权平均法求得平均单价，当下一批进货时，又以余额（数量及价格）与新购入材料的数量、价格作新的加权平均计算，得出平均价格。

2. 材料预算价格

材料预算价格包括从材料来源地起，至到达施工现场的工地仓库或材料堆放场地为止的全部价格，由下列5项费用组成：材料原价、供销部门手续费、包装费、运杂费、采购及保管费。计算公式为

$$\text{材料预算价格}=(\text{材料原价}+\text{供销部门手续费}+\text{包装费}+\text{运杂费})\times(1+\text{采购及保管费率}-\text{包装品回收值})$$

（1）材料原价的确定原则和计算。单渠道货源的材料，按各供应单位的出厂价或批发价确定；多渠道货源的材料，按各供应单位的出厂价或批发价，采用加权平均法计算确定。

（2）供销部门手续费的计算。凡通过物资供销部门供应的材料，都要按规定的费率，计算供销部门手续费。如果供销部门已将此项手续费包括在材料原价内时，不再重复计算此项费用。

（3）材料包装费的计算。包装费是为了便于材料的运输或为保护材料而进行包装所需要的费用，包括水运、陆运及运输中的支撑、棚布等。如由生产厂负责包装，其费用已计入材料原价内的，则不再另行计算，但应扣回包装的回收价值。

包装器材的回收价值，按地区主管部门规定计算，如无规定，可参照下列比率结合地区实际情况确定：

1）木制品包装者，回收量率为70%，回收值按包装材料原价20%计算。

2）用薄钢板、铁丝制品包装的回收量率，铁桶为95%；薄钢板为50%；铁丝为20%。回收值按包装本材料原价的50%计算。

3）用纸皮、纤维品包装的，回收量率为50%，回收值按包装材料原价的50%计算。

4）用草绳、草袋制品包装的，不计算回收值。

包装材料回收值计算公式为

$$包装品回收值=包装品(材料)原价\times回收量(\%)\times回收值(\%)$$

（4）材料运杂费用的计算和确定。材料的运杂费应按所选定的材料来源地，运输工具、运输方式、运输里程以及厂家交通运输部门规定的运价费用率标准进行计算。材料运杂费包括以下内容：

1）产地到车站、码头的短途运输费。

2）火车、船舶的长途运输。

3）调车及驳船费。

4）多次装卸费。

5）有关部门附加费。

6）合理的运输损耗。

编制材料预算价格时，材料来源地的确定，应贯彻就地、就近取材的原则。根据物资合理分配条件及历年物资分配情况确定。材料的运输费用也根据各地区制订的运价标准，采用加权平均法计算。确定工程用大宗材料如：钢材、木材、水泥、灰、土、砂、石等一般应按整车计算运费，适当考虑一部分零担和汽车长途运输。整车与零担比例，要结合资源分布、运输条件和供应情况研究确定。

（5）采购及保管费的计算。材料采购及保管费，指各级材料部门（包括工地仓库）在组织采购、供应和保管材料过程中所需的各项费用。材料采购及保管费计算公式为

$$采购及保管费=(材料原价+供销部门手续费+运输费)\times采购及保管费率$$

规定的综合采购保管费率为2.5%。

3. *材料采购成本的考核*

材料采购成本可以从实物量和价值量两方面进行考核。单项品种的材料在考核材料

采购成本时，可以从实物量形态考核其数量上的差异。企业实际进行采购成本考核，往往是分类或按品种综合考核价值上的“节”与“超”。通常有如下两项考核指标。

（1）材料采购成本降低（或超耗）额。其公式为

材料采购成本降低（或超耗）额＝材料采购预算成本－材料采购实际成本

材料采购预算成本是按预算价格事先计算的计划成本支出；材料采购实际成本是按实际价格事后计算的实际成本支出。

（2）材料采购成本降低（或超耗）率。其公式为

$$\text{材料采购成本降低(或超耗)率}=\frac{\text{材料采购成本降低(或超耗)额}}{\text{材料采购预算成本}}\times 100\%$$

7.3.2 材料消耗量核算

现场材料使用过程的管理，主要是按单位工程定额供应和班组耗用材料的限额领用进行管理。前者是按预算定额对在建工程实行定额供应材料；后者是在分部分项工程中以施工定额对施工队伍限额领料。施工队伍实行限额领料，是材料管理工作的落脚点，是经济核算、考核企业经营成果的依据。

检查材料消耗情况，主要是用材料的实际消耗量与定额消耗量进行对比，反映材料节约或浪费情况。由于材料的使用情况不同，因而考核材料的节约或浪费的方法也不相同，分述如下：

（1）核算某项工程某种材料的定额与实际消耗情况。计算公式为

某种材料节约（或超耗）量＝某种材料实际耗用量－该项材料定额耗用量

上式计算结果为负数，则表示节约；计算结果为正数，则表示超耗。

某种材料节约（或超耗）率计算公式为

$$\text{某种材料节约（或超耗）率}=\frac{\text{材料节约（或超耗）量}}{\text{材料定额耗用量}}\times 100\%$$

同样，式中负百分数表示节约率；正百分数表示超耗率。

（2）核算多项工程某种材料消耗情况。节约或超支的计算式同上。某种材料的计算耗用量，即定额要求完成一定数量建筑安装工程所需消耗的材料数量的计算公式为

$$\text{某种材料定额耗用量}=\sum(\text{材料消耗定额}\times\text{实际完成的工程量})$$

（3）核算一项工程使用多种材料的消耗情况。建筑材料有时由于使用价值不同，计量单位各异，不能直接相加进行考核。因此，需要利用材料价格作为同度量因素，用消耗量乘材料价格，然后加总对比。计算公式为

$$\text{材料节约}(-)\text{或超支}(+)\text{额}=\sum\text{材料价格}\times(\text{材料实耗量}-\text{材料定额消耗量})$$

（4）检查多项分项工程使用多种材料的消耗情况。这类考核检查，适用以单位工程为单位的材料消耗情况，它既可了解分项工程以及各单位材料定额的执行情况，又可综合分析全部工程项目耗用材料的效益情况。

7.3.3 材料供应核算

材料供应计算是组织材料供应的依据。它是根据施工生产进度计划、材料消耗定额等编制的。施工生产进度计划确定了一定时期内应完成的工程量，而材料供应量是根据

工程量乘以材料消耗定额，并考虑库存、合理储备、综合利用等因素，经平衡后确定的。按质、按量、按时配套供应各种材料，是保证施工生产正常进行的基本条件之一。检查考核材料供应计划的执行情况，主要是检查材料的收入执行情况，它反映了材料对生产的保证程度。

检查材料收入的执行情况，就是将一定时期（旬、月、季、年）内的材料实际收入量与计划收入量作对比，以反映计划完成情况。一般情况下，从以下两个方面进行考核：

（1）检查材料收入量是否充足。这是考核各种材料在某一时期内的收入总量是否完成了计划，检查在收入数量上是否满足了施工生产的需要。其计算公式为

$$\text{材料供应计划完成率} = \frac{\text{实际收入量}}{\text{计划收入量}} \times 100\%$$

检查材料收入量是保证生产完成所必需的数量，是保证施工生产顺利进行的一项重要条件。如果收入量不充分，例如某工程黄砂的收入量仅完成计划收入量的85%，就造成一定程度的材料供应数量不足，影响施工正常进行。

（2）检查材料供应的及时性。在检查考核材料收入总量计划的执行情况时，还会遇到收入总量的计划完成情况较好，但实际上施工现场却发生停工待料的现象，这是因为在供应工作中还存在收入时间是否及时的问题。也就是说，即使收入总量充分，但供应时间不及时，也同样会影响施工生产的正常进行。

分析考核材料供应及时性问题时，需要把时间、数量、平均每天需用量和期初库存等资料联系起来考查，其计算公式为

$$\text{供货及时性率} = \frac{\text{实际供货对生产建设具有保证的天数}}{\text{实际工作天数}} \times 100\%$$

7.3.4 周转材料核算

由于周转材料可多次反复使用于施工过程，因此其价值的转移方式不同于材料的一次性转移，而是分多次转移，通常称为摊销。周转材料的核算以价值量核算为主要内容，核算周转材料的费用收入与支出的差异和摊销。

1. 费用收入

周转材料的费用收入是以施工图为基础，以预算定额为标准随工程款结算而取得的资金收入。

2. 费用支出

周转材料的费用支出是根据施工工程的实际投入量计算的。在对周转材料实行租赁的企业，费用支出表现为实际支付的租赁费用；在不实行租赁制度的企业，费用支出表现为按照规定的摊销率所提取的摊销额。

3. 费用摊销

（1）一次摊销法。一次摊销法是指一经使用，其价值即全部转入工程成本的摊销方法。它适用于与主件配套使用并独立计价的零配件等。

（2）“五五”摊销法。是指投入使用时，先将其价值的一半摊入工程成本，待报废后再将另一半价值摊入工程成本的摊销方法。它适用于价值偏高，不宜一次摊销的周转

材料。

（3）期限摊销法。期限摊销法是根据使用期限和单价来确定摊销额度的摊销方法。它适用于价值较高、使用期限较长的周转材料。计算步骤如下。

1）分别计算各种周转材料的月摊销额。

2）计算各种周转材料月摊销率。

3）计算月度总摊销额。

7.3.5 材料储备核算

为了防止材料积压或储备不足，保证生产需要，加速资金周转，企业必须经常检查材料储备定额的执行情况，分析材料库存情况。

检查材料储备定额的执行情况，是将实际储备材料数量（金额）与储备定额数量（金额）相对比，当实际储备数量超过最高储备定额数量时，说明材料有超储积压；当实际储备数量低于最低储备定额数量时，说明企业材料储备不足，需要动用保险储备。

1. 储备实物量的核算

实物量储备的核算是对实物周转速度的核算，主要核算材料对生产的保证天数、在规定期限内的周转次数和周转1次所需天数。其计算公式为

$$材料储备对生产的保证天数=\frac{期末库存量}{每日平均消耗材料量}$$

$$材料周转次数=\frac{某种材料的年消耗量}{平均库存}$$

$$材料周转天数=\frac{平均库存\times日历天}{年度材料耗用量}$$

2. 储备价格量的核算

价格形态的检查考核，是把实物数量乘以材料单价用货币作为单位进行综合计算。其好处是能将不同质、不同价格的各类材料进行最大限度地综合，它的计算方法除上述的有关周转速度方面（周转次、周转天）的核算方法均适用外，还可以从百元产值占用材料储备资金情况及节约使用材料资金方面进行计算考核。其计算式为

$$百元产值占用材料储备资金=\frac{材料储备资金的平均数}{年度建安工作量}\times100\%$$

$$资金节约使用额=（计划周转天数-实际周转天数）\times\frac{年度材料耗用总额}{360}$$

7.3.6 工具费核算

1. 费用收入与支出

在施工生产中，工具费的收入是按照框架结构、排架结构、升板结构、全装配结构等不同结构类型，以及旅游宾馆等大型公共建筑，分不同檐高（20m以上和以下），以每平方米建筑面积计取。一般情况下，生产工具费用约占工程直接费的2%左右。

工具费的支出包括购置费、租赁费、摊销费、维修费以及个人工具的补贴费等项目。

2. 工具的账务

施工企业的工具财务管理和实物管理相对应，工具账分为由财务部门建立的财务账和由料具部门建立的业务账。

（1）财务账，分为以下3种。

1）总账（一级账）：以货币单位反映工具资金来源和资金占用的总体规模。资金来源是购置、加工制作、从其他企业调入、向租赁单位租用的工具价值总额。资金占用是企业在库和在用的全部工具价值余额。

2）分类账（二级账）：是在总账之下，按工具类别所设置的账户，用于反映工具的摊销和余值状况。

3）分类明细账（三级账）。是针对二级账户的核算内容和实际需要，按工具品种而分别设置的账户。

在实际工作中，上述3种账户要平行登记，做到各类费用对口衔接。

（2）业务账，分为以下4种。

1）总数量账。用以反映企业或单位的工具数量总规模，可以在一本账簿中分门别类地登记，也可以按工具的类别分设几个账簿进行登记。

2）新品账。亦称在库账，用以反映未投入使用的工具的数量，是总数量账的隶属账。

3）旧品账。亦称在用账，用以反映已经投入使用的工具的数量，是总数量账的隶属账。

当因施工需要使用新品时，按实际领用数量冲减新品账，同时记入旧品账，某种工具在总数量账上的数额，应等于该种工具在新品账和旧品账的数额之和。当旧品完全损耗，按实际消耗冲减旧品账。

4）在用分户账：用以反映在用工具的动态和分布情况。是旧品账的隶属账。某种工具在旧品账上的数量，应等于各在用分户账上的数量之和。

3. 工具费用的摊销方法

与周转材料费用的报销方法相同。

本章习题

3.7.1 为什么要进行材料核算？

3.7.2 进行材料核算要做好哪些基础工作？

3.7.3 说明材料核算的方法。

3.7.4 工程成本的核算中，什么是预算成本？什么是计划成本？什么是实际成本？

3.7.5 工程成本的材料费的核算中，什么是材料的量差？什么是材料的价差？

3.7.6 说明材料核算的内容。

3.7.7 如何进行材料采购成本的核算？

3.7.8　如何进行材料消耗量核算？

3.7.9　如何进行材料供应核算？

3.7.10　如何进行周转材料核算？

3.7.11　如何进行材料储备核算？

3.7.12　如何进行工具费核算？

第8章 材料质量监督管理

教学要求：理解并掌握材料质量监理管理制度的内容。

材料质量监督管理制度包括材料备案管理制度和材料质量监督检查制度等。

8.1 材料备案管理制度

部分省市的建设管理部门对进入建筑工程现场的建材实施备案管理制度。备案制的特点是先设立、后备案，备案是为了能够行使法定的义务和权力，而不是为了获得审批或核准。

8.2 材料质量监督检查制度

国家法律法规及规范规定对参建各方在材料供应、采购、使用、监督、检测等方面作出了明确的规定，详见本书第1部分。

本章习题

3.8.1 什么是材料备案管理制度？为什么要实施材料备案管理制度？

3.8.2 说明材料质量监督检查制度的重要性。

附录　工程计量单位及换算

附录1　工 程 计 量 单 位

国际单位制是在米制的基础上发展起来的一种单位制，其国际通用符号为“SI”。SI 单位是中国法定计量单位的主体，所有 SI 单位都是中国的法定计量单位。此外，中国还选用了一些非 SI 的单位，作为国家法定计量单位。

1. 中国法定计量单位

中国法定计量单位的构成见附表 1.1。

附表 1.1　　中华人民共和国法定计量单位构成

<table>
<tr><td rowspan="6">中华人民共和国法定计量单位</td><td rowspan="4">国际单位制（SI）单位</td><td rowspan="3">SI 单位</td><td colspan="2">SI 基本单位</td></tr>
<tr><td rowspan="2">SI 导出单位</td><td>包括 SI 辅助单位在内的具有专门名称的 SI 导出单位</td></tr>
<tr><td>组合形式的 SI 导出单位</td></tr>
<tr><td colspan="3">SI 单位的倍数单位（包括 SI 单位的十进倍数单位和十进分数单位）</td></tr>
<tr><td colspan="4">国家选定的作为法定计量单位和非 SI 单位</td></tr>
<tr><td colspan="4">由以上单位构成的组合形式的单位</td></tr>
</table>

（1）SI 基本单位共 7 个，见附表 1.2。

附表 1.2　　SI（国际单位制）基本单位

量的名称	单位名称	单位符号	量的名称	单位名称	单位符号
长度	米	m	热力学温度	开［尔文］	K
质量	千克（公斤）	kg	物质的量	摩［尔］	mol
时间	秒	s	发光强度	坎［德拉］	cd
电流	安［培］	A			

注　1. 圆括号中的名称，是它前面的名称的同义词。
2. 无方括号的量的名称与单位名称均为全称。方括号中的字，在不致引起混淆、误解的情况下，可以省略。去掉方括号中的字即为其名称的简称。
3. 本表所称的符号，除特殊指明外，均指中国法定计量单位中所规定的符号和国际符号。
4. 人民生活和贸易中，质量习惯称为重量。

（2）包括 SI 辅助单位在内的具有专门名称的 SI 导出单位共 21 个，见附表 1.3。

（3）由 SI 基本单位和具有专门名称的 SI 导出单位构成的组合形式的 SI 导出单位。

（4）SI 单位的倍数单位包括 SI 单位的十进倍数单位和十进分数单位，构成倍数单位的 SI 词头共 20 个，见附表 1.4。

（5）国家选定的作为法定计量单位的非 SI 单位共 16 个，见附表 1.5。

（6）由以上单位构成的组合形式的单位。

2. SI 基本单位

附表 1.2 列出了 7 个 SI 基本量的基本单位，它们是构成 SI 的基础。

附表 1.3　　包括 SI 辅助单位在内的具有专门名称的 SI 导出单位

量的名称	SI 导出单位		
	名称	符号	用 SI 基本单位和 SI 导出单位表示
［平面］角	弧度	rad	1rad = 1m/m = 1
立体角	球面度	sr	$1sr = 1m^2/m^2 = 1$
频率	赫［兹］	Hz	$1Hz = 1s^{-1}$
力；重力	牛［顿］	N	$1N = 1kg \cdot m/s^2$
压力；压强；应力	帕［斯卡］	Pa	$1Pa = 1N/m^2$
能［量］；功；热量	焦［耳］	J	$1J = 1N \cdot m$
功率；辐［射］通量	瓦［特］	W	1W = 1J/s
电荷［量］	库［仑］	C	$1C = 1A \cdot s$
电压；电动势；电位（电势）	伏［特］	V	1V = 1W/A
电容	法［拉］	F	1F = 1C/V
电阻	欧［姆］	Ω	1Ω = 1V/A
电导	西［门子］	S	$1S = 1\Omega^{-1} = 1A/V$
磁通［量］	韦［伯］	Wb	$1Wb = 1V \cdot s$
磁通［量］密度，磁感应强度	特［斯拉］	T	$1T = 1Wb/m^2$
电感	亨［利］	H	1H = 1Wb/A
摄氏温度	摄氏度	℃	1℃ = 1K
光通量	流［明］	lm	$1lm = 1cd \cdot sr$
［光］照度	勒［克斯］	lx	$1lx = 1lm/m^2$
［放射性］活度	贝可［勒尔］	Bq	$1Bq = 1s^{-1}$
吸收剂量	戈［瑞］	Gy	1Gy = 1J/kg
剂量当量	希［沃特］	Sv	1Sv = 1J/kg

附表 1.4　　用于构成的十进倍数和分数单位的词头

因数	词头名称		符号	因数	词头名称		符号
	英文	中文			英文	中文	
10^{24}	yotta	尧［它］	Y	10^{-1}	deci	分	d
10^{21}	zetta	泽［它］	Z	10^{-2}	centi	厘	c
10^{18}	exa	艾［可萨］	E	10^{-3}	milli	毫	m
10^{15}	peta	拍［它］	P	10^{-6}	micro	微	μ
10^{12}	tera	太［拉］	T	10^{-9}	nano	纳［诺］	n
10^{9}	giga	吉［咖］	G	10^{-12}	pico	皮［可］	p
10^{6}	mega	兆	M	10^{-15}	femto	飞［母托］	f
10^{3}	kilo	千	k	10^{-18}	atto	阿［托］	a
10^{2}	hecto	百	h	10^{-21}	zepto	仄［普托］	z
10^{1}	deca	十	da	10^{-24}	yocto	幺［科托］	y

3. SI 导出单位

SI 导出单位是用 SI 基本单位以代数形式表示的单位。这种单位符号中的乘和除采用数学符号。它由两部分构成：一部分是包括 SI 辅助单位在内的具有专门名称的引导出单位；另一部分是组合形式的 SI 导出单位，即用 SI 基本单位和具有专门名称的 SI 导出单位（含辅助单位）以代数形式表示的单位。

某些 SI 单位，例如力的 SI 单位，在用 SI 基本单位表示时，应写成 $(kg \cdot m)/s^2$。这种表示方法比较繁琐，不便使用。为了简化单位的表示式，经国际计量大会讨论通过，给它以专门的名称——牛［顿］，符号为 N。类似地，热和能的单位通常用焦［耳］(J) 代替牛顿米 $(N \cdot m)$ 和 $(kg \cdot m^2)/s^2$。这些导出单位，称为具有专门名称的 SI 导出单位。

SI 单位弧度（rad）和球面度（sr），称为 SI 辅助单位，它们是具有专门名称和符号的量纲为 1 的量的导出单位。例如：角速度的 SI 单位可写成孤度每秒（rad/s）。

电阻率的单位通常用欧姆米 $(\Omega \cdot m)$ 代替伏特米每安培 $[(V \cdot m)/A]$，它是组合形式的 SI 导出单位之一。

附表 1.3 列出的是包括 SI 辅助单位在内的具有专门名称的 SI 导出单位。

4. SI 单位的倍数单位

在 SI 中，用以表示倍数单位的词头，称为 SI 词头。它们是构词成分，用于附加在 SI 单位之前构成倍数单位（十进倍数单位和分数单位），而不能单独使用。

附表 1.4 共列出 20 个 SI 词头，所代表的因数的覆盖范围为 $10^{-24} \sim 10^{24}$。

词头符号与所紧接着的单个单位符号（这里仅指 SI 基本单位和导出单位）应视作一个整体对待，共同组成一个新单位，并具有相同的幂次，而且还可以和其他单位构成组合单位。例如：$1cm^3 = (10^{-2}m)^3 = 10^{-6}m^3$，$1\mu s^{-1} = (10^{-6}s)^{-1} = 10^6 s^{-1}$，$1mm^2/s = (10^{-3}m)^2/s = 10^{-6}m^2/s$。

由于历史原因，质（重）量的 SI 基本单位名称“千克”中已包含 SI 词头，所以，“千克”的十进倍数单位由词头加在“克”之前构成。例如：应使用毫克（mg），而不得用微千克（μkg）。

5. 可与 SI 单位并用的中国法定计量单位

由于实用上的广泛性和重要性，在中国法定计量单位中，为 11 个物理量选定了 16 个与 SI 单位并用的非 SI 单位，见附表 1.5。其中 10 个是国际计量大会同意并用的非 SI 单位，它们是：时间单位——分、［小］时、日（天）；［平面］角单位——度、［角］分、［角］秒；体积单位——升；质量单位——吨和原子质量单位；能量单位——电子伏。另外 6 个，即海里、节、公顷、转每分、分贝、特［克斯］，则是根据国内外的实际情况选用的。见附表 1.5。

6. 法定计量单位与习惯用非法定计量单位的换算

法定计量单位与习用非法定计量单位换算，见附表 1.6。

附表 1.5　　　　　　可与 SI 单位并用的中国法定计量单位

量的名称	单位名称	单位符号	与 SI 单位的关系
时间	分	min	1min = 60s
	[小] 时	h	1h = 60min = 3600s
	日（天）	d	1d = 24h = 86400s
[平面] 角	度	(°)	1° =（π/180）rad
	[角] 分	(′)	1′ =（1/60）° =（π/10800）rad
	[角] 秒	(″)	1″ =（1/60）′ =（π/648000）rad
体积	升	L，(l)	$1L = 1dm^3 = 10^{-3}m^3$
质量	吨 原子质量单位	t u	$1t = 10^3kg$ $1u \approx 1.6605655 \times 10^{-27}kg$
旋转速度	转每分	r/min	$1r/min = (1/60)\ s^{-1}$
长度	海里	n mile	1n mile = 1852m（只用于航行）
速度	节	kn	1kn = 1n mile/h =（1852/3600）m/s（只用于航行）
能	电子伏	eV	$1eV \approx 1.6021892 \times 10^{-19}J$
级差	分贝	dB	—
线密度	特 [克斯]	tex	$1tex = 10^{-6}kg/m$
面积	公顷	hm^2	$1hm^2 = 10^4m^2$

注 1. 平面角单位度、分、秒的符号，在组合单位中应采用（°）、（′）、（″）的形式。例如：不用°/s 而用（°）/s。

2. 升的符号中，小写字母 l 为备用符号。

3. 公顷的国际通用符号为 ha。

附表 1.6　　　　　　法定计量单位与习惯用非法定计量单位换算表

量的名称	习用非法定计量单位		法定计量单位		单位换算关系
	名称	符号	名称	符号	
力	千克力	kgf	牛[顿]	N	1kgf = 9.80665N ≈ 10N
	吨力	tf	千牛[顿]	kN	1tf = 9.80665kN ≈ 10kN
线分布力	千克力每米	kgf/m	牛[顿]每米	N/m	1kgf/m = 9.80665N/m ≈ 10N/m
	吨力每米	tf/m	千牛[顿]每米	kN/m	1tf/m = 9.80665kN/m ≈ 10kN/m
面分布力、压强	千克力每平方米	kgf/m^2	牛[顿]每平方米（帕斯卡）	N/m^2(Pa)	$1kgf/m^2 \approx 10N/m^2(Pa)$
	吨力每平方米	tf/m^2	千牛[顿]每平方米（千帕斯卡）	kN/m^2(kPa)	$1tf/m^2 \approx 10kN/m^2(Pa)$
	标准大气压	atm	兆帕[斯卡]	MPa	1atm = 0.101325MPa ≈ 0.1MPa
	工程大气压	at	兆帕[斯卡]	MPa	1at = 0.0980665MPa ≈ 0.1MPa
	毫米水柱	mmH_2O	帕[斯卡]	Pa	$1mmH_2O = 9.80665Pa \approx 10Pa$（按水的密度为 $1g/cm^3$ 计）
	毫米汞柱	mmHg	帕[斯卡]	Pa	1mmHg = 133.322Pa
	巴	bar	帕[斯卡]	Pa	$1bar = 10^5Pa$

续表

量的名称	习用非法定计量单位		法定计量单位		单位换算关系
	名称	符号	名称	符号	
体分布力	千克力每立方米	kgf/m^3	牛[顿]每立方米	N/m^3	$1kgf/m^3=9.80665N/m^3\approx10N/m^3$
	吨力每立方米	tf/m^3	千牛[顿]每立方米	kN/m^3	$1tf/m^3=9.80665kN/m^3\approx10kN/m^3$
力矩、弯矩、扭矩、力偶矩、转矩	千克力米	kgf·m	牛[顿]米	N·m	1kgf·m=9.80665N·m≈10N·m
	吨力米	tf·m	千牛[顿]米	kN·m	1tf·m=9.80665kN·m≈10kN·m
双弯矩	千克力平方米	$kgf\cdot m^2$	牛[顿]平方米	$N\cdot m^2$	$1kgf\cdot m^2=9.80665N\cdot m^2\approx10N\cdot m^2$
	吨力平方米	$tf\cdot m^2$	千牛[顿]平方米	$kN\cdot m^2$	$1tf\cdot m^2=9.80665kN\cdot m^2\approx10kN\cdot m^2$
应力、材料强度	千克力每平方毫米	kgf/mm^2	兆帕[斯卡]	MPa	$1kgf/mm^2=9.80665MPa\approx10MPa$
	千克力每平方厘米	kgf/cm^2	兆帕[斯卡]	MPa	$1kgf/cm^2=0.0980665MPa\approx0.1MPa$
	吨力每平方米	tf/m^2	千帕[斯卡]	kPa	$1tf/m^2=9.80665kPa\approx10kPa$
弹性模量、剪变模量、压缩模量	千克力每平方厘米	kgf/cm^2	兆帕[斯卡]	MPa	$1kgf/cm^2=0.0980665MPa\approx0.1MPa$
压缩系数	平米厘米每千克力	cm^2/kgf	每兆帕[斯卡]	MPa^{-1}	$1cm^2/kgf=(1/0.0980665)MPa^{-1}$
地基抗力刚度系数	吨力每立方米	tf/m^3	千牛[顿]每立方米	kN/m^3	$1tf/m^3=9.80665kN/m^3\approx10kN/m^3$
地基抗力比例系数	吨力每四次方米	tf/m^4	千牛[顿]每四次方米	kN/m^4	$1tf/m^4=9.80665kN/m^4\approx10kN/m^4$
功、能、热量	千克力米	kgf·m	焦[耳]	J	1kgf·m=9.80665J≈10J
	吨力米	tf·m	千焦[耳]	kJ	1tf·m=9.80665kJ≈10kJ
	立方厘米标准大气压	$cm^3\cdot atm$	焦[耳]	J	$1cm^3\cdot atm=0.101325J\approx0.1J$
	升标准大气压	L·atm	焦[耳]	J	1L·atm=101.325J≈100J
	升工程大气压	L·at	焦[耳]	J	1L·at=98.0665J≈100J
	国际蒸汽表卡	cal	焦[耳]	J	1cal=4.1868J
	热化学卡	cal_{th}	焦[耳]	J	$1cal_{th}=4.184J$
	15℃卡	cal_{15}	焦[耳]	J	$1cal_{15}=4.1855J$
功率	千克力米每秒	kgf·m/s	瓦[特]	W	1kgf·m/s=9.80665W≈10W
	国际蒸汽表卡每秒	cal/s	瓦[特]	W	1cal/s=4.1868W
	千卡每小时	kcal/h	瓦[特]	W	1kcal/h=1.163W
	热化学卡每秒	cal_{th}/s	瓦[特]	W	$1cal_{th}/s=4.184W$
	升标准大气压每秒	L·atm/s	瓦[特]	W	1L·atm/s=101.325W≈100W
	升工程大气压每秒	L·at/s	瓦[特]	W	1L·at/s=98.0665W≈100W
	米制马力	—	瓦[特]	W	1米制马力=735.499W
	电工马力	—	瓦[特]	W	1电工马力=746W
	锅炉马力	—	瓦[特]	W	1锅炉马力=9809.5W
动力黏度	千克力秒每平方米	$kgf\cdot s/m^2$	帕[斯卡]秒	Pa·s	$1kgf\cdot s/m^2=9.80665Pa\cdot s\approx10Pa\cdot s$
	泊	P	帕[斯卡]秒	Pa·s	$1P=10^{-1}Pa\cdot s$
运动黏度	斯托克斯	St	平方米每秒	m^2/s	$1St=10^{-4}m^2/s$

量的名称	习用非法定计量单位		法定计量单位		单位换算关系
	名称	符号	名称	符号	
发热量	千卡每立方米	$kcal/m^3$	千焦[耳]每立方米	kJ/m^3	$1kcal/m^3=4.1868kJ/m^3$
	热化学千卡每立方米	$kcal_{th}/m^3$	千焦[耳]每立方米	kJ/m^3	$1kcal_{th}/m^3=4.184kJ/m^3$
汽化热	千卡每千克	kcal/kg	千焦[耳]每千克	kJ/kg	1kcal/kg = 4.1868kJ/kg
热负荷	千卡每小时	kcal/h	瓦[特]	W	1kcal/h = 1.163W
热强度、容积热负荷	千卡每立方米小时	$kcal/(m^3\cdot h)$	瓦[特]每立方米	W/m^3	$1kcal/(m^3\cdot h)=1.163W/m^3$
热流密度	卡每平方厘米秒	$cal/(cm^2\cdot s)$	瓦[特]每平方米	W/m^2	$1cal/(cm^2\cdot s)=41868W/m^2$
	千卡每平方米小时	$kcal/(m^2\cdot h)$	瓦[特]每平方米	W/m^2	$1kcal/(m^2\cdot h)=1.163W/m^2$
比热容	千卡每千克摄氏度	kcal/(kg·℃)	千焦[耳]每千克开尔文	kJ/(kg·K)	1kcal/(kg·℃) = 4.1868kJ/(kg·K)
	热化学千卡每千克摄氏度	$kcal_{th}$/(kg·℃)	千焦[耳]每千克开[尔文]	kJ/(kg·K)	$1kcal_{th}$/(kg·℃) = 4.184kJ/(kg·K)
体积热容	千卡每立方米摄氏度	$kcal/(m^3\cdot ℃)$	千焦[耳]每立方米开[尔文]	$kJ/(m^3\cdot K)$	$1kcal/(m^3\cdot ℃)=4.1868kJ/(m^3\cdot K)$
	热化学千卡每立方米摄氏度	$kcal_{th}/(m^3\cdot ℃)$	千焦[耳]每立方米开[尔文]	$kJ/(m^3\cdot K)$	$1kcal_{th}/(m^3\cdot ℃)=4.184kJ/(m^3\cdot K)$
传热系数	卡每平方厘米秒摄氏度	$cal/(cm^2\cdot s\cdot ℃)$	瓦[特]每平方米开[尔文]	$W/(m^2\cdot K)$	$1cal/(cm^2\cdot s\cdot ℃)=41868W/(m^2\cdot K)$
	千卡每平方米小时摄氏度	$kcal/(m^2\cdot h\cdot ℃)$	瓦[特]每平方米开[尔文]	$W/(m^2\cdot K)$	$1kcal/(m^2\cdot h\cdot ℃)=1.163W/(m^2\cdot K)$
热导率	卡每厘米秒摄氏度	cal/(cm·s·℃)	瓦[特]每米开[尔文]	W/(m·K)	1cal/(cm·s·℃) = 418.68W/(m·K)
	千卡每米小时摄氏度	kcal/(m·h·℃)	瓦[特]每米开[尔文]	W/(m·K)	1kcal/(m·h·℃) = 1.163W/(m·K)
热阻率	厘米秒摄氏度每卡	cm·s·℃(cal)	米开[尔文]每瓦[特]	m·K/W	1cm·s·℃/cal = (1/418.68)m·K/W
	米小时摄氏度每千米	m·h·℃(kcal)	米开[尔文]每瓦[特]	m·K/W	1m·h·℃/kcal = (1/1.163)m·K/W
光照度	辐透	ph	勒[克斯]	lx	$1ph=10^4lx$
光亮度	熙提	sb	坎[德拉]每平方米	cd/m^2	$1sd=10^4cd/m^2$
	亚熙提	asb	坎[德拉]每平方米	cd/m^2	$1asd=(1/\pi)cd/m^2$
	朗伯	la	坎[德拉]每平方米	cd/m^2	$1la=(10^4/\pi)cd/m^2$

附录2 计量单位换算及常用公式

1. 常用计量单位换算

(1) 长度单位。常用长度单位的换算见附表2.1～附表2.3。

附表 2.1 常用长度单位换算表

米(m)	厘米(cm)	毫米(mm)	市尺	英尺(ft)	英寸(in)
1	100	1000	3	3.28084	39.3701
0.01	1	10	0.03	0.032808	0.393701
0.001	0.1	1	0.003	0.003281	0.03937
0.333333	33.333	333.333	1	1.09361	13.1234
0.3048	30.48	304.8	0.9144	1	12
0.0254	2.54	25.4	0.0762	0.083333	1

附表 2.2 常用英制长度单位表

1 英里(哩，mile) =1760 码　1 码(yd) =3 英尺(ft)　1 英尺(ft) =12 英寸(in)

1 英寸(in) =1000 密耳(英毫，mil)　1 英寸 =8 英分

附表 2.3 常用市制长度单位表

1 市里 =150 市丈	1 市丈 =10 市尺	1 市尺 =10 市寸
1 市寸 =10 市分	1 市分 =10 市厘	1 市厘 =10 市毫

(2) 面积单位。常用面积单位的换算见附表2.4～附表2.6。

附表 2.4 常用面积单位换算表

平方米(m^2)	平方厘米(cm^2)	平方毫米(mm^2)	平方市尺	平方英尺(ft^2)	平方英寸(in^2)
1	10000	1000000	9	10.7639	1550
0.0001	1	100	0.0009	0.001076	0.1550
0.000001	0.01	1	0.000009	0.000011	0.0155
0.111111	111.11	111111	1	1.19599	172.223
0.92903	929.03	92903	0.836127	1	144
0.000645	6.4516	645016	0.005806	0.006944	1

公顷(hm^2)	公亩(a)	市亩	英亩(acre)
1	100	15	2.47105
0.01	1	0.15	0.024711
0.066667	6.66667	1	0.164737
0.404686	40.4686	6.07029	1

附表 2.5　　常用英制面积单位表

1 平方码（yd^2）=9 平方英尺（ft^2）	1 平方英尺（ft^2）=144 平方英寸（in^2）
1 英亩（A）=4840 平方码 =43560 平方英尺	

附表 2.6　　常用市制面积单位表

1 平方市丈 =100 平方市尺	1 平方市尺 =100 平方市寸
1［市］亩 =10 市分 =60 平方市丈 =6000 平方市尺	
1［市］分 =10 市厘 =600 平方市尺	1［市］厘 =60 平方市尺

（3）体积单位。常用体积单位的换算见附表 2.7～附表 2.9。

附表 2.7　　常用体积单位换算表

立方米（m^3）	升（L）	立方英寸（in^3）	英加仑（Ukgal）	美加仑（液量）（Usgal）
1	1000	61023.7	219.969	264.172
0.001	1	61.0237	0.219969	0.264172
0.000016	0.016387	1	0.003605	0.004329
0.004546	4.54609	277.420	1	1.20095
0.003785	3.78541	231	0.832674	1

附表 2.8　　常用英、美制体积单位表

类别	单位名称	代号	进位	折合升	
				英制	美制
干量	品脱	Pt		0.568261	0.550610
	夸脱	qt	=2 品脱	1.13652	1.10122
	加仑	gal	=4 夸脱	4.54609	4.40488
	配克	pk	=2 加仑	9.09218	8.80976
	蒲式耳	bu	=4 配克	36.3687	35.2391
液量	及耳	gi		0.142065	0.118294
	品脱	pt	=4 及耳	0.568261	0.473176
	夸脱	qt	=2 品脱	1.13652	0.946353
	加仑	gal	=4 夸脱	4.54609	3.78541

附表 2.9　　常用市制体积单位表

1 市石 =10 市斗	1 市斗 =10 市升	1 市升 =10 市合
1 市合 =10 市勺	1 市勺 =10 市撮	1 市升 =1 升（法定计量单位）

（4）质（重）量单位。常用质（重）量单位的换算见附表 2.10～附表 2.12。

附表 2.10　　常用质（重）量单位换算表

吨 （t）	千克 （kg）	市担	市斤	英吨 （ton）	美吨 （shton）	磅 （lb）
1	1000	20	2000	0.984207	1.10231	2204.62
0.001	1	0.02	2	0.000984	0.001102	2.20462
0.05	50	1	100	0.049210	0.055116	110.231
0.0005	0.5	0.01	1	0.000492	0.000551	1.10231
1.01605	1016.05	20.3209	2032.09	1	1.12	2240
0.907185	907.185	18.1437	1814037	0.892857	1	2000
0.000454	0.453592	0.009072	0.907185	0.000446	0.0005	1

附表 2.11　　常用英、美制质量单位表

1 英吨（长吨，ton）=2240 磅	1 美吨（短吨，shton）=2000 磅	1 磅（lb）=16 盎司（oz）=7000 格令（gr）

附表 2.12　　常用市制质量单位表

1 市担 =10 市斤　1 市斤 =10 市两　1 市两 =10 市钱　1 市钱 =10 市分　1 市分 =10 市厘

（5）力、力矩、强度、压力单位。常用力、力矩、强度、压力单位的换算见附表 2.13～附表 2.15。

附表 2.13　　常用力单位换算表

牛 （N）	千克力 （kgf）	克力 （gf）	磅力 （1bf）	英吨力 （tonf）
1	0.101972	101.972	0.224809	0.0001
9.80665	1	1000	2.20462	0.000984
0.009807	0.001	1	0.002205	0.000001
4.4822	0.453592	453.592	1	0.000446
9964.02	1016.05	1016046	2240	1

附表 2.14　　常用力矩单位换算表

牛·米 （N·m）	千克力·米 （kgf·m）	克力·厘米 （gf·cm）	磅力·英尺 （lbf·ft）	磅力·英寸 （lbf·in）
1	0.101972	101972	0.737562	8.85075
9.80665	1	100000	7.23301	86.7962
0.000098	0.00001	1	0.000072	0.000868
1.35582	0.138255	13825.5	1	12
0.112985	0.011521	1152.12	0.083333	1

附表 2.15　　常用强度（应力）和压力、压强单位换算表

牛/毫米²（N/mm²）或兆帕（MPa）	千克力/毫米²（kgf/mm²）	千克力/厘米²（kgf/cm²）	千磅力/英寸²（1000lbf/in²）	英吨力/英寸²（tonf/in²）
1	0.101972	10.1972	0.145038	0.064749
9.80665	1	100	1.42233	0.634971
0.098067	0.01	1	0.014223	0.006350
6.89476	0.703070	70.3070	1	0.446429
15.4443	1.57488	157.488	2.24	1
帕（Pa）或牛/米²（N/m²）	千克力/厘米²（kgf/cm²）	磅力/英寸²（lbf/in²）	毫米水柱（mmH_2O）	毫巴（mbar）
1	0.00001	0.000145	0.101972	0.01
98066.5	1	14.2233	10000	980.665
6894.76	0.070307	1	703.070	68.9476
9.80665	0.000102	0.001422	1	0.098067
100	0.001020	0.014504	10.1972	1

（6）功、能、热量及功率单位。常用功、能、热量及功率单位的换算见附表 2.16、附表 2.17。

附表 2.16　　常用功、能、热量单位换算表

焦（J）	瓦·时（W·h）	千克力·米（kgf·m）	磅力·英尺（lbf·ft）	卡（cal）	英热单位（Btu）
1	0.000278	0.101972	0.737562	0.238846	0.000948
3600	1	367.098	2655.22	859.845	3.41214
9.80665	0.00274	1	7.23301	2.34228	0.009295
1.35582	0.000377	0.138255	1	0.323832	0.001285
4.1868	0.001163	0.426936	3.08803	1	0.003967
1055.06	0.293071	107.587	778.169	252.074	1

附表 2.17　　常用功率单位换算表

千瓦（kW）	米制马力（PS）	英制马力（HP）
1	1.35962	1.34102
0.735499	1	0.986320
0.74570	1.01387	1

（7）温度单位。摄氏温度与华氏温度转换公式为

$$摄氏温度 = (华氏温度 - 32) \times 5/9$$

$$华氏温度 = 摄氏温度 \times 9/5 + 32$$

2. 常用计算公式

在工程建设施工中经常会碰到一些简单的计算，经常碰到的有面积、体积、型钢的截

面和质量，为了方便材料员的运算，现提出以下常用的计算公式供参考。

（1）常用面积计算公式，见附表2.18。

附表2.18　　常用面积计算公式

名　称	简　图	计　算　公　式
正方形	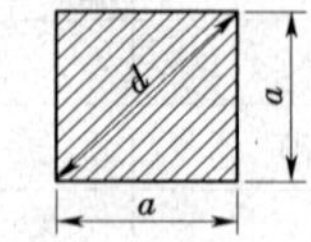	$A=a^2$；$a=0.7071d=\sqrt{A}$； $d=1.4142a=1.4142\sqrt{A}$
长方形	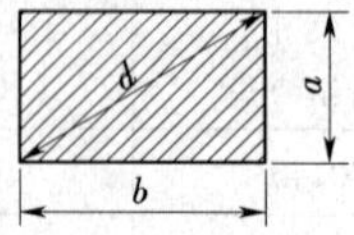	$A=ab=a\sqrt{d^2-a^2}=b\sqrt{d^2-b^2}$； $d=\sqrt{a^2+b^2}$；$a=\sqrt{d^2-b^2}=\frac{A}{b}$； $b=\sqrt{d^2-a^2}=\frac{A}{a}$
平行四边形	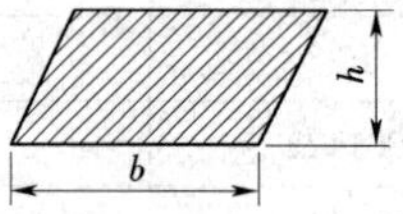	$A=bh$；$h=\frac{A}{b}$；$b=\frac{A}{h}$
三角形	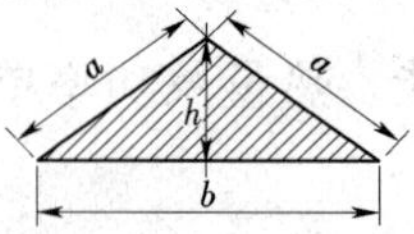	$A=\frac{bh}{2}=\frac{b}{2}\sqrt{a^2-\left(\frac{a^2+b^2+c^2}{2b}\right)^2}$； $P=\frac{1}{2}(a+b+c)$； $A=\sqrt{P(P-a)(P-b)(P-c)}$
梯形	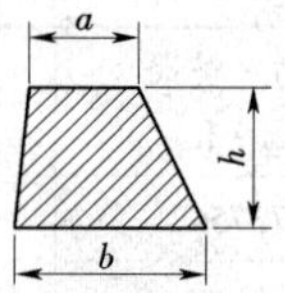	$A=\frac{(a+b)h}{2}$；$h=\frac{2A}{a+b}$； $a=\frac{2A}{h}-b$；$b=\frac{2A}{h}-a$
正六角形	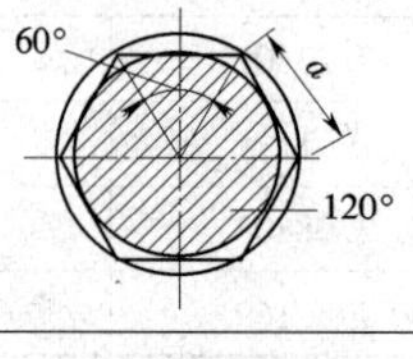	$A=\frac{(a+b)h}{2}$；$h=\frac{2A}{a+b}$； $a=\frac{2A}{h}-b$；$b=\frac{2A}{h}-a$
圆	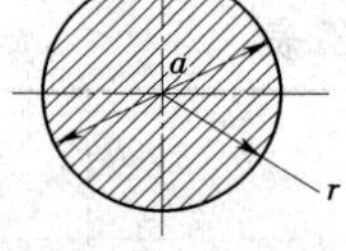	$A=2.5981a^2=2.9581R^2=3.4641r^2$； $R=a=1.1547r$； $r=0.86603a=0.86603R$
椭圆	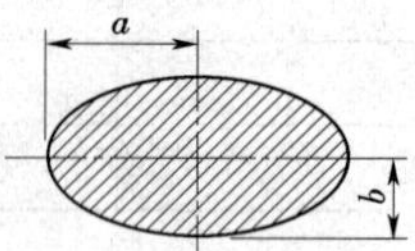	$A=\pi ab=3.1416ab$； 周长的近似值： $2p=\pi\sqrt{2(a^2+b^2)}$； 比较精确的值： $2p=\pi[1.5(a+b)-\sqrt{ab}]$
扇形	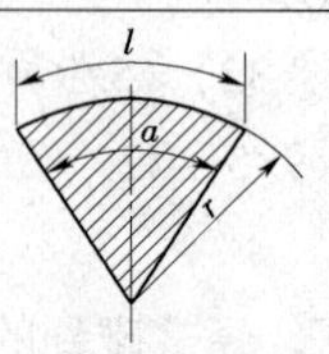	$A=\frac{1}{2}rl=0.0087266\alpha r^2$； $l=2A/r=0.017453\alpha r$； $r=2A/l=57.296l/\alpha$； $\alpha=\frac{180l}{\pi r}=\frac{57.296l}{r}$

续表

名称	简图	计算公式
弓形	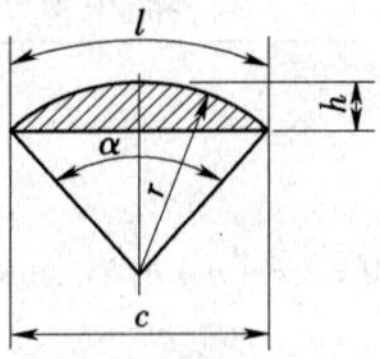	$A=\frac{1}{2}\left[rl-c(r-h)\right]$；$r=\frac{c^2+4h^2}{8h}$； $l=0.017453\alpha r$；$c=2\sqrt{h(2r-h)}$； $h=r-\frac{\sqrt{4r^2-c^2}}{2}$；$\alpha=\frac{57.296l}{r}$
弓形圆环	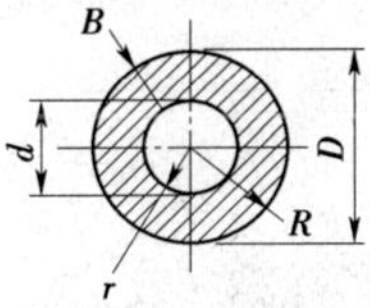	$A=\pi(R^2-r^2)=3.1416(R^2-r^2)$ $=0.7854(D^2-d^2)=3.1416(D-S)S$ $=3.1416(d+S)S$； $S=R-r=(D-d)/2$
环式扇形	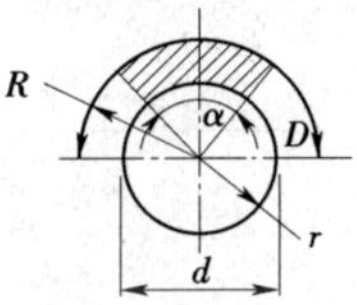	$A=\frac{\alpha\pi}{360}(R^2-r^2)$ $=0.008727\alpha(R^2-r^2)$ $=\frac{\alpha\pi}{4\times360}(D^2-d^2)$ $=0.002182\alpha(D^2-d^2)$

（2）常用体积和表面积计算公式，见附表2.19。

附表2.19　　常用体积和表面积计算公式

名称	简图	计算公式	
		表面积 S、侧表面积 M	体积 V
正立方体	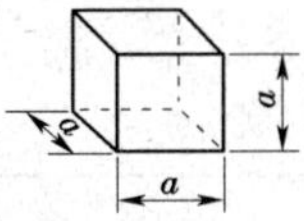	$S=6a^2$	$V=a^3$
长立长体	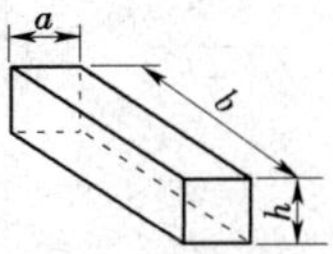	$S=2(ah+bh+ab)$	$V=abh$
圆柱	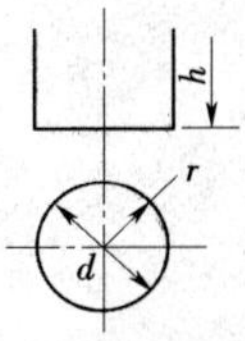	$M=2\pi rh=\pi dh$	$V=\pi r^2h=\frac{\pi d^2h}{4}$
空心圆柱（管）	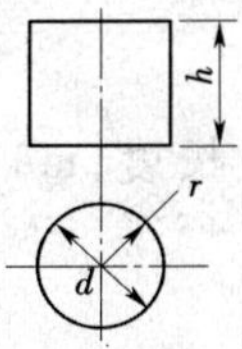	$M=$内侧表面积+外侧表面积 $=2\pi h(r+r_1)$	$V=\pi h(r^2-r_1^2)$

续表

名　称	简　图	计　算　公　式	
		表面积 S、侧表面积 M	体积 V
斜体截圆柱	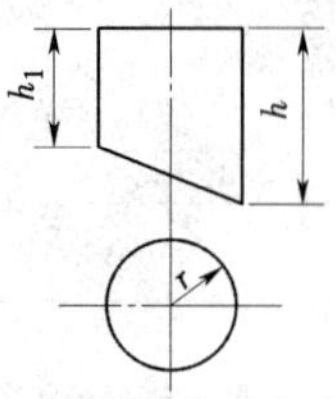	$M=\pi r\ (h+h_1)$	$V=\dfrac{\pi r^2\ (h+h_1)}{2}$
正六角柱	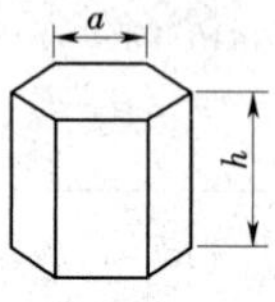	$S=5.1962a^2+6ah$	$V=25981a^2h$
正方角锥台	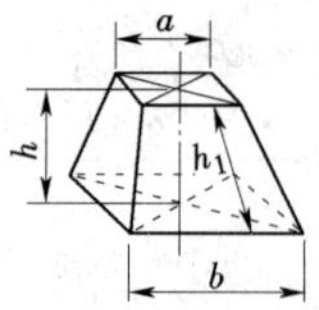	$S=a^2+b^2+2\ (a+b)\ h_1$	$V=\dfrac{(a^2+b^2+ab)\ h}{3}$
球	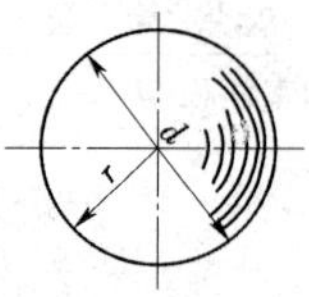	$S=4\pi r^2=\pi d^2$	$V=\dfrac{4\pi r^3}{3}=\dfrac{\pi d^3}{6}$
圆锥	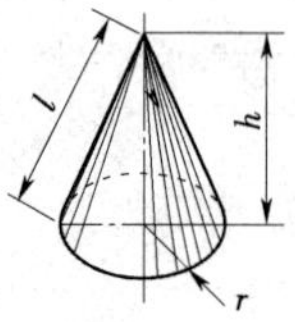	$M=\pi rl=\pi r\ \sqrt{r^2+h^2}$	$V=\dfrac{\pi r^2 h}{3}$
接头圆锥	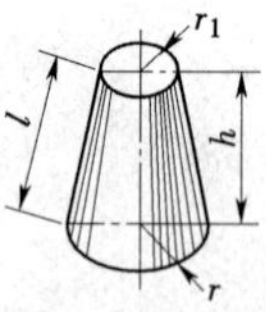	$M=\pi l\ (r+r_1)$	$V=\dfrac{\pi h\ (r^2+r_1^2+r_1 r)}{3}$

（3）常用型材理论质量计算公式。

1）基本公式。m（质量，kg）＝F（截面积，mm^2）×L（长度，m）×ρ（密度，g/cm^3）×1/1000型材制造中有允许偏差值，该公式仅作估算之用。

2）常用钢材截面积的计算公式，见附表 2.20。

附表 2.20 **钢材截面积的计算公式**

钢材类型	计算公式	代号说明
方钢	$F=a^2$	a—边宽
圆角方钢	$F=a^2-0.8584r^2$	a—边宽； r—圆角半径
钢板、扁钢、带钢	$F=a\delta$	a—宽度； δ—厚度
圆角扁钢	$F=a\delta-0.8584r^2$	a—宽度； δ—厚度； r—圆角半径
圆钢、圆盘条、钢丝	$F=0.7854d^2$	d—外径
六角钢	$F=0.866a^2=2.598s^2$	a—对边距离； s—边宽
八角钢	$F=0.8284a^2=4.8284s^2$	
钢管	$F=3.1416\delta(D-\delta)$	D—外径； δ—壁厚
等边角钢	$F=d(2b-d)+0.2146(r^2-2r_1^2)$	d—边厚； b—边宽； r—内面圆角半径； r_1—端边圆角半径
不等边角钢	$F=d(B+b-d)+0.2146(r^2-2r_1^2)$	d—边厚； B—长边宽； b—短边宽； r—内面圆角半径； r_1—端边圆角半径
工字钢	$F=hd+2t(b-d)+0.8584(r^2-2r_1^2)$	h—高度； b—腿宽； d—腰高； t—平均腿厚； r—内面圆角半径； r_1—端边圆角半径
槽钢	$F=hd+2t(b-d)+0.4292(r^2-2r_1^2)$	

主要参考文献

[1] 全国一级建造师执业资格考试用书编写委员会. 建设工程法规及相关知识. 北京：中国建筑工业出版社，2004.

[2] 中国建设监理协会. 建设工程监理相关法规文件汇编. 北京：知识产权出版社，2005.

[3] 中国电力建设企业协会. 电力建设总监理工程师实务. 北京：中国电力出版社，2007.

[4] 中国电力建设企业协会. 电力建设监理工程师实务. 北京：中国电力出版社，2007.

[5] 现行材料规范大全［S］. 修订缩印本. 北京：中国建筑工业出版社，1995.

[6] 现行材料规范大全［S］. 增补本. 北京：中国建筑工业出版社，2003.

[7] 国家标准. GB 50290—98 土工合成材料应用技术规范［S］. 北京：中国规划出版社，2005.

[8] 行业标准. SL/T 225—98 水利水电工程土工合成材料应用技术规范［S］. 北京：中国水利水电出版社，1998.

[9] 王立久，李振荣. 建筑材料［M］. 北京：中国水利水电出版社，2000.

[10] 杨静. 建筑材料［M］. 北京：中国水利水电出版社，2004.

[11] 《材料员专业与实务》编委会. 材料员专业与实务［M］. 北京：中国建筑工业出版社，2006.

[12] 曹文达. 材料员必读［M］. 北京：中国电力出版社，2004.

[13] 陈爱莲. 材料员. 北京：中国电力出版社，2008.

[14] 本书编委会. 材料员一本通. 北京：中国建筑工业出版社，2008.